21世纪高等学校规划教材 | 计算机应用

C语言程序设计

（第2版）

乔淑云 乔良才 李德杰 主编

清华大学出版社
北 京

内容简介

本书是作者在《C语言程序设计》的基础上的重大改进，基于"互联网＋教育"的新理念设计教学内容，删除了陈旧的知识点，增加了鲜活的案例，使知识更加具有情景性、趣味性。主要介绍C程序设计的基本思想、基本方法、基础知识及应用案例。全书共分9章，主要内容包括C程序概述，顺序结构，选择结构，循环结构，数组，函数，指针，结构体、共用体与枚举，文件。每章都配有思维导图、学习任务与目标、答疑解惑、知识点小结、习题和实验。其中，答疑解惑意在解决初学者遇到的疑难问题，避免学习中走弯路；实验内容帮助学习者深入理解C程序功能、调试方法和技巧，提高动手编程能力；另外，教学网站上配有多媒体教学课件、电子教案、教学视频等网络资源，利于教师备课、学生自学。

全书结构层次清晰，知识导入循序渐进，案例鲜活丰富，注重培养程序设计的思路、方法、技巧以及良好的编程风格，重点、难点和编程操作以案例或教学视频的形式展现，让学习者有身临其境的沉浸式体验，在潜移默化中掌握C程序设计方法，学会与计算机交流沟通，熟悉计算机解决问题的方式方法，具备计算思维能力和利用C语言程序求解问题的实践应用能力。

本书适合作为高等院校理工科"C语言程序设计"课程的教材，也可作为计算机培训机构与考研辅导班、编程自学人员的参考书，还可作为软件应用开发人员、程序爱好者以及计算机等级考试者的参考书。

图书在版编目(CIP)数据

C语言程序设计/乔淑云等主编. —2版. —北京：清华大学出版社，2019.10（2020.2重印）
（21世纪高等学校规划教材·计算机应用）
ISBN 978-7-302-53847-9

Ⅰ. ①C… Ⅱ. ①乔… Ⅲ. ①C语言－程序设计－高等学校－教材 Ⅳ. ①TP312.8

中国版本图书馆CIP数据核字(2019)第209023号

责任编辑： 付弘宇 张爱华
封面设计： 傅瑞学
责任校对： 胡伟民
责任印制： 杨 艳

出版发行： 清华大学出版社
网 址： http://www.tup.com.cn，http://www.wqbook.com
地 址： 北京清华大学学研大厦A座 **邮 编：** 100084
社 总 机： 010-62770175 **邮 购：** 010-62786544
投稿与读者服务： 010-62776969，c-service@tup.tsinghua.edu.cn
质量反馈： 010-62772015，zhiliang@tup.tsinghua.edu.cn
课件下载： http://www.tup.com.cn，010-83470236
印 装 者： 北京鑫海金澳胶印有限公司
经 销： 全国新华书店
开 本： 185mm×260mm **印 张：** 23.5 **字 数：** 590千字
版 次： 2011年12月第1版 2019年10月第2版 **印 次：** 2020年2月第2次印刷
印 数： 1501～2500
定 价： 59.00元

产品编号：074865-01

出版说明

随着我国改革开放的进一步深化，高等教育也得到了快速发展，各地高校紧密结合地方经济建设发展需要，科学运用市场调节机制，加大了使用信息科学等现代科学技术提升、改造传统学科专业的投入力度，通过教育改革合理调整和配置了教育资源，优化了传统学科专业，积极为地方经济建设输送人才，为我国经济社会的快速、健康和可持续发展以及高等教育自身的改革发展做出了巨大贡献。但是，高等教育质量还需要进一步提高以适应经济社会发展的需要，不少高校的专业设置和结构不尽合理，教师队伍整体素质亟待提高，人才培养模式、教学内容和方法需要进一步转变，学生的实践能力和创新精神亟待加强。

教育部一直十分重视高等教育质量工作。2007 年 1 月，教育部下发了《关于实施高等学校本科教学质量与教学改革工程的意见》，计划实施"高等学校本科教学质量与教学改革工程(简称'质量工程')"，通过专业结构调整、课程教材建设、实践教学改革、教学团队建设等多项内容，进一步深化高等学校教学改革，提高人才培养的能力和水平，更好地满足经济社会发展对高素质人才的需要。在贯彻和落实教育部"质量工程"的过程中，各地高校发挥师资力量强、办学经验丰富、教学资源充裕等优势，对其特色专业及特色课程(群)加以规划、整理和总结，更新教学内容、改革课程体系，建设了一大批内容新、体系新、方法新、手段新的特色课程。在此基础上，经教育部相关教学指导委员会专家的指导和建议，清华大学出版社在多个领域精选各高校的特色课程，分别规划出版系列教材，以配合"质量工程"的实施，满足各高校教学质量和教学改革的需要。

为了深入贯彻落实教育部《关于加强高等学校本科教学工作，提高教学质量的若干意见》精神，紧密配合教育部已经启动的"高等学校教学质量与教学改革工程精品课程建设工作"，在有关专家、教授的倡议和有关部门的大力支持下，我们组织并成立了"清华大学出版社教材编审委员会"(以下简称"编委会")，旨在配合教育部制定精品课程教材的出版规划，讨论并实施精品课程教材的编写与出版工作。"编委会"成员皆来自全国各类高等学校教学与科研第一线的骨干教师，其中许多教师为各校相关院、系主管教学的院长或系主任。

按照教育部的要求，"编委会"一致认为，精品课程的建设工作从开始就要坚持高标准、严要求，处于一个比较高的起点上；精品课程教材应该能够反映各高校教学改革与课程建设的需要，要有特色风格、有创新性(新体系、新内容、新手段、新思路，教材的内容体系有较高的科学创新、技术创新和理念创新的含量)、先进性(对原有的学科体系有实质性的改革和发展，顺应并符合 21 世纪教学发展的规律，代表并引领课程发展的趋势和方向)、示范性(教材所体现的课程体系具有较广泛的辐射性和示范性)和一定的前瞻性。教材由个人申报或各校推荐(通过所在高校的"编委会"成员推荐)，经"编委会"认真评审，最后由清华大学出版社审定出版。

目前,针对计算机类和电子信息类相关专业成立了两个"编委会",即"清华大学出版社计算机教材编审委员会"和"清华大学出版社电子信息教材编审委员会"。推出的特色精品教材包括:

(1) 21世纪高等学校规划教材·计算机应用——高等学校各类专业,特别是非计算机专业的计算机应用类教材。

(2) 21世纪高等学校规划教材·计算机科学与技术——高等学校计算机相关专业的教材。

(3) 21世纪高等学校规划教材·电子信息——高等学校电子信息相关专业的教材。

(4) 21世纪高等学校规划教材·软件工程——高等学校软件工程相关专业的教材。

(5) 21世纪高等学校规划教材·信息管理与信息系统。

(6) 21世纪高等学校规划教材·财经管理与应用。

(7) 21世纪高等学校规划教材·电子商务。

(8) 21世纪高等学校规划教材·物联网。

清华大学出版社经过三十多年的努力,在教材尤其是计算机和电子信息类专业教材出版方面树立了权威品牌,为我国的高等教育事业做出了重要贡献。清华版教材形成了技术准确、内容严谨的独特风格,这种风格将延续并反映在特色精品教材的建设中。

清华大学出版社教材编审委员会
联系人:魏江江
E-mail:weijj@tup.tsinghua.edu.cn

前言

C语言是一种广泛流行的结构化程序设计语言，高校普遍开设的“C语言程序设计”课程是一门培养探索创新精神、计算思维能力和实践应用能力的特色鲜明的课程。

本书是作者在《C语言程序设计》的基础上的重大改进，基于“互联网＋教育”的新理念设计教学内容，知识导入循序渐进，案例鲜活丰富，注重培养程序设计的思路、方法、技巧以及良好的编程风格，重点、难点和编程操作以案例或教学视频的形式展现，给学习者身临其境的沉浸式体验，帮助初学者快速轻松运用C语言进行结构化程序设计，学会与计算机交流沟通，熟悉计算机解决问题的方式方法，具备计算思维能力和利用C语言程序求解问题的实践应用能力。

全书共分9章，第1章为遇见C程序，介绍C语言的发展及特点，C程序设计的基本知识、基本思想、基本方法；第2章为顺序结构开启C编程之旅，描述顺序结构的特点，介绍标识符与关键字、数据类型、运算符与表达式、基本语句、数据输入输出函数及顺序结构应用案例；第3章为选择结构程序设计，阐述选择结构的特点，介绍if语句、switch语句，选择结构的广泛应用；第4章为循环结构程序设计，剖析循环结构的执行流程，介绍while语句、do-while语句、for语句、break语句、continue语句及循环嵌套的应用；第5章为数组，讲述一维数组、二维数组、字符数组以及运用数组处理数据的方法；第6章为函数，介绍函数的定义形式，函数的调用、函数的参数传递及返回值，函数的声明，函数的嵌套与递归，变量的时空范围，编译预处理，函数应用案例；第7章为指针，讲述指针的含义，指针变量的初始化以及引用方法，指针与数组、字符串、函数的应用，指针应用案例；第8章为结构体、共用体与枚举，介绍结构体类型变量的定义、初始化以及引用方法，结构体数组，结构体与指针和函数的应用，共用体、枚举类型以及自定义符typedef声明类型别名，结构体与共用体应用案例；第9章为文件，阐述文件的概念及分类，介绍文件类型指针、文件的读写操作以及文件应用案例。

每章配有思维导图、学习任务与目标、答疑解惑、知识点小结、习题和实验，各章节大部分例题、习题都改编于近年全国以及江苏省计算机二级考试C语言真题，实验内容使读者能理论联系实际，深入理解C语言的知识内涵、程序功能、程序调试方法和技巧。本书配有教学网站上的多媒体教学课件、电子教案、教学视频等网络资源，利于教师备课、学生自学。

本书得到江苏省现代教育技术研究课题基金和徐州工程学院重点教材建设经费的资助。教师可根据学生的知识背景、教学大纲规定的学时等因素采取多种方式灵活使用本书。

本书由徐州工程学院乔淑云、乔良才、李德杰主编，乔淑云负责策划、统稿，张丽娜、申珅、陈维宁、袁媛、郝心耀参编。李德杰编写第1～3章，乔良才编写第4、5章，乔淑云、张丽娜、申珅、陈维宁、袁媛、郝心耀共同编写第6章及附录，乔淑云编写第7～9章，姜代红教授审阅全稿并提出宝贵建议。本书在编写和出版过程中，得到教务处处长邵晓根教授，信电学院教学院长韩成春教授的大力支持及同仁的帮助，还得到清华大学出版社的大力帮助，得益于他们前瞻性的眼光使读者有机会遇见本书,在此向他们一并表示衷心的感谢!

本书适合作为高等院校理工科“C语言程序设计”课程的教材,也可作为计算机培训机构与考研辅导班、编程自学人员的参考书,还可作为软件应用开发人员、程序爱好者以及计算机等级考试者的参考书。

由于作者学识水平有限,加之时间仓促,书中难免存在疏漏之处,恳请专家、同行和读者不吝赐教,便于作者修订再版时作为重要的参考。

本书的配套课件与习题答案可以从清华大学出版社网站 www.tup.com.cn 下载。读者扫描封底“文泉课堂”涂层下的二维码,即可进入本书的配套教学视频列表(总时长约为420分钟)并选择观看。关于本书与配套资料的使用问题,请联系 404905510@qq.com。

编 者

2019年7月

目 录

遇见C程序

C语言思维导图

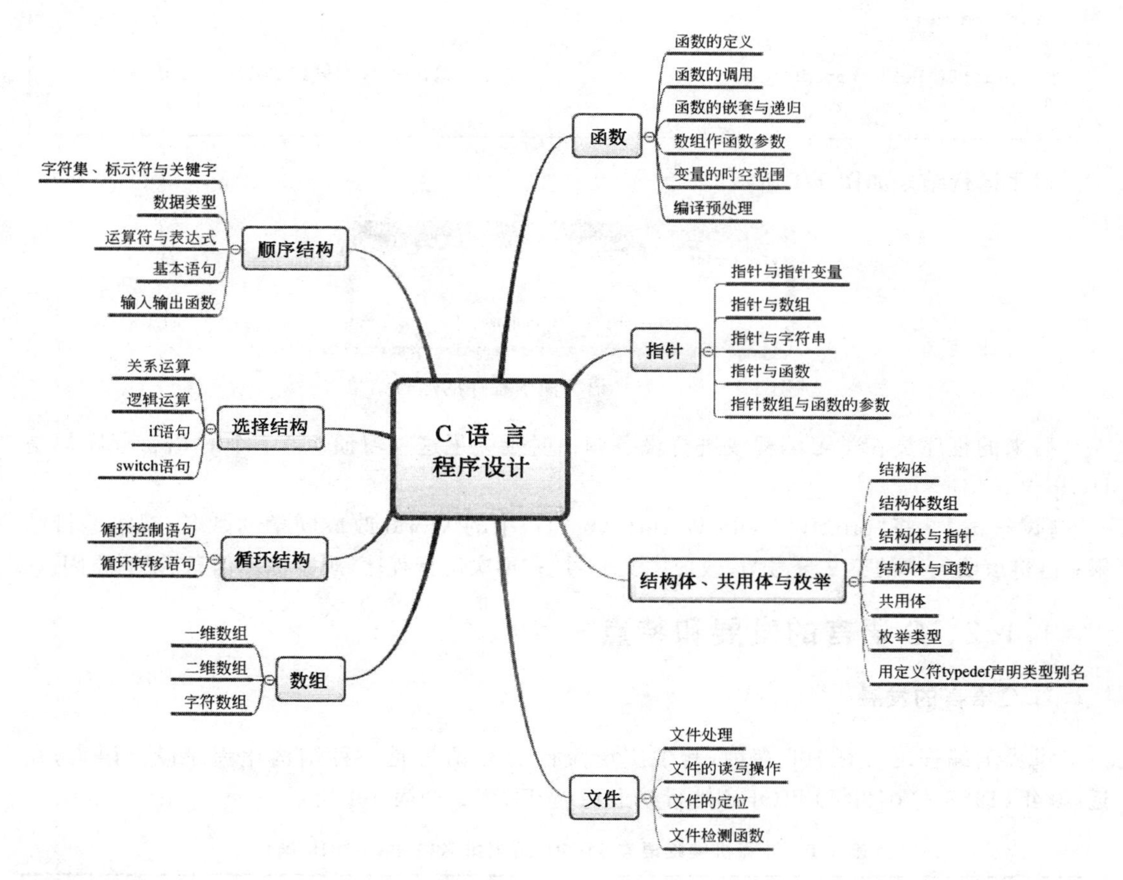

学习任务与目标

1. 了解C语言的发展与特点；
2. 初步掌握C程序的基本结构与书写风格，养成良好的编程习惯；
3. 初步掌握C程序的开发环境与调试步骤；
4. 初步掌握程序设计的基本思想与设计方法；
5. 能用C语言编写简单的程序。

1.1 C语言简介

1.1.1 引例：第一个C语言演示程序

著名的计算机科学家 Brian W. Kernighan 和 C 语言之父 Dennis M. Ritchie 合著的计算机科学著作 *The C Programme Language*，是第一本介绍 C 语言编程方法的书籍，书中使用下列程序作为第一个 C 语言演示程序。

```
#include<stdio.h>
void  main()
{
   printf("Hello World!\n");                    /* 输出一行问候语 Hello World! */
}
```

程序运行结果如图 1-1 所示。

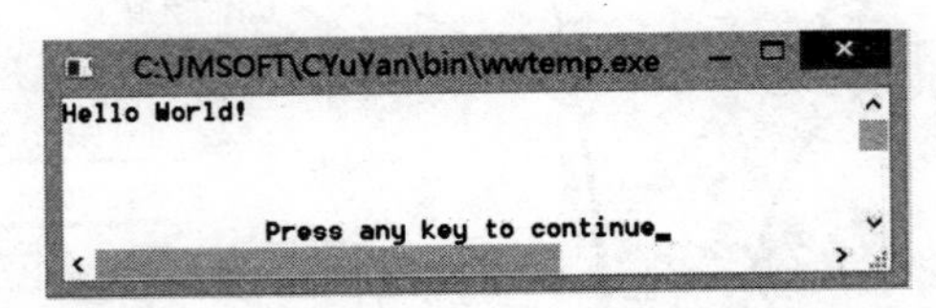

图 1-1 第一个 C 语言演示程序的运行结果

后来的程序员在学习编程或进行设备调试时延续了这一习惯：第一个 C 语言程序都是 Hello World!。

【试一试】 将"printf("Hello World! \n ");"中的 World 改成同学的姓名，观察运行结果；再将该语句中的英文分号";"改成中文分号"；"再次运行程序，观察提示信息，说明原因。

1.1.2 C语言的发展和特点

1. C语言的发展

世界上编程语言有 100 多种，其中广泛流行的 C 语言是一种结构化程序设计语言，在近 30 年(1988—2018 年)TIOBE 排行榜上稳居 TOP 2，如表 1-1 所示。

表 1-1 计算机编程语言 TIOBE 历史排名(1988—2018 年)

程序语言	2018	2013	2008	2003	1998	1993	1988
Java	1	2	1	1	16	—	—
C	2	1	2	2	1	1	1
C++	3	4	3	3	2	2	5
Python	4	7	6	11	23	18	—
C#	5	5	7	8	—	—	—
Visual Basic .NET	6	13	—	—	—	—	—
JavaScript	7	10	8	7	19	—	—
PHP	8	6	4	5	—	—	—

续表

程序语言	2018	2013	2008	2003	1998	1993	1988
Ruby	9	9	9	18	—	—	—
Delphi/Object Pascal	10	12	10	9	—	—	—
Perl	12	8	5	4	3	12	—
Objective C	17	3	41	51	—	—	—
Ada	28	17	18	14	8	6	3
Lisp	31	11	15	13	7	5	2
Pascal	146	14	17	96	10	3	13

注：表中数据源自 https://www.tiobe.com/tiobe-index。

C语言诞生于1973年，美国国家标准学会(ANSI)于1983年专门成立C语言标准委员会，完成C语言的标准C89，随后相继出现C90、C99标准。可在微机上运行的C编译器和开发环境有Turbo C/C++、GCC、Microsoft Visual C++、Intel C/C++、Borland C++Builder等。

【查一查】 C语言是如何诞生的？

20世纪70年代初，贝尔实验室的Ken Thompson根据BCPL设计出当时较先进的B语言，Dennis M. Ritchie在B语言的基础上开发了C语言，并用C语言编写UNIX操作系统。1977年，K&R合著 *The C Programming Language* 一书，标志C语言的诞生。

C语言是理工科大学生学习计算机程序设计的一种首选入门语言，可以培养学生学习新知识的能力，为其他后续课程做铺垫；也是开发人员从事程序设计必须熟练掌握的一门语言，更是企业招聘相关职位面试及高校计算机专业招收研究生必考的一门语言。

C语言不仅适合开发系统软件而且适合开发应用软件。例如，Windows、Linux、UNIX操作系统软件和WPS、Photoshop、Media Player应用软件都可以用C语言开发。

要想学好C语言，首先要对计算机编程感兴趣，其次要有一定的自制力促使自己主动编程、爱不释手地调试程序，体会C语言的精髓与魅力。

【搜一搜】 计算机领域的最高奖项。

图灵奖(Turing Award)全称为“A. M. 图灵奖(A. M Turing Award)”，是计算机领域的最高奖项，由美国计算机协会(ACM)于1966年设立，专门奖励那些对计算机事业做出重要贡献的个人，奖项名称源于计算机科学的先驱、英国科学家艾伦·麦席森·图灵(Alan M. Turing)。由于图灵奖对获奖条件要求极高，评奖程序极严，一般每年只奖励一名计算机科学家，只有极少数年度有两名合作者或在同一方向做出贡献的科学家共享此奖。因此图灵奖被誉为“计算机界的诺贝尔奖”。请读者搜集图灵奖历届得主及贡献领域。

2. C语言的特点

C语言结构层次清晰，按模块化方式组织程序，易于调试和维护。C语言主要有6方面的特点：

(1) 允许在编译之前使用预处理命令，提高编程效率。

(2) C语言集低级语言和高级语言功能于一体。

C语言具有低级语言的特点：可以直接对计算机硬件进行操作，允许直接访问内存的物理地址，进行位(bit)一级的操作，能实现汇编语言的大部分功能；C语言具有高级语言的特点：编写程序符合人的思维习惯，书写形式自由，一行可以写一条或多条语句。

C语言是开发应用软件和进行大规模科学计算的常用高级语言。

(3) C语言具有灵活定义的标识符和固定的关键字,丰富的运算符和数据类型;语句简练、紧凑,使用方便、灵活。

C语言区分大小写字母,标识符的定义非常灵活;有32个关键字,如int、char、float、for、do、case、switch等;有34种运算符,如算术、赋值、逻辑、关系、强制类型转换等;有10多种数据类型,如整型、实型、字符型、数组类型、指针类型、结构体类型、共用体类型等,尤其是指针类型数据,使用十分灵活和多样化;还有9种控制语句,如if-else,do-while等。

(4) C语言是一种典型的结构化程序设计语言。

C语言具有结构化程序设计的三种基本结构:顺序结构、选择结构(又称分支结构)、循环结构(又称重复结构)。

(5) C语言是一种模块化程序设计语言。

C语言程序由一系列函数构成,模块功能由函数实现,模块间通过函数调用实现数据通信。

(6) C语言可移植性好,生成的目标代码质量高。

由于C语言本身不依赖于机器硬件,因此可以被广泛地移植到各种类型的计算机上。

C语言也有缺点,例如,语法限制不太严格,不约束数组下标越界,不检查常识性、逻辑性错误,程序设计自由度大,同时也意味着容错性差,操作硬件出错有时不报错,可能会造成难以预测的后果。

【试一试】 内存泄漏。

C语言操作计算机硬件出错有时不报错,可能会造成内存泄漏,导致难以预测的后果。

下列程序能操作内存,编译正常且不报错,但会造成内存泄漏以致在很短的时间内因内存耗尽而死机。

```
#include<stdio.h>
#include<malloc.h>
void  main()
{  while(1)
   int *p=(int *)malloc(1000);                    /*内存泄漏*/
}
```

1.1.3 C程序基本结构

通常,一个完整的C程序由一个主函数main()和若干个函数构成,特殊情况仅由一个main()函数构成。

一个简单的C程序结构如图1-2所示。

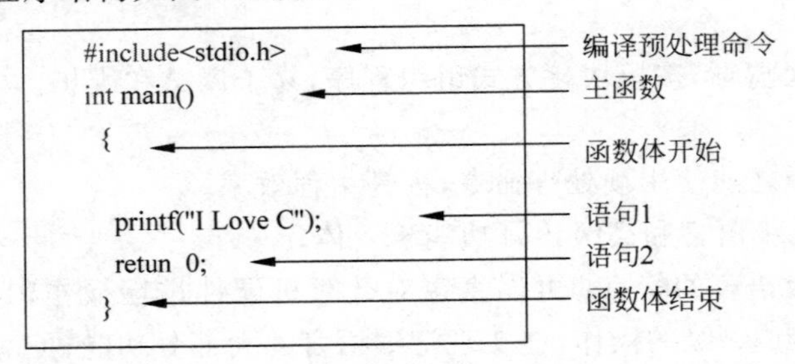

图1-2 简单的C程序结构

通常，C 程序的基本结构如图 1-3 所示。

文档部分

连接部分

定义部分

全局声明部分

main()主函数部分

{

声明部分

执行部分

}

函数部分

函数1	库函数或自定义函数
函数2	
⋮	
函数n	

图 1-3　C 程序的基本结构

【例 1-1】 用 C 语言编程，求矩形的面积。

参考程序如下：

```
//计算矩形的面积
# include <stdio.h>
void main()
{   int length, width,area;
    length = 9;
    width = 5;
    area = length * width;
    printf("area = %d\n",area);
}
```

此程序仅由 main()函数构成，运行结果如图 1-4 所示。

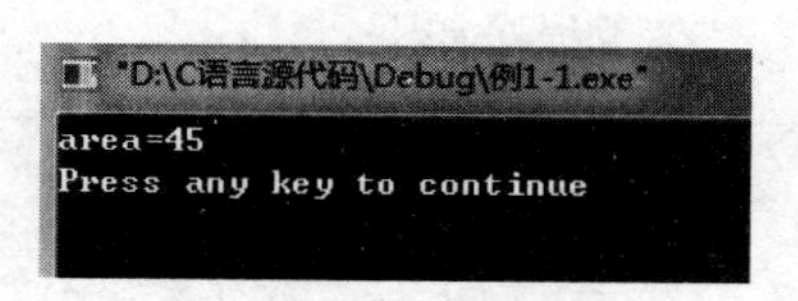

图 1-4　例 1-1 程序运行结果

解析：预编译命令 #include < stdio.h >与主函数 main()。

C 语言提供的函数以库的形式存放在系统中称为库函数。在使用库函数时，要用编译预处理命令 #include 将有关头文件包含到用户源文件中，#include 命令一般放在程序的开头。例如，使用标准输入 scanf()库函数、标准输出 printf()库函数时，要用到 stdio.h 头文件，该文件扩展名中的 h 是 head 的缩写。stdio 是 standard input&output 的缩写，它是以标准的输入输出设备作为输入输出对象。所有 C 标准库头文件都应该位于编译器安装目录的 include 子目录下。

主函数 main( )是程序的入口处，不论把 main( )写在程序的开头、中间还是最后位置，一个C程序总是从main( )开始执行,并在main( )结束时而结束。

主函数main( )的书写形式如下:

```
main( )
main(void)
void main( )
int main( )
void main(void)
int main(void)
```

main()函数括号内可以不带任何参数,也可以用关键字void明确表示不带参数。若在main()之前指定关键字为void,则表示主函数不给操作系统返回任何信息;若指定关键字为int,则表示主函数返回一个整数值给操作系统,且程序的最后一行必须是语句“return 0;”。

【读一读】 自定义函数。

用户在C程序中自行编写的函数称为自定义函数。一个函数通常由函数说明部分和函数体两部分组成。

函数说明部分包括函数名、函数类型、函数形式参数(简称形参)名、形参的类型。

函数体是指函数说明部分下面的花括号({})里的内容。如果一个函数内有多层花括号,则最外层的一对{}为函数体的范围。

函数体一般包括:

- 变量定义。如例1-2中主函数体中的“int a,b,sum=0;”。
- 执行部分。由若干个语句组成。

为提高C程序的可读性,对程序中的组成部分进行解释的语句称为注释。注释有两种格式://、/*……*/。注释语句单独成为一行,通常用//格式;在一行语句的最右侧,通常用/*……*/格式。

注释可以出现在源程序的开头、函数的开头或程序的中间,对编译和运行不起作用,所以可以用汉字或中英文字符表示,初学者要养成良好的编程习惯,在程序适当的地方加注释。

【例1-2】 编写程序,求两个整数之和,要求调用自定义函数。

参考程序如下:

```
#include <stdio.h>
int main( )
{   int add(int num1,int num2);          /*声明被调用函数add()*/
    int a,b,sum = 0;                     /*定义变量a,b,sum为整型,并为sum赋初值0*/
    printf("请输入整数a与b的值:");
    scanf ("%d%d",&a,&b) ;               /*从键盘上输入变量a、b的值*/
    sum = add(a,b);                      /*调用函数add(),将得到的值赋给sum*/
    printf("a + b = %d\n",sum);          /*输出a、b之和sum的值*/
    return 0 ;
}
```

```
//计算两整数之和的函数
int add(int num1,int num2)                /* 定义函数 add(),形式参数 num1、num2 为整型 */
{  int total = 0;
   total = num1 + num2;
   return (total) ;                       /* 从 add()函数返回调用处,total 为函数的返回值 */
}
```

运行结果如图 1-5 所示。

图 1-5 例 1-2 程序运行结果

该程序执行过程如下:执行主函数 main()时,为 3 个变量 a、b、sum 分配存储空间,并为 sum 赋初值 0,如图 1-6 所示。

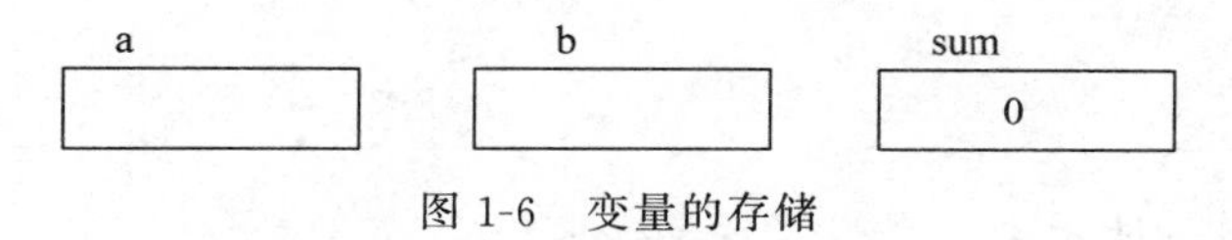

图 1-6 变量的存储

执行"scanf ("%d%d",&a,&b);"语句时,若从键盘上输入 a、b 的值分别为 23、45,数据的存储如图 1-7 所示。

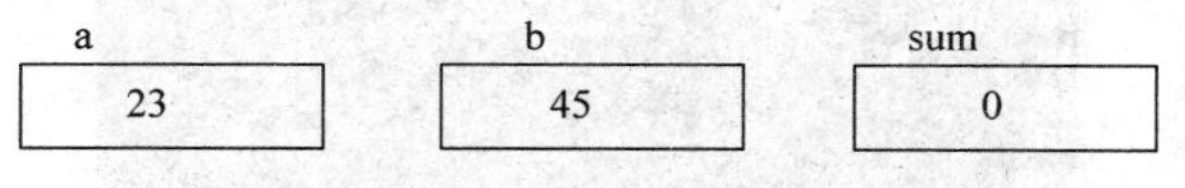

图 1-7 整型数据的输入与存储

调用函数 add(),将得到的值 68 赋给 sum,数据的存储如图 1-8 所示。

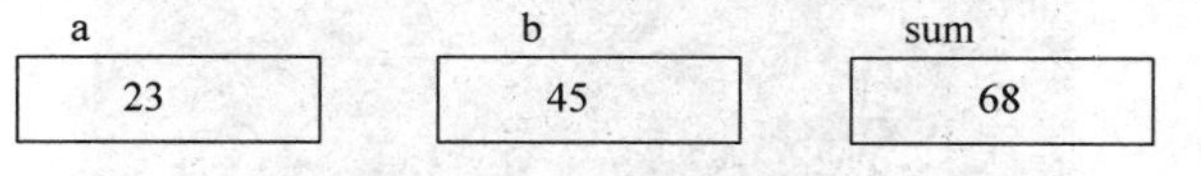

图 1-8 加法运算后数据的存储

1.1.4 C 程序风格

为提高程序的可读性,应形成良好的编程风格,提倡采用以下 6 条约定编写程序。

(1) 每条 C 语句单独书写一行。

(2) 在定义变量的同时尽可能对其初始化。

(3) 关键字与变量之间最好留一个空格。

(4) 函数名之后不留空格,应紧跟圆括号"( )"。

(5) 程序的分界符"{"和"}"成对出现,最好独占一行,使结构清晰。

(6) 程序的每一层开头留有一个空格,使层次清晰。

【例 1-3】 编程实现华氏温度(F)与摄氏温度(C)的转换。计算公式：$C=(5/9)\times(F-32)$。

具有良好风格的程序代码如下：

```
//打印输出华氏温度的范围 0～260 与摄氏温度对照表,fahr = 0, 20, …, 260
#include <stdio.h>
int main()
{    int fahr, celsius;
     int lower, upper, step;
     lower = 0;                 /* 华氏温度表的下限 */
     upper = 260;               /* 华氏温度表的上限 */
     step = 20;                 /* 步长 */
     fahr = lower;
     printf("Fahr    Celsius\n");
     while (fahr <= upper)
     {  celsius = 5 * (fahr - 32) / 9;
        printf("%d\t%d\n", fahr,celsius);
        fahr = fahr + step;
     }
     return 0 ;
}
```

运行结果如图 1-9 所示。

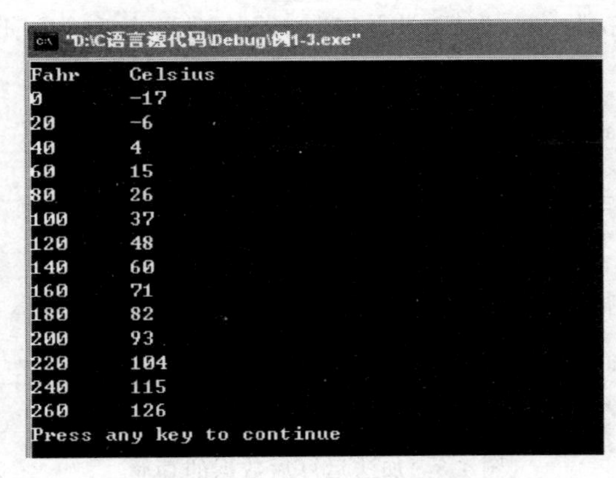

```
Fahr    Celsius
0       -17
20      -6
40      4
60      15
80      26
100     37
120     48
140     60
160     71
180     82
200     93
220     104
240     115
260     126
Press any key to continue
```

图 1-9　例 1-3 程序运行结果

1.1.5　C 程序实现流程

C 语言作为一种高级程序设计语言很容易被人们接受和理解，但是不能被计算机直接识别，因为计算机只能直接执行机器语言。因此，必须将 C 源程序翻译成机器语言程序。

C 程序的实现流程包含编辑、编译、连接和运行四个阶段，如图 1-10 所示。

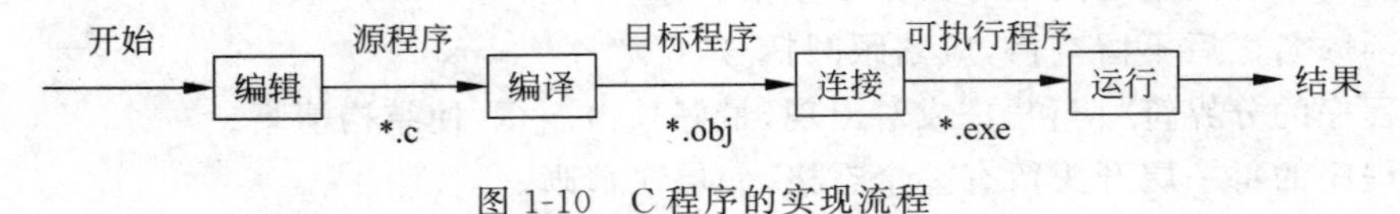

图 1-10　C 程序的实现流程

1. 编辑

程序设计也是程序编辑。程序员将自己编写的C语言程序存入计算机时，首先利用系统提供的编辑程序建立C源程序（源文件）。一个C源文件是一个编译单位，以文本格式存储在计算机的文件系统中。源文件名由用户自定义，建议最好使用英文名称，不使用中文名称。如果使用中文名称，部分编译器可能无法访问该文件。C语言源文件的扩展名为.c，VC++源文件的扩展名为.cpp。

2. 编译

将编辑好的源文件翻译成二进制目标代码的过程称为编译。编译工作由系统提供的编译器完成。编译器在对源文件进行编译的同时对语法和逻辑结构进行检查。若发现错误，编译器会在屏幕上显示错误的位置和类型信息，供用户修改，直到没有错误才能运行正确。正确的源文件经过编译后生成目标文件，其扩展名为.obj。编译器对程序中的注释语句不进行编译。

3. 连接

编译形成的目标文件必须和库函数及其他目标程序进行连接处理，这个过程由连接程序自动完成，连接后生成一个扩展名为.exe的可执行文件。

注意，部分错误可能编译器没有检测出来，但连接器却能发现，此时需返回编辑阶段重新修改源程序直到无错误才能编译、连接。

4. 运行

只有产生可执行文件.exe，C程序才可以执行。.exe文件可以在C语言编译系统下运行，也可以脱离C环境直接在操作系统下运行。若程序运行出错或结果不正确，说明程序存在某种错误，特别是逻辑错误，需要程序设计者回到C编辑环境重新检查、修改源程序，再次编译、连接和运行。

C程序通常有两种错误：语法错误与逻辑错误。语法错误是使用了不符合C语言规定的语法造成的；逻辑错误则是对程序执行逻辑的描述有误产生的。编译器能够发现绝大多数语法错误，但对于逻辑错误，编译器和连接器均无能为力，这就要求程序员在编程时尽可能把所有的问题都考虑周全，工作应严谨。

1.1.6 C程序开发环境

C语言常用的开发环境（工具）有Win-TC、C-Free、GNU Compiler Collection（GCC）、Code::Blocks、Microsoft Visual C++ 6.0和Microsoft Visual C++ 2010 Express学习版（简称VC2010）等，VC2010属于Visual Studio 2010的一个组件，本书选VC2010作为开发环境。

C程序编程调试步骤如下：下载、安装Microsoft Visual Studio 2010 Express软件完成后，在“开始”菜单中找到Microsoft Visual Studio 2010 Express文件夹，单击展开Microsoft Visual Studio 2010 Express，找到包含的Microsoft Visual C++ 2010 Express，如图1-11所示。

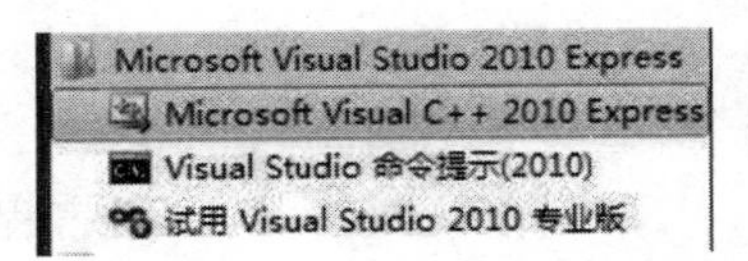

图 1-11　Microsoft Visual C++ 2010 Express 文件夹

(1) 创建工程。

启动 Microsoft Visual C++ 2010 Express 学习版软件,选择“文件”→“新建”→“项目”,如图 1-12 所示。

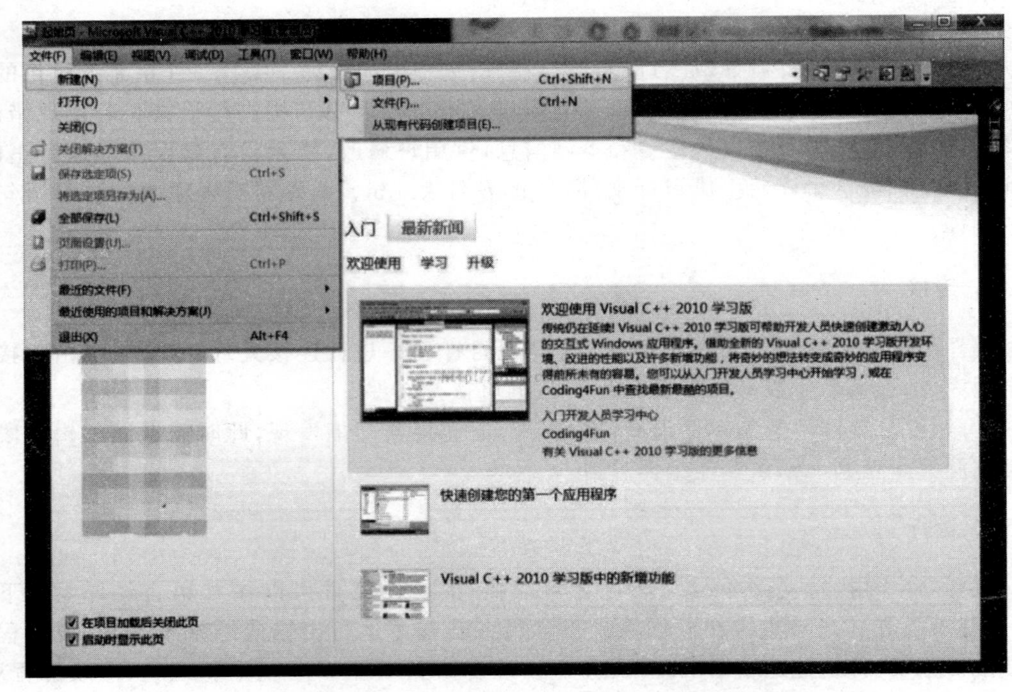

图 1-12　在 Microsoft Visual C++ 2010 主界面中操作

在弹出的“新建项目”对话框中选择“Win32 控制台应用程序”,在“名称”框中输入工程名,在“位置”框中选择工程要存放的文件位置(建议不要将工程文件存于 C 盘),输入完毕,单击“确定”按钮,如图 1-13 所示。

进入创建“空工程项目”界面,在弹出的“Win32 应用程序向导”对话框中单击“下一步”按钮,在“应用程序设置”界面的“附加选项”中选择“空项目”,单击“完成”按钮,空工程项目创建完成,如图 1-14 所示。接着为空工程项目添加源程序。

(2) 添加源文件。

图 1-15 所示的界面中出现“解决方案资源管理器”窗格,找到新建工程名中的“源文件”,右击,选择“添加”→“新建项”,弹出“添加新项”对话框。若找不到“解决方案资源管理器”窗格,则可在“窗口”菜单栏中单击“重置窗口布局”,在编辑器的左侧即出现“解决方案资源管理器”窗格。

“添加新项”对话框如图 1-16 所示。选择“C++ 文件(.cpp)”,在“名称”文本框中输入源文件名,单击“添加”按钮。

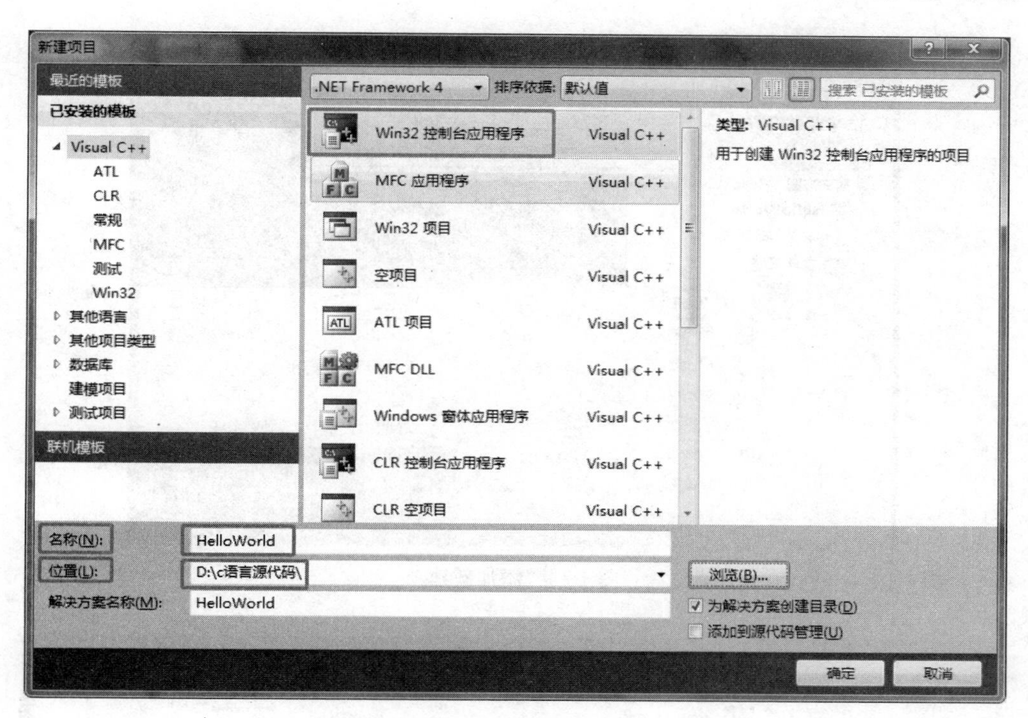

图 1-13　新建项目

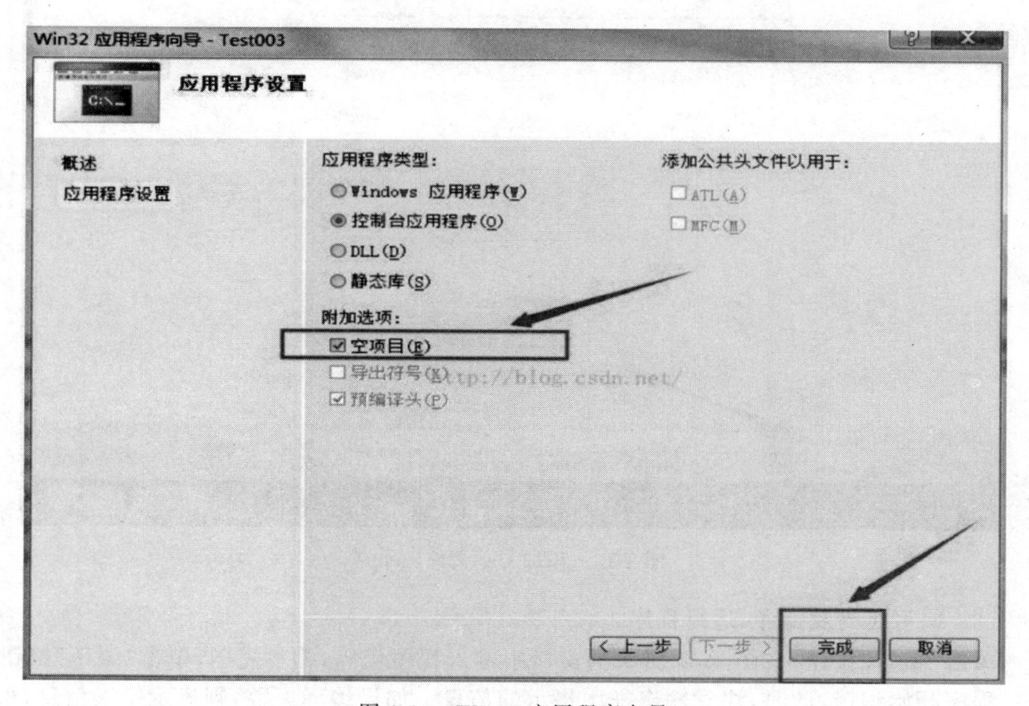

图 1-14　Win32 应用程序向导

选择“C++文件(.cpp)”，在“名称”框中输入文件名，在“位置”框后单击“浏览”按钮，可以改变文件位置。注意，这个位置要和工程文件夹位置保持一致。

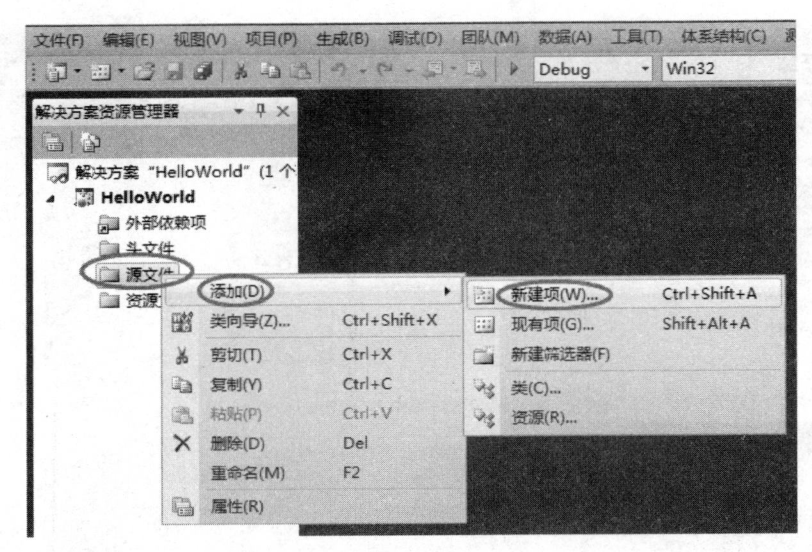

图 1-15　添加新建项

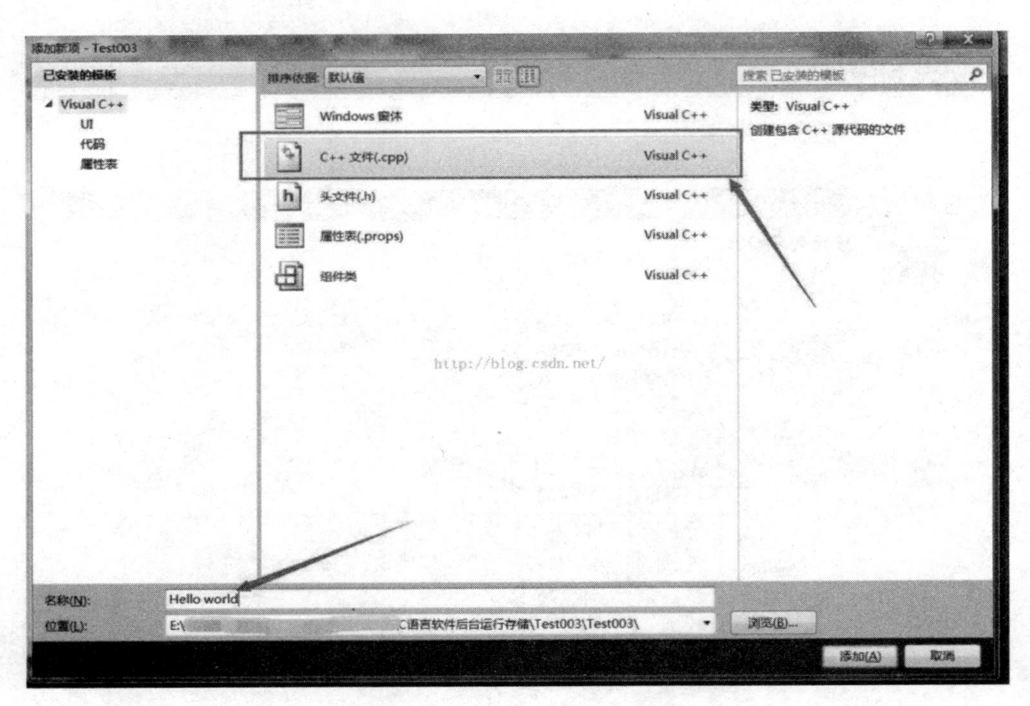

图 1-16　添加 C++文件(.cpp)

(3) 编写代码及编译、运行程序。

单击“编辑”按钮，在图 1-17 所示的窗口中输入程序代码，编写完毕，单击“编译”按钮。

程序开始编译，此时，注意输出框中提示的信息。如果编译失败，则提示错误信息，根据提示的错误信息修改代码、调试，直到编译无误后单击“开始执行”按钮，或在菜单栏中选择“调试”→“开始执行”，也可单击工具栏上的 ▶ 图标，或使用快捷键 Ctrl+F5 运行程序，弹出程序运行结果的窗口。

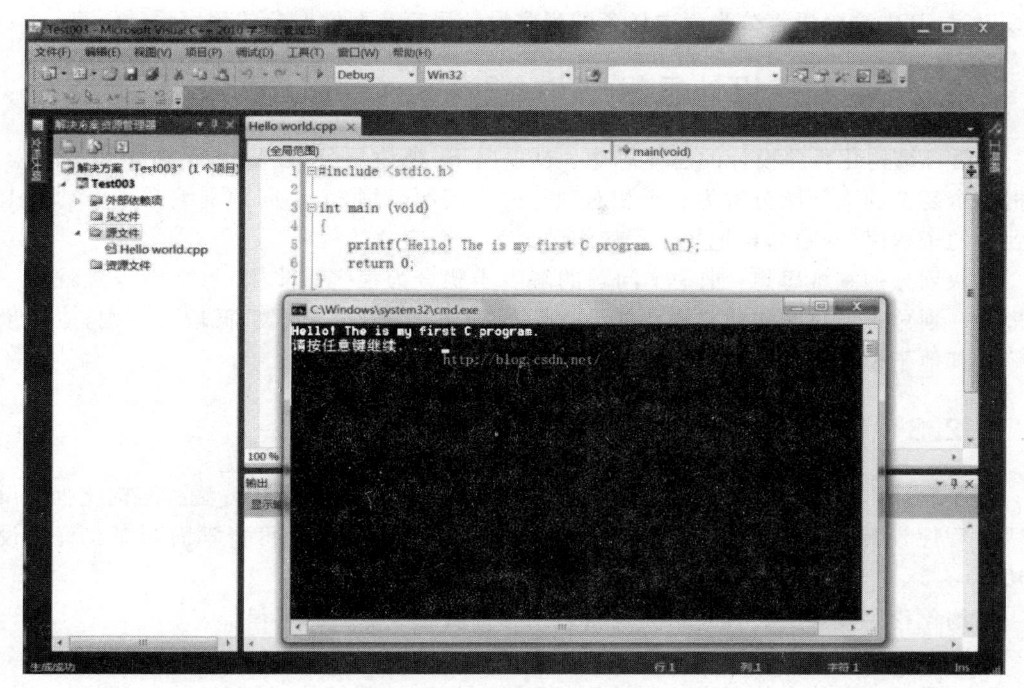

图 1-17　C 程序编辑、调试、编译及运行结果

【谨记】　Microsoft Visual C++ 2010 Express 常用的快捷键。

(1) Ctrl＋N：新建文件；

(2) Ctrl＋F7：编译；

(3) Ctrl＋F5：运行程序；

(4) F7：生成解决方案；

(5) F5：调试。

1.2　C 程序设计

1.2.1　程序设计语言

程序(Program)是为实现特定目标或解决特定问题，用计算机语言编写的可连续执行并能完成一定任务的指令序列的集合。

程序设计(Programming Design)是指根据计算机要完成的任务，设计算法，选择适当的数据结构，编写代码，上机测试运行，得到正确的结果。程序设计可用下列算式描述：

程序设计＝算法＋数据结构＋程序设计方法

程序设计语言(Programming Language)是一系列对计算机进行操作的语法规则，是人与计算机进行交流的语言工具。程序设计语言像日常生活中使用的自然语言一样，具有规定的语法、语义和使用环境。

程序设计语言种类繁多，从其发展及功能角度大致划分为三类：机器语言、汇编语言、高级语言,其中高级语言分为面向任务的程序设计语言和面向对象的程序设计语言。

1.2.2 C程序设计思想

C语言结构化程序设计的总体思想:自顶向下、模块划分、逐步求精、结构化编码。通常把一个复杂的大问题分解为若干相对独立的小问题,对每个小问题则编写一个功能上相对独立的子程序(函数),再把各子程序组装成为一个完整的程序。

模块划分的基本思想:把一个问题的解决步骤分为很多小步骤,每个小步骤就是一个子模块。划分子模块时应注意模块的独立性,各子模块遵循高内聚、低耦合原则,应尽量不依赖于其他子模块来工作,即独立性高和关联性弱。

1.2.3 C程序设计方法

程序设计方法主要有结构化程序设计方法和面向对象程序设计方法。结构化程序设计方法是程序设计的基础,本书只介绍结构化程序设计方法,读者可自学面向对象程序设计方法。

结构化程序设计的过程是培养逻辑思维和计算思维能力的过程。

C语言结构化程序设计方法如下:

(1) 采用三种基本的程序控制结构(即顺序结构、选择结构、循环结构)编写程序,使程序具有良好的结构。

(2) 程序设计自顶向下、模块划分、逐步求精。

模块划分的"划"是规划的意思,是指把一个很大的软件怎样合理地划分为一系列功能独立的部分,各部分合作完成系统的需求。

(3) 用结构化程序设计流程图表示算法。

1.2.4 算法

算法(Algorithm)是程序的灵魂,是指完成一个任务所采取的一组明确的、有一定顺序的方法和步骤,是一系列解决问题的清晰指令,能够对一定规范的输入,在有限时间内获得符合要求的输出。

计算机进行问题求解的算法可分为数值和非数值两类。数值算法主要解决数值求解问题;非数值算法主要解决需要用分析推理、逻辑推理才能解决的问题,如查找、分类以及人工智能中的许多新问题都属于非数值算法。

算法设计的基本思路是:把每一个复杂问题的求解过程分阶段进行,每个阶段处理的问题都控制在人们容易理解和处理的范围内。

一般地,可用算法的特性以及时间复杂度和空间复杂度来衡量算法的正确性。

1. 算法的特性

(1) 有穷性(Finiteness)。一个算法必须在有限步骤之后终止。

(2) 确定性(Definiteness)。算法的每一个步骤必须有确切的定义,不能存在歧义性或二义性。

(3) 可行性(Effectiveness)。算法的所有操作都能有效执行。即每一个计算都可以在有限时间内完成。可行性又称为有效性。例如,在实数范围内求一个负数的平方根,属于无效的操作。

(4) 输入项(Input)。一个算法有0个或多个输入项。所谓0个输入是指算法本身给出初始条件,不需要从外界输入数据,例如求5!。而有些算法则必须输入值,例如求n!,因这里n是未知数,需要从键盘输入具体的数值。

(5) 输出项(Output)。一个算法有一个或多个输出,反映对输入数据加工后的结果。没有输出的算法是毫无意义的。

2. 描述算法的常用方法

(1) 自然语言。

自然语言是人们日常交流用的语言,如汉语、英语、数学符号等,通俗易懂,符合人们的思维习惯,但在内容描述上容易引起歧义,不易直接转化为程序,一般用于比较简单的情况描述。

(2) 流程图。

流程图也称程序框图或传统流程图,是一种描述程序的控制流程和指令执行情况的有向图,是算法的一种比较直观的表示形式。常用的流程图形状如图1-18所示。

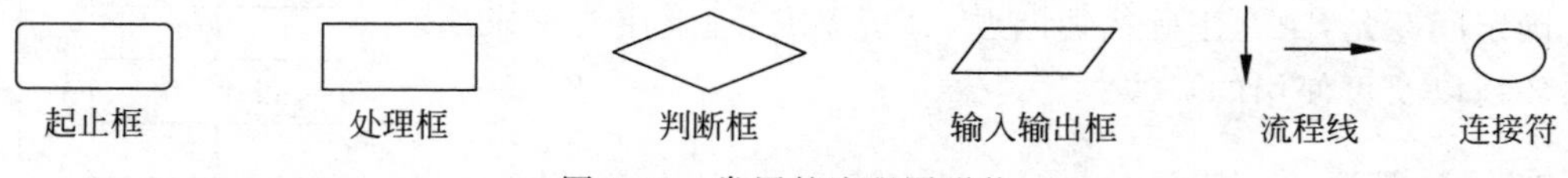

图1-18 常用的流程图形状

用传统流程图描述算法的优点是流程图可以直接转化为程序,形象直观,各种操作一目了然,不会产生歧义,易于理解和发现算法设计中存在的错误;缺点是允许用流程线,可以任意转向,会造成修改和阅读上的困难。

传统流程图描述顺序结构、选择结构、循环结构如图1-19所示。

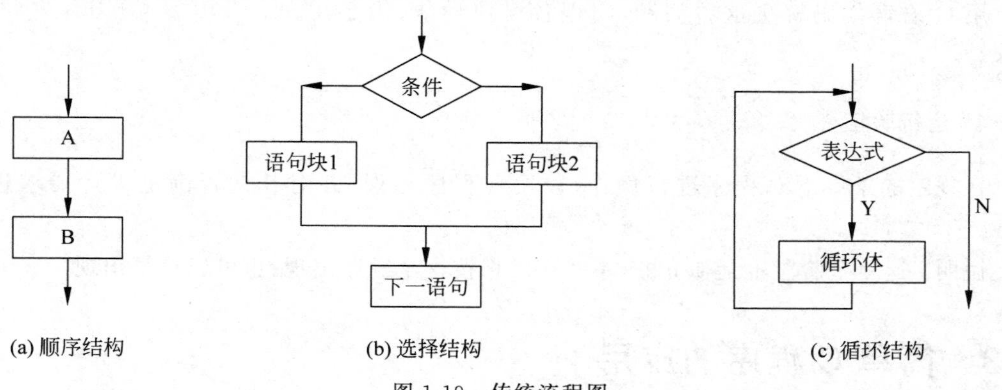

图1-19 传统流程图

(3) N-S结构化流程图。

N-S结构化流程图是由美国学者I. Nassi和B. Schneiderman于1973年提出的,并以两位学者名字的首字母命名。它的特点是全部取消了流程线,这样迫使算法只能从上到下顺序执行，从而避免算法流程的任意转向，保证程序的质量。用 N-S 结构化流程图描述上述三种基本结构，如图 1-20 所示。

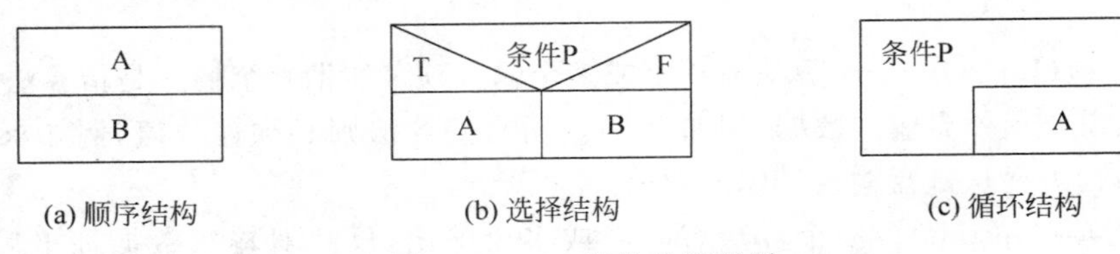

图 1-20　N-S 结构化流程图

(4) 伪代码。

伪代码是介于自然语言与计算机语言之间的一种文字和符号的描述方法，其最大优点是与计算机语言比较接近，易于转换为计算机程序，书写无固定格式和规范，比较灵活。

1.2.5　C 程序设计过程

C 程序设计过程主要分 4 个阶段：分析问题、设计算法、编写程序、运行验证。如图 1-21 所示。

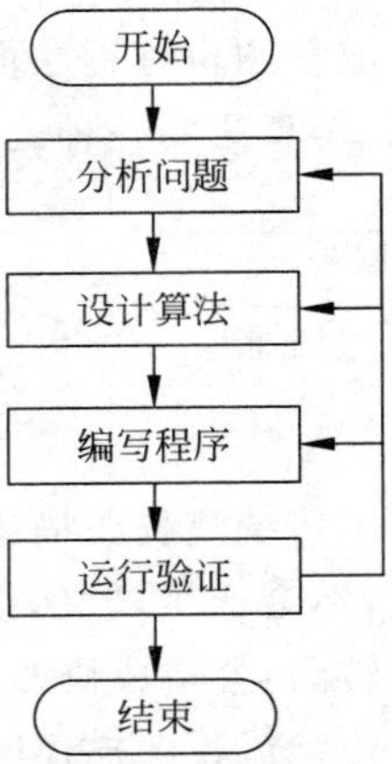

1. 分析问题

确定问题是什么，正确描述问题，分析需求，理解用户需求所处的环境以及可使用的资源。

2. 设计算法

明确解决问题的思路和方法，即设计算法解决问题需要哪些模块、各个模块的功能以及相互之间的联系。

3. 编写程序

用 C 语言代码解决这些问题，实现各模块功能，满足用户需求。

开始
分析问题
设计算法
编写程序
运行验证
结束

图 1-21　C 程序设计过程

4. 运行验证

在规定的条件下对程序进行操作，以发现程序错误，并对其是否满足设计要求进行验证。

说明：这 4 个阶段不是孤立的，不一定严格按这个顺序出现，也可以反复出现。

1.3　简单 C 程序的应用

1.3.1　求两数中的大值

参考程序如下：

```
#include <stdio.h>
void main( )
{    int max(int x,int y);                /* 声明被调用函数max( ) */
     int a, b, c;
     printf("输入2个整数a,b的值分别是: ");
     scanf("%d,%d",&a,&b);
     c = max(a,b);                        /* 调用max()函数,将得到的值赋给c */
     printf("2个整数中较大者max = %d\n",c);
}
int max(int x, int y)                    /* 定义被调用函数max() */
{    int z;
     if(x > y) z = x;
     else z = y;
     return (z);
}
```

【试一试】 (1) 将“scanf("%d,%d",&a,&b);”中的"%d,%d"改成"%d%d";记录2次输入的数据,观察运行结果,说明输入数据的间隔格式。

(2) 假如输入的2个整数值分别是32 768与−32 768,观察运行结果,讨论原因。

(3) 如何求出3个数中的最小值,进而求出4个数、5个数,……,10 000个数中的最小值。

1.3.2 超市管理系统界面设计

1. 提出问题

运用C语言编写程序,为社区居民的一个便利超市设计管理系统界面。界面主要功能有采购商品入库,商品信息查询(浏览)、购物车结算、打印票据等,把相应的数据及时保存到硬盘以防数据丢失。

2. 分析问题

商品信息主要有编号(货号)、名称、厂家、价格、数量等。按照“自顶而下”的原则,划分该程序的功能模块层次结构如下。

(1) 主模块:通过调用各子模块实现上述功能;

(2) 新建入库商品信息模块:建立一个结构体(后面章节介绍)用于保存商品信息;

(3) 显示商品信息(排序)模块:商品信息可以按编号或名称、厂家、价格、数量等关键字排序,以方便查找该商品;

(4) 购物车结算模块:计算购物车内销售商品的数量、金额或利润;

(5) 打印模块:打印指定日期售出商品的数量清单,交给客户留存购物凭据。

利用本章学会的知识,通过调用printf()函数,超市管理系统主界面设计如图1-22所示。

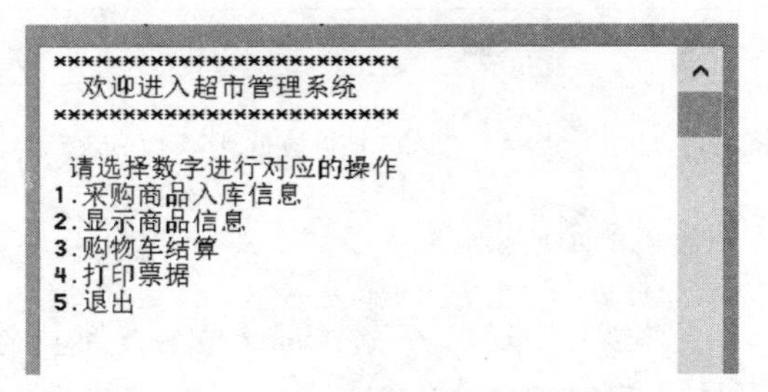

图 1-22 超市管理系统的主界面

3. 解决问题

参考程序如下：

```
#include < stdio.h >
void main()
{    int stock(char bh,char mc, int sl, float dj);              /* 声明库存函数 stock() */
     int show(char number,char pame, int quantum, float price); /* 声明显示函数 show() */
     int shoppingcart(char x,int y, int z);           /* 声明购物车结算函数 shoppingcart() */
     int counterfoil(int m, float n);                  /* 声明打印票据函数 couroterfoil() */
     printf(" ************************** \n");
     printf(" 欢迎进入超市管理系统\n" );
     printf(" ************************** \n");
     printf("\ n 请选择数字进行对应的操作\n");
     printf(" 1.采购商品入库信息\n");
          /* stock (char bh,char mc, int sl, float dj); */
     printf(" 2.显示商品信息\n");
          /* show (char number,char pame, int quantum, float price); */
     printf(" 3.购物车结算\n");
          /* shoppingcart (char x,int y, int z); */
     printf(" 4.打印票据\n");
          /* counterfoil (int m, float n); */
     printf(" 5.退出\n");
          exit(0);
     printf("请选择对应数字 1～5\n ");
}
```

说明：上述程序仅仅是“显示”超市管理系统主界面，实际上并没有完成通过选择数字进行相应操作的功能，这些功能需要通过后续章节知识的学习逐步完善，引入本例的目的是进一步体会 printf()函数的用法。

现实生活中还有许多类似的问题，例如，用 C 语言开发一个高考录取管理信息系统，对高考总成绩或单科成绩排序，按准考证号、身份证号或姓名查询考生高考信息。

学习 C 语言程序设计能够培养大学生快速学习新事物的能力和计算思维能力。计算思维(Computational Thinking)是运用计算机科学的基础概念进行问题求解、系统设计以及人类行为理解等一系列思维活动。这一概念是美国卡内基·梅隆大学的周以真(Jeannette M. Wing)教授于 2006 年在计算机权威期刊 *Communications of the ACM* 上提出的。我们认为,计算思维是基于数据和计算来认知世界以及解决问题的思想和方法。不论今后5～10年的热点是什么,这种培养思维的方式都有助于大学生适应社会变化和未来技术发展。

1.4 答疑解惑

1.4.1 C程序设计好学吗

初学者常常会问：C语言好学吗？对C语言感兴趣,有强烈的学习欲望,相信自己有能力学好C语言课程,就容易学。如果不感兴趣,再简单的知识也学不好。很多学生会玩游戏,甚至废寝忘食、乐此不疲,而且还经常交流玩游戏的心得体会,这是兴趣的魅力所在。如果能把这种兴趣迁移到C语言中,C程序设计还难学吗？

1.4.2 调试C程序如何避免常见错误

初学者编写C程序时,常见错误有：将英文状态下的逗号,、分号;、括号()、双引号""写成中文状态下的逗号，、分号；、括号（）、双引号“”,造成非法字符错误；混淆大小写字母,注意C语言程序代码习惯用小写,用户自定义具有特定含义的标识符通常用大写；C语言每条语句结束忘记加分号(但在预处理命令后不能加分号)。例如,＃include <stdio.h>是命令而不是语句,如果写成“＃include <stdio.h>;”就是一个错误语句。

疑问：C语言中的“{ }”或“()”等一定要成对出现吗？

解惑：是的。一定要成对出现,否则会改变程序的运行方式,出现意想不到的错误。修改C语言语法错误时要注意以下两点。

(1) 由于C语言语法比较自由、灵活,因此错误信息定位不是特别精确。例如,当提示第7行发生错误时,如果在第7行没有发现错误,则从第7行开始往前查找错误并修改之。

(2) 一条语句错误可能会产生若干条错误信息,只要修改了这条错误,其他错误会随之消失。特别提示：一般情况下,第一条错误信息最能反映错误的位置和类型,所以调试程序时务必根据第一条错误信息进行修改,修改后,立即运行程序,如果还有很多错误,则每修改一处错误都要运行一次程序。

调试程序是一个艰苦、心细又有技巧的事,只有经常上机多调试程序,才能不断地积累经验、提高程序调试技能。

1.4.3 为何要编译、连接C源程序

计算机无法直接执行高级语言和汇编语言,只能执行机器语言。因此,C源程序必须被翻译为二进制机器指令才能被执行。C程序的执行过程如下：

(1) C源程序(扩展名或后缀为.c,C++源文件的扩展名或后缀为.cpp)经过编译后,生成一个二进制目标文件(.obj)。

(2) 编译形成的目标文件.obj必须和C库函数连接,这个过程由连接程序自动完成,连接后生成扩展名或后缀为.exe的可执行文件,这种类型的文件才可以直接执行。

1.4.4 C程序为何使用注释

注释有助于程序的阅读理解,即增强程序的可读性。一般情况下,注释在源程序中所占的比例不少于10%。没有注释的程序不能说是合格的程序,初学者要养成在程序适当的地方添加注释的良好习惯。

注释通常用于以下场合:

(1) 程序名称、版本、版权声明。

(2) 函数接口说明。

(3) 程序实现的主要功能。

(4) 重要的代码行或程序段落。

疑问:注释可以插入到任意地方吗?

解惑:虽然注释可以出现在程序的任意合适位置,就像电视剧中插播广告,但并不是任意位置,例如,不能在一条语句的中间添加注释。C语言的注释符有两种格式://和/*……*/。//格式习惯用在源程序的开头、函数的开头或程序中间单独成为一行。/*……*/格式经常用在一行代码的最右侧,表示/*中间是要注释的内容*/。

疑问:使用注释应该注意哪些问题?

解惑:注释不被编译器编译,即使有拼写错误、语法错误、逻辑错误,计算机也都不做检测。使用注释应参照以下规则。

(1) 注释可以用汉字或英文字符表示,其内容要清楚、准确,防止歧义性。错误的注释不但无益反而有害。

(2) 在修改代码的同时修改注释,不再有用的注释应及时删除。

(3) 如果程序本身清楚,则不必加注释。

(4) 避免在注释中使用缩写,特别是不常用的缩写。

1.4.5 什么是结构化程序设计

结构化程序设计的基本思想是“分而治之”。即将一个复杂问题的求解过程划分为多个阶段,每个阶段所处理的问题都控制在容易理解和处理的范围内。C语言是一种结构化程序设计语言,提供函数实现模块划分。

结构化程序设计方法:自顶向下、逐步求精、模块化设计、结构化编码。

知识点小结

本章阐述了C语言的发展情况及特点,讨论了C程序的编辑、编译、运行流程以及VC2010编程环境;通过设计一个小型超市管理系统主界面的案例,说明C语言的实用性和C结构化程序设计的思想与方法。

通过例题“求两个整数之和”“求两数中的大值”,体会到C程序是由函数构成的,这使得程序容易实现模块化。

建议初学编程者首先从模仿验证程序开始，其次尝试独立编程，最后解决实际问题。同时要从战略的高度认识C程序设计的方法，并迁移到后续专业课程的学习以及今后的工作中。

习题 1

1.1 单选题

1. 一个C程序的执行总是从(　　)。

A. main()函数开始，到main()函数结束

B. main()函数开始，到本程序文件的最后一个函数结束

C. 程序文件的第一个函数开始，到main()函数结束

D. 程序文件的第一个函数开始，到本程序文件的最后一个函数结束

2. 以下叙述不正确的是(　　)。

A. 一个C源程序可由一个或多个函数组成

B. C程序的基本组成单位是函数

C. 一个C源程序必须包含一个main()函数

D. 在C程序中，注释语句只能位于一条语句的后面

3. 下列关于C程序输入与输出的叙述，正确的是(　　)。

A. 必须有输入和输出操作

B. 可以有输入操作，但可以没有输出操作

C. 必须有输出操作，但可以没有输入操作

D. 可以既无输入操作又无输出操作

4. 在C语言中，每个语句必须以(　　)结束。

A. 冒号　　B. 分号　　C. 逗号　　D. 句号

5. 用C语言编写的源文件经过编译，若没有产生编译错误，则系统将(　　)。

A. 生成目标文件　　B. 生成可执行文件

C. 输出运行结果　　D. 自动保存源文件

1.2 填空题

1. C源程序的基本单位是________________。

2. 一个C源程序中至少应包括一个________________。

3. 在一个C源程序中，注释有两种符号，分别为________和________。

4. 在C语言中，数据输入操作通常由库函数________完成，输出操作由库函数________完成。

5. C语言源程序文件的扩展名是________；经过编译产生的目标文件的扩展名是________；经过连接生成的可执行文件的扩展名是________。

1.3 简答题

1. 为什么要学C语言程序设计？怎样才能学好程序设计课程？

2. 谈谈C语言和其他编程语言的特点及应用领域。

3. 简述C语言的发展和特点对自己有哪些启发。

4. 简述C程序的基本结构。

5. 形成一个可执行的C程序需要哪些步骤?

6. C程序设计的基本思想、方法是什么?

7. 画出本章知识点的思维导图。

1.4 编程实战题

1. 从网上下载C语言开发工具并安装到自己的计算机上,编写下列界面程序并上机调试运行。

```
---------------------
     输入你的账号:
---------------------
     输入你的密码:
---------------------
```

2. 搜集网上知名C语言论坛、网站及著名的MOOC平台,注册一个账号,课余时间自学编程。

3. 人的身高与年龄在一生中不断变化,可以根据给定的身高,估算所属的年龄阶段。

身高增长有两个黄金阶段:出生至1岁与青春期期间(女性10—12岁,男性男12—14岁),青春期后期至20岁左右达到成年身高。成年身高由先天基因和后天环境因素(如营养、种族、内分泌、生存环境、体育运动、医学进步、生活习惯、性成熟早晚、远近亲婚配等)决定。

自30岁以后的身高每年降低约0.6毫米,每20年降低约1.2厘米。所以,对30岁以后的人,应从推算出的身高总值,减去每年缩短的0.6毫米。此外,统计数据显示,中国男性40~60岁平均身高下降2.3厘米,60~69岁阶段的身高比最高时要低约4.9厘米;而对于女性来说,这两个数字分别为5.2厘米和2.7厘米。这是因为当人进入中老年期间,肌肉力量会逐渐减弱和退化,整体骨骼钙会出现大量丢失,骨质疏松,椎间盘萎缩、水分减少,脊柱也会弯曲,位于长骨两端的关节软骨变薄,关节腔隙变狭小。所以老年人要比当年强壮的自己矮一些。有学者研究认为,身高值的下降早晚可以被看作是一个早衰老的指标。

统计你班同学20岁时的身高,根据上述提供的数值,编程估算69岁时身高。

实验1 初识C程序设计

本次实验要求掌握C程序的基本结构,熟悉VC2010集成开发环境下运行一个C程序的操作全过程。

【实验目的】

(1) 熟悉VC2010集成开发环境;

(2) 掌握C程序中主函数main()的定义方法;

(3) 了解C程序的编程风格;

(4) 熟悉 C 程序的基本结构；

(5) 掌握编写、调试 C 程序的流程；

(6) 能编写简单的 C 程序。

【实验内容】

一、基础题

1. 编程实现两数之积。

参考程序代码：

```
#include <stdio.h>
void main( )
{   int a, b, product;              /* 定义整型变量 a、b、product */
    a = 10; b = 20;                 /* 给变量 a、b 赋初值 */
    product =  a * b;               /* 计算变量 a、b 的乘积并赋给 product */
    printf("product  =  %d\n", product);
}
```

【试一试】

(1) 删除程序第一行#include <stdio.h>，重新编译，观察程序有哪些提示信息。把第一行#include <stdio.h>修改成#include "stdio.h"，再次编译能否通过，想一想为什么。

(2) 若在编辑源程序时没有区分大小写字母，将 main()写成了 Main()或 MAIN()，观察编译的结果。

(3) 若在编辑源程序时不小心漏掉语句"product= a * b;"最后的分号，编译程序，观察结果。

(4) 将程序中的两数改为 3 个数，4 个数，…，n 个数的乘积，如何改写程序？

在上机调试程序过程中可以故意制造一些错误，观察各种编译提示的错误信息，逐渐熟悉出错提示信息，当遇到编译错误时不再慌乱，容易找到错误代码并加以修正。

2. 编写新年祝福语程序。

要求：在 VC2010 集成环境下新建文件 newyearwishes.cpp，调试、编译、运行程序。源代码如下：

```
#include <stdio.h>
void main()
{   int day, year = 2020;
    printf("My dear friends:\n ");
    for(day = 1;day < 32;day++)
          printf(" %d Happy a new year!\n ",year);
    printf("From Qianfeng\n ");
}
```

若将 for(day=1;day<32;day++)中的数字 32 改成 366，观察运行结果，对比分析。

二、提高题

1. 设计高速公路收费站应用程序界面。

利用 printf()函数设计高速公路收费站的菜单界面。每车次收费标准为：小型汽车 20 元、中型汽车 30 元、大型汽车 50 元、重型汽车 80 元、特种汽车免费。高速公路收费站应用程序界面如图 1-23 所示。

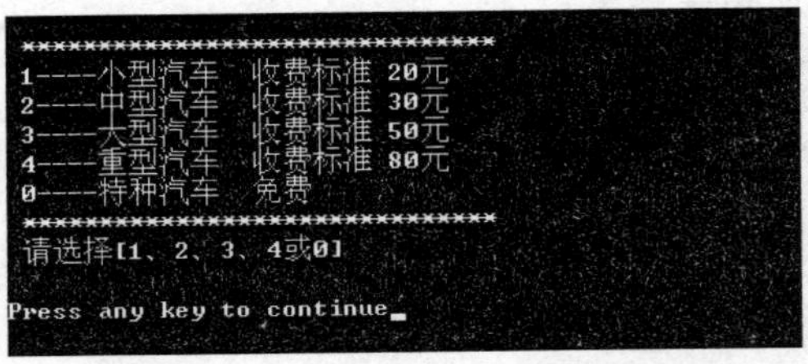

```
*******************************
1----小型汽车  收费标准 20元
2----中型汽车  收费标准 30元
3----大型汽车  收费标准 50元
4----重型汽车  收费标准 80元
0----特种汽车  免费
*******************************
请选择[1、2、3、4或0]

Press any key to continue
```

图 1-23　高速公路收费站应用程序界面

2. 总结用 C 语言编程做实验时自己遇到的问题及解决方案,给出 C 程序设计的方法、技巧和注意事项。

顺序结构开启C编程之旅

C 编程基础思维导图

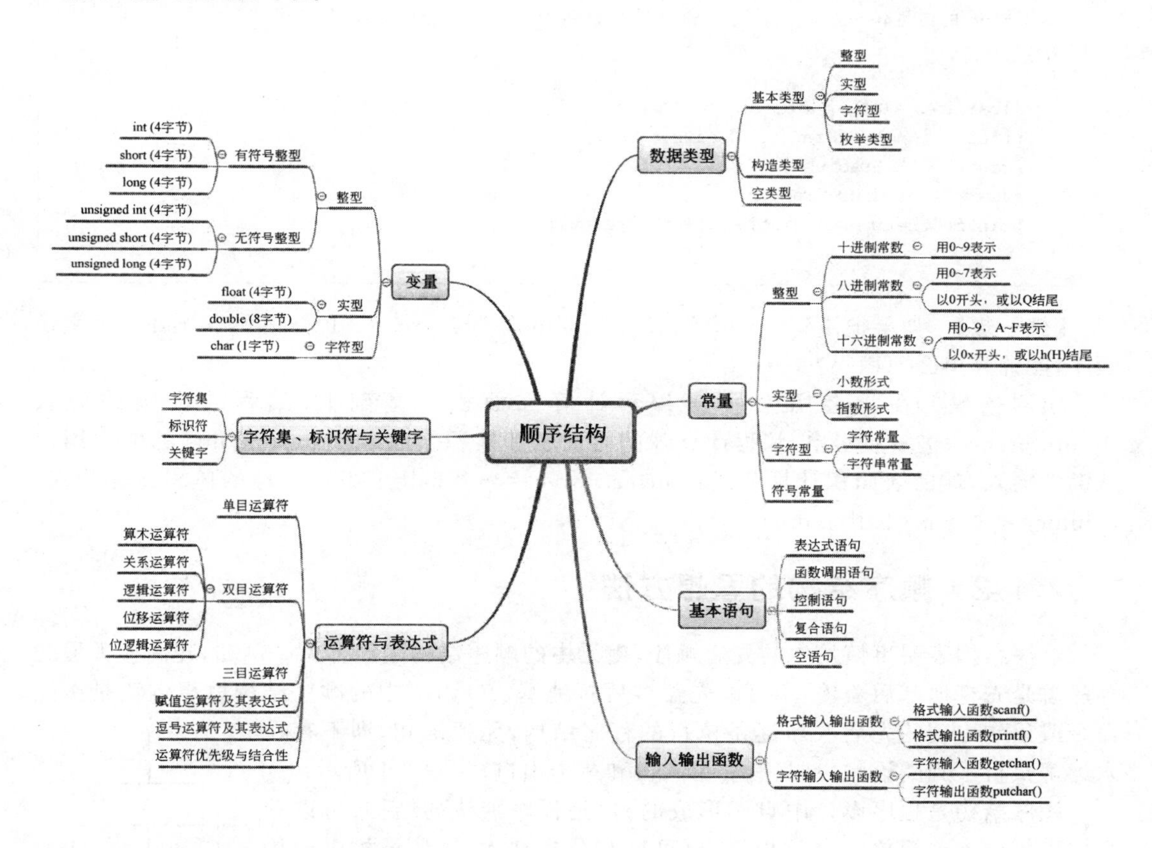

学习任务与目标

1. 初步掌握顺序结构程序设计的基本思想方法；
2. 初步学会把实际问题转化为程序，体会用 C 程序解决实际问题的方法；
3. 初步掌握标识符、常量与变量的定义及使用方法；
4. 初步掌握数据类型及不同数据类型之间的转换规则；
5. 初步掌握数据的运算符和表达式、优先级及结合性；
6. 初步掌握顺序结构语句特点，C 语言的基本语句；
7. 初步学会使用数据输入输出函数 scanf()、printf()、getchar()、putchar()。

2.1 顺序结构

2.1.1 引例：计算圆面积

用户从键盘输入圆半径 radius 的值(例如 10)，圆面积的计算公式：$area=\pi * radius^2$，用 C 语言编写程序，计算圆面积。

参考程序如下：

```
#include <stdio.h>
#define PI 3.14                    /* 定义符号常量 PI 的值为 3.14 */
void main()
{
    float area = 0.0, radius;
    printf("input the radius of circle \n");
    scanf("%f",&radius);
    area = PI * radius * radius;
    printf("the area of circle is %f\n",area);
}
```

【想一想】 如果把语句“scanf("%f",&radius);”与“area=PI * radius * radius;”交换顺序，能计算出圆面积吗？

引例拓展：在学会用 C 语言编程计算圆面积的基础上，编程求出圆的周长 circumference，进一步引申，编程计算球的表面积和体积。球半径 ball_radius 的值由用户从键盘输入，球的表面积计算公式：$surface\_area=4\pi * ball\_radius^2$；球的体积计算公式：$volume=4/3 * \pi * ball\_radius^3$。

2.1.2 顺序结构的思想方法

顺序结构表明事情发生的先后顺序，生活中的顺序结构随处可见。例如，建高楼大厦的顺序总是先打地基后盖楼，不可能先盖楼后打地基。C 语言中的顺序结构思想方法是按照命令或语句出现的先后次序逐条执行的程序结构，无死语句，即不存在永远都执行不到的语句，且只有一个入口和一个出口，如图 2-1 所示。

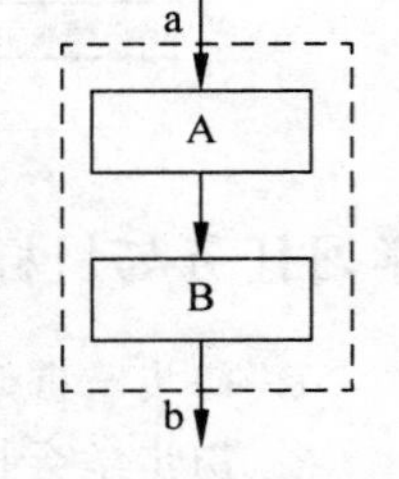

图 2-1 顺序结构

顺序结构是程序设计中自然形成的，也是程序默认的结构，可以独立使用构成一个简单的完整程序，也可以与分支结构、循环结构一起构成复杂程序。组成顺序结构的语句一般有输入语句、赋值语句、函数调用语句、输出语句。无论多么复杂的程序一般都可以分为三种结构：顺序结构、分支结构、循环结构。C 程序设计的过程就是把 C 语言中的基本语句和函数通过这三种结构组织在一起的过程。

2.1.3 顺序结构程序设计步骤

顺序结构程序设计的一般步骤为定义变量、数据输入、数据处理、数据输出。其中，数据输入、数据处理和数据输出称为顺序结构的三要素。

(1) 数据输入是把已知数据输入到计算机中,也就是给变量赋值。

(2) 数据处理是对输入的数据按照某种算法进行相应的运算或变换,得出问题的答案或结果。

(3) 数据输出是把得出的答案或结果以规定的方式表示出来。

顺序结构设计程序举例如下。

【例 2-1】 求一元二次方程 $ax^2+bx+c=0(a\neq 0)$ 的解,即 $x=\frac{-b\pm\sqrt{b^2-4ac}}{2a}$。

参考程序如下:

```
#include <stdio.h>
#include <math.h>
void main()
{
    float a,b,c,disc,x1,x2,p,q;
    printf("输入一元二次方程的系数 a,b,c 的值\n");
    scanf("a = %f,b = %f,c = %f",&a,&b,&c);
    disc = b * b - 4 * a * c;
    p = - b/(2 * a);
    q = sqrt(disc)/(2 * a);
    x1 = p + q;
    x2 = p - q;
    printf("\n\nx1 = %5.2f\nx2 = %5.2f\n",x1,x2);
}
```

【想一想】 上机运行,观察输出结果。此程序完美吗?如何改进?

2.2 字符集、标识符与关键字

2.2.1 字符集

字符集(Character Set)是多个字符的集合,字符(Character)是各种文字和符号的统称。字符集种类较多,每个字符集包含的字符个数都不同。

任何一个计算机系统所能使用的字符都是固定的、有限的,会受到硬件设备的限制。要使用某种计算机语言编写程序,就必须使用符合该语言规定的且该计算机系统能够使用的字符集。

C 语言中(注释除外)允许出现的字符集有如下三类:

(1) 阿拉伯数字(0~9);

(2) 英文字母(区分大小写,A~Z,a~z);

(3) 27 个特殊符号,分别是 +、-、*、/、%、_、=、<、>、&、~、(、)、[、]、{、}、:、?、.、;、!、'、"、#、^、空格。

由字符组成的标识符和关键字是 C 语言的基本组成部分。

2.2.2 标识符

为了方便引用数据,C 语言规定必须对数据进行标识。能够标识数据的字符串序列称为标识符(Identifier)。标识符可以标识变量名、符号常量名、函数名、数组名、指针名、文件名等。

标识符命名规则：由字母(A～Z,a～z)、数字(0～9)、下画线(_)组成,并且以字母或下画线开头。

标识符严格区分大小写字母(即大小写敏感),标识符命名应尽量做到"见名知义",以便阅读理解。例如,常用 name 标识姓名,age 标识年龄。如果需要用两个及以上的单词组成标识符(如 book 和 author),通常有两种命名方式：下画线命名法(如 book_author)和驼峰表示法(如 bookAuthor)。下画线命名法：通过下画线将多个单词连接起来；驼峰表示法：第一个单词首字母小写,第二个单词及后面单词首字母大写,因为第二个单词首字母大写看起来像驼峰由此而得名。

在 Windows 系统编程环境中,还有一种比较流行的命名法是匈牙利命名：开头字母用变量类型的缩写,其余部分用变量的英文或英文缩写,要求单词第一个变量的字母大写,例如：intAge。

尽管标准 C 语言不限制标识符的长度,但它受到 C 语言各种版本的编译系统限制,同时也受到具体机器的限制。一般地,标识符的有效长度为 255 个字符,目前编译器扩展的甚至更长。

标识符不允许用空格,也不允许用 C 语言的关键字。

【随堂测试】 找出下列符号中合法的标识符。

NO.1　_top　3dmax　int　word$　area　sum　qsy_a1　P_p02　qiao&hong
￥a-b　while

2.2.3 关键字

关键字(Keyword)是 C 语言系统预留的有特定含义的字符序列,用户不能把它们作为其他含义的标识符,也不能把关键字定义为普通变量。ANSI C 标准规定 C 语言共有 32 个关键字,如表 2-1 所示。

表 2-1 C 语言的关键字

序号	关键字	用途分类	说明
1	char	数据类型	定义字符型数据
2	const		定义常量
3	double		定义双精度实型数据
4	enum		定义枚举类型
5	float		定义单精度实型数据
6	int		定义基本整型数据
7	long		定义长整型数据
8	short		定义短整型数据
9	signed		定义有符号类型数据
10	struct		定义结构体类型
11	union		定义共用体类型
12	unsigned		定义无符号类型数据
13	void		空类型,用空类型定义的对象不具有任何价值
14	volatile		定义可变类型的数据

续表

序号	关键字	用途分类	说　明
15	auto	存储类别声明	自动变量声明
16	extern		声明外部变量
17	register		寄存器变量声明
18	static		静态变量声明
19	if	程序流程控制	条件语句的标识
20	else		if 语句的另一分支
21	goto		无条件转移语句
22	switch		多分支(选择)语句
23	case		switch 语句的多分支情况语句标号
24	break		退出 switch 语句或本层循环
25	default		switch 语句的其他情况标号
26	do		do-while 循环的起始标志
27	while		while 循环和 do-while 循环的标志
28	continue		结束本次循环，继续下一次循环
29	for		for 循环的标识
30	return		函数返回语句
31	sizeof	求字节数运算符	用于求数据类型或表达式的长度
32	typedef	更改数据类型名	给已有数据类型定义一个新名称(别名)

2.3 数据类型

数据是计算机程序处理所有信息的总称。利用计算机处理数据，需要把数据放入内存，因此，程序中使用的各种数据都必须指定类型。数据类型规定一个数据能够取值的范围、精度、存储方式，以及能够进行的操作。

例如描述一个人的姓名、籍贯信息通常采用字符型，描述年龄一般用整型，描述物品的价格、重量通常用浮点型(带有小数部分的实数)。

在 C 语言程序设计过程中，要根据数据的范围、精度和特征选取最合适的数据类型。

【想一想】 数学中有哪些数据类型，C 语言又有哪些数据类型？二者中的数据类型有何区别？

2.3.1 基本数据类型

为了更好地对数据进行存储和处理，C 语言把数据分成基本类型、构造(派生)类型、指针类型、空类型。C 语言数据类型的分类如图 2-2 所示。

基本类型分为整型、实型、字符型和枚举型。整型一般分为有符号基本整型(简称基本整型)、有符号短整型(简称短整型)、有符号长整型(简称长整型)、无符号整型、无符号长整型；实型分为单精度实型、双精度实型。基本数据类型的特点如表 2-2 所示。

数据类型	基本类型	整型	有符号基本整型	int
			有符号短整型	short (int)
			有符号长整型	long (int)
			无符号整型	unsigned
			无符号长整型	unsigned(long)
		实型(浮点型)	单精度实型	float
			双精度实型	double
		字符型 char		
		枚举型 enum		
	构造(派生)类型	数组类型 –		
		结构体类型 struct		
		共用体类型 union		
	指针类型	–		
	空类型	空类型 void		

图 2-2 数据类型的分类

表 2-2 基本数据类型的特点

数据类型	类型说明符	字节数	数值范围
整型	int	4	−214 783 648(-2^{31})~214 783 647($2^{31}-1$)
短整型	short int	4	
长整型	long(int)	4	− 214 783 648(-2^{31})~214 783 647($2^{31}-1$)
无符号短整型	unsigned	4	0~4 294 967 295
无符号长整型	unsigned(long)	4	0~4 294 967 295
单精度实型	float	4	3.4E−38~3.4E+38
双精度实型	double	8	1.7E−308~1.7E+308
字符型	char	1	C字符集
枚举类型	enum		

注：短整型和整型在不同的计算机软硬件平台和编译系统中，所占的存储空间、取值范围不同。例如，早期对于16位机，short int 占 2 字节，而目前在大多数的 32 或 64 位机中，short int 占 4 字节。

数据根据其值是否变化可分为常量和变量。

2.3.2 常量

常量(Constant)是指在程序运行过程中，其值保持不变的量。常量可分为三种：数值常量、字符常量和符号常量，如图 2-3 所示。

1. 整型常量

1) 整型常量的类型及取值范围

整型常量的取值范围如果为−2 147 483 648~+2 147 483 647，则编译器默认为是 int 类型或 long 类型；若系统定义 short int 与 int 占内存长度相同，则上述取值范围的常量均可以赋给 int 和 short int 类型变量。

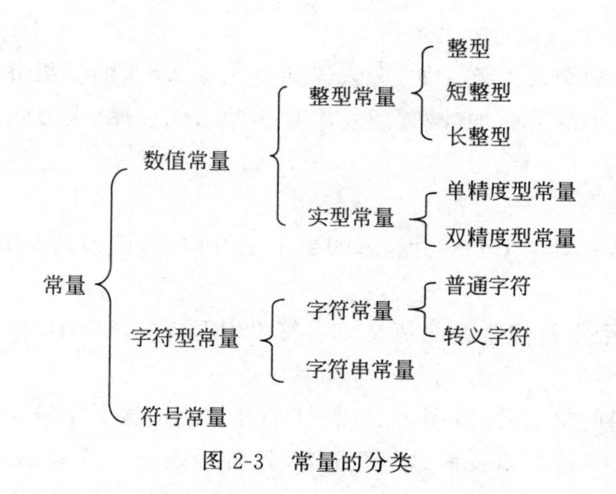

图 2-3 常量的分类

2）整型常量的三种进制表示方法

十进制整数：如 154、565、6523。

八进制整数：以 0 开头表示的数。如 045 表示八进制数，即 45(8)，对应十进制整数为 37。

十六进制整数：以 0x 开头表示的数。如 0x123 表示十六进制数，即 123(16)，对应十进制整数为 291。

3）整型常量的后缀

整型常量后缀常见的有长整型用 L 或 l 表示；无符号数用 U 或 u 表示；浮点数用 F 或 f 表示。若在整型常量后面加大写字母 L，则告诉编译器把该整型常量作为 long 类型处理，例如 3405L；若在整型常量后面加 u，则按无符号整型方式处理。

2. 实(浮点)型常量

在 C 语言中，把带小数点的数称为实数或浮点数。实型常量只能用十进制形式表示，不能用八进制和十六进制形式表示。

1）实型常量的两种表示方法

十进制数形式：由数字和小数点组成(必须有小数点)。如 －0.12、.123、123.、0.00 等。

指数形式：字母 e 或 E 之前(即尾数部分)必须有数字，指数必须为整数。合法的指数形式如 123.456e0、12.3456e1、1.23 456e2、0.123456e3、0.0123456e4；不合法的指数形式如 4e－4.5。

规范化指数形式：只有一位非零整数的指数形式。例如，6.28e－2 表示 6.28×10^{-2}，－3.0824e4 表示 -3.0824×10^{4}。

2）浮点常量的分类

浮点常量数后加 F 或 f 表示单精度。注意，浮点常量一般不分单(float)、双精度(double)，都按双精度 double 型处理。

3）浮点型数据的舍入误差

注意浮点型数据的舍入误差。如,舍入误差使 1.0/3 * 3 的结果并不等于 1。应避免一个很大的数与一个很小的数相加(减)(通过本章实验示例程序“大数吃掉小数”加深理解)。

3. 字符常量

字符型常量是由一对单引号' '引起来的单个字符构成,例如,'a','b','1'等都是有效的字符型常量。

一般情况下,一个字符型常量的值是该字符集中对应的 ASCII 值,例如：字符常量'0'～'9'的 ASCII 值是 48～57。显然字符'0'与数字 0 是不同的。

字符常量中使用的单引号、双引号、反斜杠都必须使用转义字符。

C 语言中的转义字符是以反斜线“\”开头,其后紧跟一个字符或一个代码值表示。例如,“\n”的含义是换行；“\t”的含义是水平制表(右移 8 位)；“\'”的含义是单引号；“\"”的含义是双引号；“\\”的含义是反斜线。

转义字符不同于原字符的意义而具有特定的含义,故称转义字符。转义字符主要用来表示那些用一般字符不便于表示的控制代码。例如,\r 代表回车符,不代表反斜杠和字母 r 的组合；\101 代表字母 e；\x20 代表空格字符。

所有的 ASCII 码值都可以用“\加数字”(一般是八进制数)来表示。

C 语言中的转义字符如表 2-3 所示。

表 2-3 转义字符

转义字符	转义字符的意义
\a	响铃(BEL)
\b	退格(BS),将当前位置移到前一列
\f	换页(FF),将当前位置移到下页开头
\n	回车换行(LF),将当前位置移到下一行开头
\r	回车(CR),将当前位置移到本行开头
\t	水平制表(HT,横向跳到下一个 Tab 位置)
\v	垂直制表(VT),竖向跳格
\\	代表一个反斜线字符'\'
\'	代表一个单引号(撇号)字符
\"	代表一个双引号字符
\?	代表一个问号
\0	空字符(NULL)
\ddd	1～3 位八进制数所代表的字符
\xhh	1～2 位十六进制数所代表的字符

4. 字符串常量

C 语言中没有专门的字符串类型的变量,但有字符串常量。

字符串常量是由一对双引号" "引起来的字符序列组成,例如"abc"、"a"等都是字符串常量。存储时系统在每个字符串尾自动加一个'\0'作为字符串结束标志。注意,'a'是字符型常量,占一个字节;而"a"是字符串常量,占两个字节。

双引号仅起定界符的作用,并不是字符串中的字符。字符串常量不能直接包括单引号、双引号和反斜杠“\”(若要使用,可参照转义字符中介绍的字符使用)。

【辨一辨】 字符常量与字符串常量的区别。

(1) 字符常量只能是单个字符,由单引号括起来,占一个字节的内存空间;字符串常量可以含一个或多个字符,用双引号引起来,C语言系统自动在字符串尾加入字符'\0'作为结束标志。例如字符串"a"在内存中的存储形式如图2-4所示,其长度是2字节,其中字符'\0'所对应的ASCII值为0,即“空”字符。因此,字符串常量占的内存字节数等于字符串中字符所占的字节数再加1。

a	\0

图2-4　字符串"a"的存储形式

(2) 可以把一个字符常量赋予一个字符变量,但不能把一个字符串常量赋予一个字符变量。

(3) C语言中没有专门的字符串变量。如果要把字符串存放在变量中,需要用字符型数组存放。

5. 符号常量

用一个标识符表示一个常量称为符号常量,一般用大写字母表示。符号常量在使用之前必须先定义,其一般定义形式为:

```
#define 标识符 常量
```

注意:定义符号常量时,在其末尾处不加分号。

例如:

```
#define PRICE 100
#define PI 3.14
```

其中,#define是一条预处理命令且以#开头,又称为宏定义命令(后续章节详细介绍),其功能是把该标识符定义为其后的常量值。

符号常量一经定义,在程序的执行部分该标识符所出现的地方均代之以常量值,其值在作用域内不能改变或重新赋值。

2.3.3 变量

变量(Variable)是指在程序运行过程中,其值可以随时改变的量。

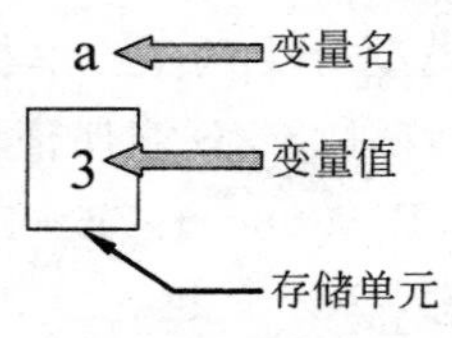

图2-5　变量的三要素

变量名、变量值和变量类型(存储单元)称为变量的三要素,如图2-5所示。

(1) 变量名。变量名用标识符来表示,变量命名必须遵守标识符的命名规则。

例如,a、b、c1、d3y是合法的变量名;#abc、.com、￥b1、1fd是不合法的变量名。

变量名实为一个符号地址,通过这个符号地址可以快速方便地访问变量所在的存储单元,从而读取变量的值如“探囊取物”。例如,变量 a 是指用 a 命名的某个存储单元,用户对变量 a 进行的操作就是对该存储单元的操作。

(2) 变量值。给变量赋值的实质是把数据存入该变量所代表的存储单元中。变量的值就是存放在该存储单元内的“内容物”。

(3) 变量类型。在定义变量的同时要说明其类型,数据类型决定了数据的取值范围。系统在编译时根据其类型自动分配相应的存储单元。

变量通常可分为整型变量、浮点型变量和字符型变量等。

1. 整型变量

整型变量只能存储整型数据。整型变量值的表示形式可以是十进制、八进制、十六进制数,但在内存中只能以二进制形式存储,且负数以补码形式表示。通常规定,有符号型整数最高位表示符号位,最高位为 1 时表示是负数,最高位为 0 时表示正数。

无符号型整数的类型说明符为 unsigned。

(1) 无符号基本型的类型说明符为 unsigned int 或 unsigned。

(2) 无符号短整型的类型说明符为 unsigned short。

(3) 无符号长整型的类型说明符为 unsigned long。

【例 2-2】 通过 sizeof 运算符获取数据类型 int、short、long、unsigned int、unsigned short 和 unsigned long 所占内存的字节数。

参考程序如下:

```
#include <stdio.h>
void main()
{
    printf("int = %d\n",sizeof(int));
    printf("short int = %d\n",sizeof(short));
    printf("long int = %d\n ",sizeof(long));
    printf("unsigned int = %d\n",sizeof(unsigned int));
    printf("unsigned short int = %d\n",sizeof(unsigned short));
    printf("unsigned long int = %d\n ",sizeof(unsigned long));
}
```

在不同的 C 语言编译系统,对比分析运行结果。

2. 浮点型变量

浮点型变量又称实型变量,顾名思义是实数。实型变量的存储类型分为两类:单精度实型 float 占内存空间 4 字节(32 位),其数值范围为 3.4E－38～3.4E＋38,只能保证前 7 位有效数字。双精度实型 double 占 8 字节(64 位),其数值范围为 1.7E－308～1.7E＋308,可提供 16 位有效数字,多余的数位将因四舍五入会产生一些精度误差。

实型变量说明的格式和书写规则与整型相同。例如:

```
float x,y;                    /* x,y 为单精度实型量 */
double a,b,c;                 /* a,b,c 为双精度实型量 */
```

由于实数存在四舍五入的误差，在实际使用时应注意以下几点：

(1) 无须用一个实数精确表示一个大整数。

(2) 比较两个实数时，一般不进行是否相等比较，而是判断这两个数差的绝对值，若小于某一个很小的数时，默认这两个实数相等。

(3) 避免将一个很小的实数与一个很大的实数相加(减)，否则会丢失很小的实数。类似地，向大海里增加(减少)一桶水，海水的深度几乎不会变化。

【例 2-3】 编程体验两实数之间的误差，用一个很大的实数减(加)一个较小的实数。

参考程序如下：

```
#include <stdio.h>
void main()
{
    float value_a = 2.345, value_b = 1234567.89e6, sum = 0.0, minus = 0.0;
    sum = value_a + value_b;
    minus = value_b - value_a;
    printf("value_a %f\n ", value_a);
    printf("value_b %f\n ", value_b);
    printf("sum = %f\n ",sum);
    printf("minus = %f\n ", minus);
}
```

运行结果如图 2-6 所示。

```
C:\JMSOFT\CYuYan\bin\wwtemp.exe
value_a 2.345000
value_b 1234567954432.000000
sum=1234567954432.000000
minus=1234567954432.000000
```

图 2-6　例 2-3 程序运行结果

【例 2-4】 设变量 x 为 float 类型且已赋值，则执行下列语句能将 x 的数值保留到小数点后两位并将第三位四舍五入的是(　　)。

A. x=x*100+0.5/100.0;　　　　B. x=(x*100+0.5)/100.0;

C. x=(int)(x*100+0.5)/100.0;　　D. x=(x/100+0.5)*100.0;

解析：题目要求将实数 x 从小数点后两位处截断，且使小数点后第三位向第二位四舍五入。

在某位上四舍五入的一般方法是在该位上加“5”；小数点后 n 位截断的一般方法是原数先乘以 10^n，再取整，最后除 10^n 的浮点数形式；整数部分小数点前 n 位截断的一般方法是原数先除以 10^n，再取整，最后乘以 10^n。

本题的处理是先对 x 乘以 10^2 即 100，做小数点后两位处截断的预备处理；然后加 0.5，即对原小数点后的第三位做四舍五入处理；再取整，将 x 原数值小数点后从第三位开始的数据丢弃；最后除以 100.0，恢复 x 的数值大小，注意不是除以整数 100，若除以整数 100，

x 的小数部分将为 0。

3. 字符型变量

字符型变量是用来保存单字符的一种变量,字符变量的类型说明符是 char。一个字符变量只能存放一个字符,即字符型数据在内存中占一个字节的存储空间。

C 语言系统在表示一个字符型数据时,并不是将字符本身的形状存入内存,而只是将字符对应的 ASCII 码值存入内存。因此,字符型数据与整型数据之间可以通用,即允许对整型变量赋字符值,对字符变量赋整型值。在输出时,允许把字符变量按整型量输出,也允许把整型量按字符量输出。

【例 2-5】 整型与字符型变量相互赋值。

参考程序如下:

```
#include <stdio.h>
void main()
{
    int k;
    char ch;
    k = 'a';
    ch = 65;
    printf("%d %c\n", k,k);
    printf("%d %c\n", ch,ch);
}
```

4. 变量的定义及赋值

1) 变量的定义

C 语言要求在程序中使用的每个变量都必须先定义,后使用。变量定义的一般形式为:

类型标识符　变量名 1,变量名 2,…,变量名 n;

例如:

```
int a,b,c,max;              /* 定义四个整型变量 a,b,c 和 max */
float f = 2.5;              /* 定义一个实型变量 f,在定义的同时给 f 赋初值 2.5 */
```

变量通常在三种场合定义:函数的外部、函数体内部、函数的参数。由此定义的变量对应地称为全局变量、局部变量、形式参数(后面章节详细介绍)。

2) 变量的赋值

赋值操作可用赋值运算符(简称赋值号)"="描述,构造赋值表达式、计算赋值表达式的主要效果是给指定变量赋一个新值。例如:

```
int a = 3;
```

变量赋初值的常用方法有如下两种。

(1) 变量先定义后赋值。例如:

```
int a,b,c;
```

```
a = 2; b = 5; c = 10;
```

（2）在定义变量的同时赋值。例如：

```
int a = 5;
```

若在定义多个变量的同时赋同一个初值，应分别赋值，不能连续赋初值。例如：

```
int a = 10,b = 10,c = 10;
```

若改为：

```
int a = b = c = 10;
```

则为非法赋值。

在给变量赋值时，必须保证赋值符号右边的常量和赋值符号左边的变量类型一致，如果类型不一致可能引起某些错误。但是，在 0～255 的整型和字符类型的数据可以互相转换。字符类型的变量可以字符或整数形式输出，输出形式取决于 printf()函数中的格式控制符。格式控制符若为“%c”，输出的变量值为字符；若为“%d”，输出的变量值为整数。

【例 2-6】 编程实现整型数据和字符型数据的相互赋值。

参考程序如下：

```
#include <stdio.h>
void main()
{
   int c1;                      /* 定义变量 c1 为整型 */
   char c2;                     /* 定义变量 c2 为字符型 */
   c1 = 'a'; c2 = 65;           /* 分别为两变量赋初值 */
   printf("整型变量 c1 赋初值'a',转换为字符的值为 %d\n",c1);
   printf("字符变量 c2 赋初值 65,转换为整型的值为 %c\n",c1,c2);
}
```

运行结果如图 2-7 所示。

```
C:\JMSOFT\CYuYan\bin\wwtemp.exe
整型变量c1赋初值'a',转换为字符的值为97
字符变量c2赋初值65,转换为整型的值为a
```

图 2-7 例 2-6 程序运行结果

【例 2-7】 编程实现大小写字母的转换。

参考程序如下：

```
#include <stdio.h>
void main()
{
   char c1,c2;
   c1 = 'b';
```

```
    c2 = 'B';
    c1 = c1 - 32;          /* b的ASCII码值为98,减去32得'B'的ASCII码值 */
    c2 = c2 + 32;          /* 'B'的ASCII码值为66,加上32得'b'的ASCII码值 */
    printf("c1 = %c\n",c1);
    printf("c2 = %c\n",c2);
}
```

2.3.4 数据类型的转换

1. 自动转换

1) 自动转换情况

数据类型在下列四种情况下自动转换：

(1) 不同类型数据混合运算时，低类型自动转换为高类型，称为运算转换；

(2) 把一个值赋给与其类型不同的变量时，称为赋值转换；

(3) 输出时转换成指定的输出格式，称为输出转换；

(4) 函数调用时，实参与形参类型不一致，称为函数调用转换。

2) 运算转换规则

不同类型数据混合运算时，由系统按少字节类型向多字节类型自动实现转换，如图2-8所示。

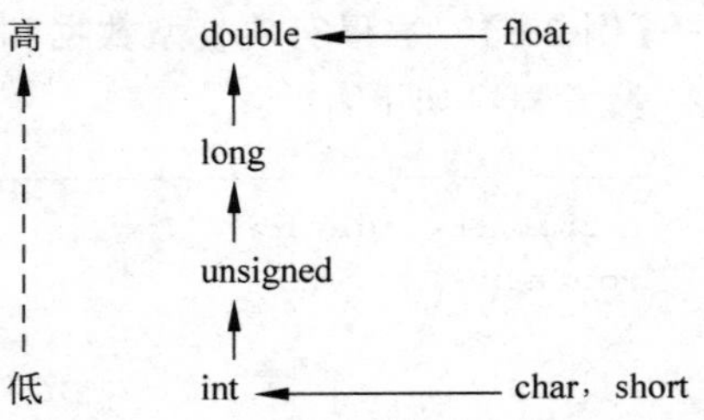

高 double ← float

long

unsigned

低 int ← char，short

图2-8 自动类型转换规则

在自动类型转换时总是按照精度不降低的原则从低级向高级进行转换。不同类型的变量相互赋值时也由系统自动进行转换，把赋值号右边的类型转换为左边的类型。

2. 赋值转换

如果赋值运算符两侧的类型不一致(但都是数值型或字符型)时，在赋值过程中会进行自动类型转换。转换的基本原则是：

(1) 当整型数据赋给浮点型变量时，增加有效位，但数值上不发生任何变化。如：

```
float f;
f = 4;          /* 内存中变量f的值在为4.000000 */
```

(2) 当单、双精度浮点型数据和整型变量混合运算时，浮点数的小数部分将被舍弃。如：

```
int x;
x = 4.35;       /* 内存中变量x的值为4 */
```

(3) 将字符型数据赋给整型变量时，由于字符型数据在运算时根据其ASCII码值自动转换为整型数据，所以将字符型数据对应的ASCII码值存储到变量中。如：

```
int x;
```

```
x = 'a';          /* 内存中变量 x 的值为 65 */
```

（4）将有符号的整型数据赋给长整型数据，要进行符号扩展。将无符号的整型数据赋给长整型变量时，需将高位补 0 即可。

3. 强制类型转换

强制类型转换的一般形式如下：

```
(类型名)(表达式)
```

例如：

```
(int) a;          /* 将变量 a 的类型强制转换为整型 */
(int)a + b;       /* 将变量 a 的类型强制转换成 int 型后再进行运算 */
(float) (a + b); /* 将表达式 a + b 结果的类型强制转换为浮点型 */
```

经强制类型转换后，得到的是一个所需类型的中间变量，原来变量的类型并没有发生任何变化。

【例 2-8】 分析下面程序的运行结果。

```
#include < stdio.h >
void main()
{
   int a; float b, c = 2.5; char d = 'D';
   a = (int)c;          /* 将 c 强制类型转换为整型赋值给 a */
   b = 1.0 + a * d + c;/* 多种类型数据混合运算 */
   printf("a = %d,b = %f\n",a,b);
}
```

运行结果如图 2-9 所示。

```
C:\JMSOFT\CYuYan\bin\wwtemp.exe
a=2, b=139.500000
```

图 2-9　例 2-8 混合运算结果

2.4 运算符与表达式

C 语言具有丰富的运算符，运算符是告诉编译程序执行算术、逻辑或其他特定操作的符号。表达式是由运算符连接常量、变量、函数等所组成的式子，每个表达式都有一个值和类型。正是丰富的运算符和表达式使 C 语言功能十分完善。

C 语言的运算符按含义可分为以下十类。

（1）算术运算符：用于各类数值运算，包括加（+）、减（−）、乘（*）、除（/）、求余（%，又称模运算）、自增（++）、自减（−−）共七种。

(2) 关系运算符：用于比较运算，包括大于(＞)、小于(＜)、等于(＝＝)、大于或等于(＞＝)、小于或等于(＜＝)和不等于(!＝)共六种。

(3) 逻辑运算符：用于逻辑运算，包括与(&&)、或(||)、非(!)共三种。

(4) 位操作运算符：参与运算的量按二进制位进行运算，包括位与(&)、位或(|)、位非(～)、位异或(^)、左移(<<)、右移(>>)共六种。

(5) 赋值运算符：用于赋值运算，分为简单赋值(＝)，复合算术赋值(＋＝、－＝、*＝、/＝、%＝)和复合位运算赋值(&＝、|＝、^＝、>>＝、<<＝)三类共十一种。

(6) 条件运算符(? :)：用于条件求值，是C语言中唯一一个三目运算符。

(7) 逗号运算符(,)：用于把若干表达式组合成一个表达式。

(8) 指针运算符：用于取内容(*)和取地址(&)两种运算。

(9) 求字节数运算符(sizeof)：用于计算数据类型或表达式所占的字节数。

(10) 特殊运算符：有括号()、下标[]、成员(->)等几种。

按运算操作数的个数又可分为一元运算符或单目运算符(只需一个操作数的运算符)、二元运算符或双目运算符(需两个操作数的运算符)、三元运算符或三目运算符(需三个操作数的运算符)。C语言提供唯一的一个三目运算符是条件运算符(表达式1? 表达式2:表达式3)。

2.4.1 算术运算符及其表达式

C语言的运算符不仅具有不同的优先级，而且还有结合性。在表达式中，各运算量参与运算的先后顺序不仅遵守运算符优先级别的规定，还要受运算符结合性的制约，以便确定是自左向右进行运算还是自右向左进行运算。这种结合性是其他高级语言的运算符所没有的，因此也增加了C语言的复杂性。

1. 算术运算符的分类

C语言的算术运算符可分为基本算术运算符，强制类型转换运算符，自增、自减运算符。

1) 基本算术运算符

C语言基本算术运算符有如下五种。

(1) 加法运算符"＋"：属双目运算符，有两个量参与加法运算，具有右结合性，如a＋b，4＋8等。

(2) 减法运算符"－"：属双目运算符，有两个量参与减法运算，具有右结合性，如b－6.5等。但"－"也可作负值运算符，此时为单目运算，如－x，－5等具有左结合性。

(3) 乘法运算符"*"：属双目运算，具有左结合性，如a*b，5*9.9等。

(4) 除法运算符"/"：属双目运算，具有左结合性，如a/7，9/3.3等。参与运算量均为整型时，结果也为整型，舍去小数。如果运算量中有一个是实型，则结果为双精度实型。

(5) 求余运算符(模运算符)"%"：双目运算，具有左结合性。要求参与运算的量均为整型。求余运算的结果等于两数相除后的余数。

【例 2-9】 分析除法和取余运算符的区别。

```
#include <stdio.h>
void main()
{
    printf("20/7 = %d, -20/7 = %d\n",20/7, -20/7);
    printf("20.0/7 = %f, -20.0/7 = %f\n",20.0/7, -20.0/7);
    printf("100%%3 = %d\n",100%3);
}
```

本例中,20/7、—20/7 的结果均为整型,小数全部舍去。而 20.0/7 和—20.0/7 由于有实数参与运算,因此结果也为实型。

运行结果如图 2-10 所示。

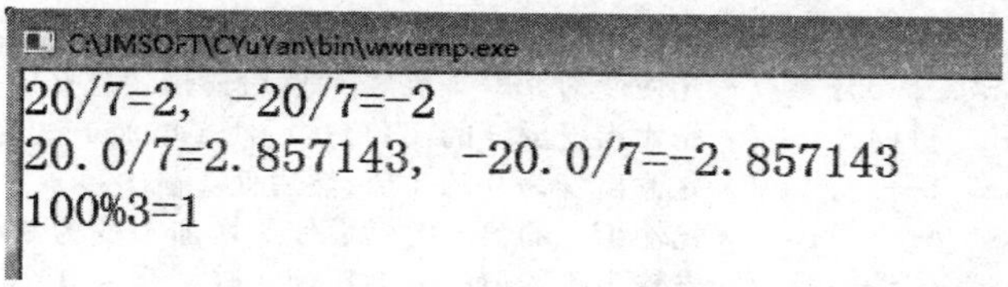

```
C:\JMSOFT\CYuYan\bin\wwtemp.exe
20/7=2, -20/7=-2
20.0/7=2.857143, -20.0/7=-2.857143
100%3=1
```

图 2-10 除法和取余运算符运算的结果

【想一想】 最后一条语句“printf("100%%3=%d\n",100%3);”中的“100%%3”为什么要连续用两个“%”?

随堂测试:数手指,从大拇指开始按食指、中指、无名指、小指依次数正整数 1,2,3,4,5,6,7,8,9,再回到大拇指的顺序,如图 2-11 所示。当数到 2018 时,对应的手指是(　　)。

A. 拇指　　　　B. 食指

C. 中指　　　　D. 无名指。

提示:从拇指 1 开始,每 8 个数为一个循环,依次循环,2018%8=2,数字 2018 与 2 相对应的手指相同,为食指。

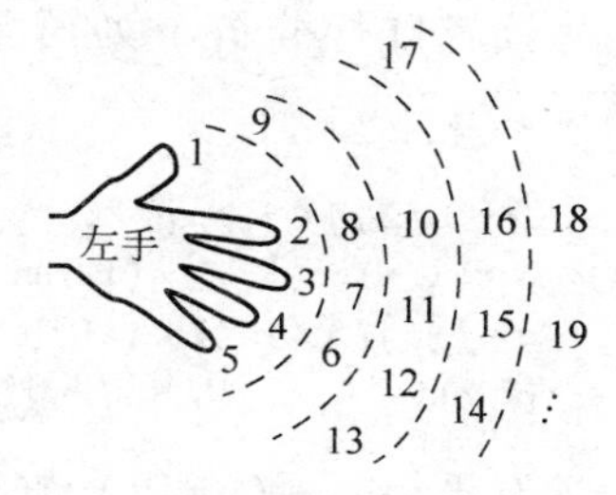

图 2-11 数手指的示意图

2) 强制类型转换运算符

强制类型转换运算符的一般形式为:

```
(类型说明符)(表达式)
```

其功能是把表达式的运算结果强制转换成类型说明符所表示的类型。

例如:

```
(float) a        /* 把 a 转换为实型 */
(int)(x+y)       /* 把 x+y 的结果转换为整型 */
```

3) 自增、自减运算符

自增运算符为“++”,为单目运算,都具有右结合性,其功能是使变量的值自身加 1。

自减运算符为“——”,为单目运算,都具有右结合性,其功能是使变量的值自身减 1。

变量 i 自增、自减可有以下几种表示形式：

＋＋i　i 先自增 1,再参与其他运算；

－－i　i 先自减 1,再参与其他运算；

i＋＋　i 先参与运算,再自增 1；

i－－　i 先参与运算,再自减 1。

特别注意：当 i＋＋或 i－－出现在较复杂的表达式或语句中时,应仔细按上述情况分析。

【例 2-10】 自增、自减运算符的分析与验证。

```
#include <stdio.h>
void main()
{
    int i = 8;
    printf("%d\n",++i);     /* 先使 i 的值增加 1,然后输出变为 9 的 i 值 */
    printf("%d\n",--i);     /* 先使变为 9 的 i 值减 1,然后输出变成 8 的 i 值 */
    printf("%d\n",i++);     /* 先输出变成 8 的 i 值,然后使 i 增加 1 变为 9 */
    printf("%d\n",i--);     /* 先输出变为 9 的 i 值,然后使 i 减 1 变成 8 */
    printf("%d\n",-i++);    /* 先输出 i 的值 - 8,然后使 i 增加 1 变为 9 */
    printf("%d\n",-i--);    /* 先输出 i 的值 - 9,然后使 i 减 1 变为 8 */
    printf("%d\n",i);       /* 输出 i 的当前值 8 */
}
```

运行结果如图 2-12 所示。

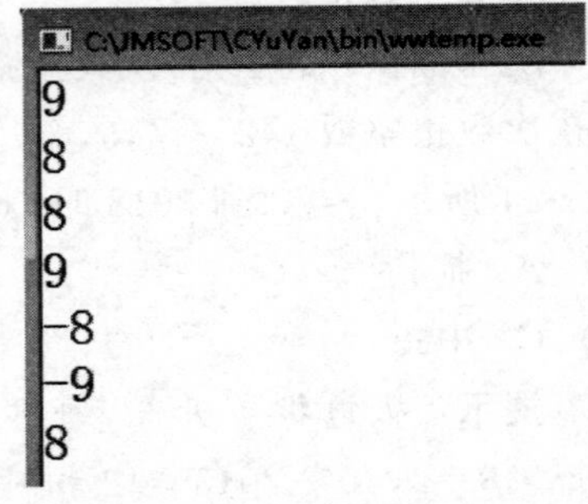

图 2-12　例 2-10 程序运行结果

读者自行分析下列语句中变量 i、j、p 和 q 的变化情况。

```
int i = 5,j = 5,p,q;
p = (i++) + (i++) + (i++);
q = (++j) + (++j) + (++j);
printf("%d,%d,%d,%d",p,q,i,j);
```

对语句“p＝(i＋＋)＋(i＋＋)＋(i＋＋)；”应理解为三个 i 先相加,故 p 值为 15,然后 i 再自增 1 三次相当于加 3,所以 i 的值为 8。而对于语句“q＝(＋＋j)＋(＋＋j)＋(＋＋j)；”应理解为 j 先自增 1,再参与运算,由于 j 自增 1 三次后值为 8,q 的值是三个 8 相加之和,为 24。

应注意自增、自减运算符的用法。

(1) 自增、自减运算符常用于循环语句中,使循环变量加减 1。

(2) 自增、自减运算符不能用于常量和表达式,如 5＋＋,(a＋b)＋＋是非法的。

(3) C 语言不同的编译系统对运算符和表达式的处理次序可能不同,尽可能写通用性强的语句。

2. 算术表达式

算术表达式又称为数值表达式,是用算术运算符和一对圆括号将操作数(或称运算数)

连接起来的符合C语言语法的表达式。

例如，数学表达式$\frac{a+b}{a-b}$在C语言中需写成(a+b)/(a−b)，其中括号"( )"不能省，如果写成a+b/a−b就不能表示原表达式的意义。

C语言中表达式的所有成分都是写在一行上，括号只能用圆括号()，而[]和{}在C语言中另作他用。

以下是算术表达式的例子：

```
a + b
(a * 2)/c
(x + r) * 8 - (a + b)/7
++i
sin(x) + sin(y)
(++i) - (j++) + (k-- )
```

2.4.2　赋值运算符及其表达式

1. 简单赋值运算符和表达式

简单赋值运算符为"="。由"="连接的式子称为赋值表达式，其一般形式为：

```
变量标识符 = 常量或表达式
```

例如：

```
w = sin(a) + sin(b)
```

赋值表达式的功能是先计算表达式的值，再赋予左边的变量。赋值运算符具有右结合性。例如：

```
a = b = c = 5
```

可理解为：

```
a = (b = (c = 5))
```

凡是表达式可以出现的地方，赋值表达式均可出现。例如，x=(a=5)+(b=8)是合法的，它的意义是把5赋予a，8赋予b，再把a与b相加之和赋予x，故x等于13。

C语言规定，任何表达式在其末尾加上分号就构成语句。因此如"x=8;"与"a=b=c=5;"都是赋值语句。

2. 复合赋值运算符

在赋值符"="之前加上其他二目运算符可构成复合赋值符，如+=，−=，*=，/=，%=，<<=，>>=，&=，^=，|=。例如：

```
a += 5      等价于    a = a + 5
x * = y + 7   等价于    x = x * (y + 7)
r % = p     等价于    r = r % p
```

关于复合赋值运算符,初学者可能不习惯,但它十分有利于编译处理,能提高编译效率并产生高质量的目标代码。

如果赋值运算符两边的数据类型不相同,系统将进行自动类型转换,即把赋值号右边的类型转换成左边的类型。具体规定如下:

(1) 实型赋予整型,舍去小数部分;

(2) 整型赋予实型,数值不变,但将以浮点形式存放,即增加小数部分(小数部分的值为0);

(3) 字符型赋予整型,由于字符型为一个字节,而整型为二个字节,故将字符的ASCII码值放到整型量的低八位中,高八位为0。整型赋予字符型,只把低八位赋予字符量。

【例2-11】 系统自动类型转换。

参考程序如下:

```
#include <stdio.h>
void main()
{
    int a,b = 322,m;
    float x,y = 8.88;
    char c1 = 'k',c2;
    a = y;      /* 实型值 8.88 赋予整型变量 a,舍去小数部分,保留整数部分 */
    x = b;      /* 整型变量值 322 赋予实型变量 x, 增加小数部分 */
    m = c1;     /* 字符型变量 c1 的值 k 赋予整型变量 m,即把'k'的 ASCII 码值 107 赋予 m */
    c2 = b;     /* 整型变量 b 的值 322 赋予字符型变量 c2,取其低八位 (b 的低八位为 01000010,
                即十进制数 66) 变成字符型,对应 ASCII 码是字符 B */
    printf(" a = %d\n x = %f\n m = %d\n c2 = %c\n",a,x,m,c2);
}
```

运行结果如图2-13所示。

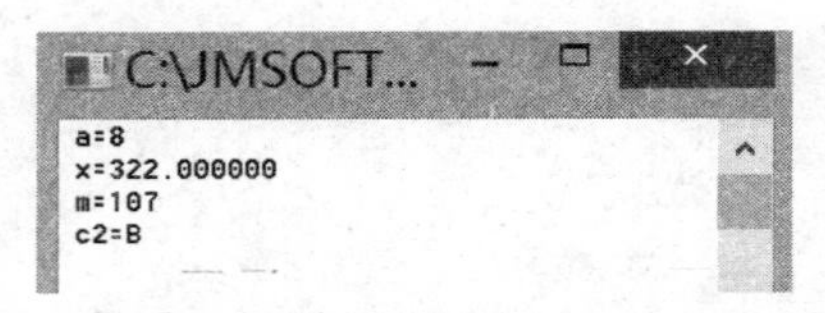

图2-13 例2-11程序运行结果

2.4.3 逗号运算符及其表达式

C语言的逗号“,”是一种运算符,称为逗号运算符。其结合性为从左向右;优先级处在第15级,为最低级别。

用逗号运算符把若干个表达式连接起来组成一个表达式,称为逗号表达式。

逗号表达式的一般形式为:

```
表达式 1,表达式 2,表达式 3, … ,表达式 n
```

求值过程是先求表达式1的值,再求表达式2的值,……,最后以表达式n的值作为整个逗号表达式的值。

程序中使用逗号表达式，通常要分别求逗号表达式内各表达式的值，并不一定要求整个逗号表达式的值。

并不是在所有出现逗号的地方都会组成逗号表达式，如在变量说明中，函数参数表中的逗号只是用作各变量之间的间隔符。

【例 2-12】　逗号表达式的应用。

参考程序如下：

```
#include <stdio.h>
void  main()
{
    int a = 2,b = 4,c = 6,x,y;
     y = ((x = a + b),(b + c));          /* 表达式的值 10 赋给 y */
    printf("y = %d,x = %d",y,x);
}
```

若将语句"y=((x=a+b),(b+c));"改为"y=(x=a+b),(b+c);"，请读者对比分析运行结果。

2.4.4　运算符优先级与结合性

1. 运算符的优先级

在计算混合表达式的过程中，按优先级高低顺序进行运算。一般而言，单目运算符优先级高于双目运算符，算术运算符优先级高于关系和逻辑运算符，赋值运算符优先级较低。若一个运算量两侧的运算符优先级相同，则按运算符的结合性所规定的结合方向处理。

2. 运算符的结合性

运算符的结合性分为两种：左结合性（自左向右）和右结合性（自右向左）。自左向右的结合方向称为"左结合性"，自右向左的结合方向称为"右结合性"。单目运算符、三目运算符、赋值运算符具有右结合性，典型的右结合性运算符是赋值运算符。如 x=y=z，由于"="的右结合性，应先执行 y=z 再执行 x=(y=z)运算。

各类数值型数据混合运算先按照数据类型转换规则进行转换，再按照运算符的优先级和结合性进行运算。

【例 2-13】　运算符的优先级。

参考程序如下：

```
#include <stdio.h>
void main()
{
     int a = 1,b = 2,c = 3,k;
     k = a++ + b++ + c;              /* 等效于(a++) + (b++) + c */
     printf("k = %d c = %d\n",k,c);
}
```

运行结果如下：

```
k=6 c=3
```

2.5 基本语句

C语言的基本语句分五类，如图 2-14 所示。

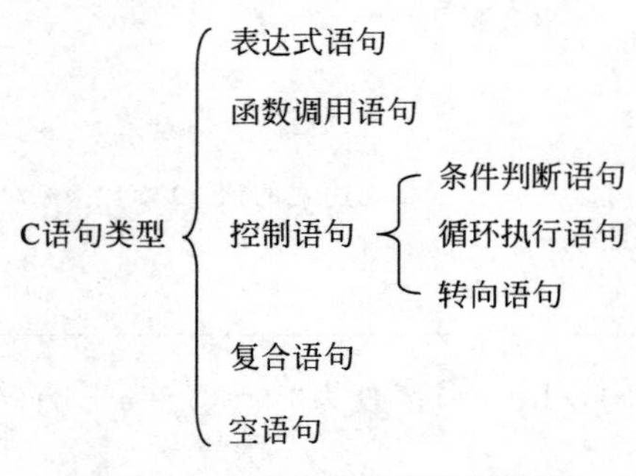

图 2-14 C语言的基本语句类型

1. 表达式语句

表达式语句由表达式加上分号“;”组成。如 y=x+1 是表达式，而“y=x+1;”则是表达式语句。

其一般形式为：

```
表达式;
```

执行表达式语句就是计算表达式的值。

例如：

```
y+z;     /*加法运算语句,但计算结果不能保留,无实际意义*/
i++;     /*自增1语句,i值增1*/
x=y+z;  /*表达式语句,又称为赋值语句*/
```

1）赋值语句

赋值语句是由赋值表达式再加上分号构成的表达式语句，是程序中使用最多的语句之一。

赋值语句一般形式为：

```
变量=表达式;
```

赋值语句可以嵌套，其嵌套的一般形式为：

```
变量=(变量=表达式);
```

展开之后的一般形式为：

```
变量=变量=…=表达式
```

例如：

```
a = b = c = d = e = 5;
```

按照赋值运算符的右结合性，其等价于：

```
e = 5;
d = e;
c = d;
b = c;
a = b;
```

2）赋值语句的特点

(1) 注意区别变量说明中给变量赋初值和赋值语句。

给变量赋初值是变量说明的一部分，赋初值后的变量与其后的其他同类变量之间仍必须用逗号间隔，而赋值语句则必须用分号结尾。

例如：

```
int a = 5,b,c;
a = 10;
```

(2) 在定义变量时不允许连续给多个变量赋初值，在赋值语句中允许给多个变量连续赋值。

例如，下列说明是错误的：

```
int a = b = c = 5
```

改正为：

```
int a = 5,b = 5,c = 5;
```

(3) 注意区别赋值表达式和赋值语句。

赋值表达式可以出现在任何允许表达式出现的地方，而赋值语句则不能。

下列语句是合法的：

```
if((x = y + 5)> 0) z = x;
```

该语句的功能是：若表达式 x＝y＋5 大于 0 成立，则把 x 的值赋给 z。

下述语句是非法的：

```
if((x = y + 5;)> 0) z = x;
```

因为"x＝y＋5;"是语句，不能出现在表达式中。

2. 函数调用语句

函数调用语句由函数名、实际参数加上分号";"组成。

函数调用语句一般形式为：

```
函数名(实际参数表);
```

执行函数语句就是调用函数并把实际参数赋予函数定义中的形式参数，然后执行被调函数体中的语句，求出函数值。

例如,“printf("C Program");”调用库函数 printf(),输出字符串:

```
C Program
```

3. 控制语句

控制语句由特定的语句定义符组成,用于控制程序的流程,实现程序的各种结构方式。C 语言有九种控制语句,可分成如下三类。

(1) 条件判断语句:if 语句、switch 语句。

(2) 循环语句:do-while 语句、while 语句、for 语句。

(3) 转向语句:break 语句、goto 语句、continue 语句、return 语句。

4. 复合语句

把多个语句用花括号{}括起来组成的一个语句称复合语句,复合语句在语法上和其他语句相同。复合语句可嵌套。在程序中应把复合语句看成是单条语句,而不是多条语句。

例如:

```
{  x = y + z;
   a = b + c;
   printf(" %d%d",x,a);
}
```

是一条复合语句。

复合语句内的各条语句都必须以分号“;”结尾,在括号“}”外不能加分号。

5. 空语句

只有分号“;”组成的语句称为空语句。

空语句是什么也不执行的语句。在程序中空语句可用作空循环体。例如:

```
while(getchar()!= '\n')
        ;  /* 循环体为空语句。 */
```

本语句的功能是,只要从键盘输入的字符不是回车则重新输入。

2.6 输入输出函数

一个完整的程序需要实现人与计算机之间的信息交互,即程序可以根据用户输入的不同而得到不同的输出结果,因此在程序设计中,输入输出语句通常是必不可少的。

所谓数据输入输出是对计算机主机而言,从输入设备(键盘、磁盘、扫描仪等)向计算机输送数据称为“输入”,从计算机向外部输出设备(显示器、打印机、磁盘等)输送数据称为“输出”。

C 语言本身不提供输入输出语句,其数据的输入和输出功能由库函数实现,这使得 C 语言编译系统比较简单。因为没有输入输出语句,所以能避免在编译阶段处理与硬件有关的问题，库函数已编译成目标文件(.obj)，在连接阶段才与源程序编译成的目标文件相连接，生成可执行文件。它使编译系统简化，通用性强，可移植性好。

在使用函数库时，要用预编译命令 #include 将有关的头文件包含到用户源文件中，#include 命令一般放在程序的开头。如使用数学函数库时，要用到 math.h 文件；使用字符串操作函数时，要用到 string.h 文件。

2.6.1　格式输入输出函数

1. printf()函数

printf( )称为格式输出函数，末尾一个字母 f(format)即为"格式"之意。功能是把用户指定的数据按指定的格式显示输出。

printf 函数调用的一般形式为：

```
printf("格式控制字符串",输出表列);
```

其中，"格式控制字符串"可由格式字符串和非格式字符串两种类型组成，用于指定输出格式。

格式字符串以%开头的字符串，在%后面可以跟各种格式字符，以说明输出数据的类型、形式、长度、小数位数等。

非格式字符串在输出时原样照印，在显示中起提示作用。

输出表列中给出了各个输出项，要求格式字符串和各输出项在数量和类型上一一对应。例如：

```
int row = 0,colum = 4.5,max
printf("max = %4d,row = %5.2f,colum = %5d\n",max,row,colum)
```

【例 2-14】 输入下列程序代码，观察运行结果，分析格式控制字符的作用。

```
#include <stdio.h>
void main()
{
    int a = 88,b = 89;
    printf("%d %d\n",a,b);         /* 两格式字符串%d之间加了一个空格(非格式字符) */
    printf("%d,%d\n",a,b);         /* 两格式字符串%d之间加了一个逗号(非格式字符) */
    printf("%c,%c\n",a,b);
    printf("a = %d,b = %d",a,b);   /* 提示输出结果增加了非格式字符串 */
}
```

格式字符串的一般形式为：

[标志][输出最小宽度][.精度][长度]类型

其中，方括号[]中的项为可选项。

各项的意义如下。

(1) 标志：标志字符为－、＋、#、空格四种，其意义如表 2-4 所示。

表 2-4 标志字符的含义

标志	意 义
-	结果左对齐,右边填空格
+	输出符号(正号或负号)
空格	输出值为正时冠以空格,输出值为负时冠以负号
#	对 c、s、d、u 类无影响;对 o 类,在输出时加前缀 o;对 x 类,在输出时加前缀 0x;对 e、g、f 类当结果有小数时才给出小数点

(2) 输出最小宽度:用十进制整数表示输出的最少位数。若实际位数多于定义的宽度,则按实际位数输出,若实际位数少于定义的宽度则补以空格或 0。

(3) 精度:精度格式符以“.”开头,后跟十进制整数。如果输出的是数字,则表示小数的位数;如果输出的是字符,则表示字符的个数;若实际位数大于所定义的精度,则截去超过的部分。

(4) 长度:长度格式符为 h、l 两种,h 表示按短整型量输出,l 表示按长整型量输出。

(5) 类型:类型字符用以表示输出数据的类型,其格式符的含义如表 2-5 所示。

表 2-5 格式符的含义

格式符	含 义
d	以十进制形式输出有符号整数(正数不输出符号)
o	以八进制形式输出无符号整数(不输出前缀 0)
x,X	以十六进制形式输出无符号整数(不输出前缀 0x)
u	以十进制形式输出无符号整数
f	以小数形式输出单、双精度实数
e,E	以指数形式输出单、双精度实数
g,G	以%f 或%e 中较短的输出宽度输出单、双精度实数
c	输出单个字符
s	输出字符串

具体说明如下。

(1) 用 d 格式符输出十进制整数,有三种形式。

① %d 格式:按数据实际长度输出。例如:

```
int a = 3, b = 4;
printf("a = %d , b = %d\n",a,b);
```

输出

```
a = 3, b = 4
```

② %md 格式:m 指定输出字段宽度,若数据位数小于 m,则左端补空格,反之按实际输出。例如:

```
int a = 123, b = 12345;
printf(" %4d  %4d ", a , b);
```

输出

```
123  12345
```

③ %ld 格式：指定输出长整型数据的列宽。例如：

```
long c = 135790;
printf(" %ld\n", c);
printf(" %8ld", c);
```

输出

```
135790
_ _135790
```

(2) c 格式符：输出一个字符，且其值对应为 0～255 的整数。例如：

```
char c = 'a';
int i = 97;
printf(" %c , %d\n ",c,c);
printf(" %c , %d\n" ,i ,i);
```

输出

```
a , 97
a , 97
```

(3) s 格式符：输出一个字符串。有%s，%ms，% -ms，%m. ns，% -m. ns 五种用法。例如：

```
printf(" %3s , %7.2s , %.4s , % - 5.3d\n ", "CHINA", "CHINA", "CHINA", "CHINA");
```

输出

```
CHINA , _ _ _ _ _CH , CHIN , CHI _ _
```

其中，%3s 按实际输出；%.4s，请读者仔细体会。

(4) f 格式符：输出实数。

① %f 格式：整数部分全部输出，小数为 6 位。可以为非有效数字输出，因为单精度有效位为 7 位，双精度有效位为 16 位。

② %m. nf 格式：占 m 列，其中 n 位小数，左边补空格。

③ % -m. nf 格式：右边补空格。

(5) e 格式符：指数形式输出实数。

① %e 格式：不指定 m 和 n，小数为 6 位，指数部分共 5 位：e 和指数符号各 1 位，指数值为 3 位。

② %m. ne 和% -m. ne 格式：m、n、-的含义同前面。没有 n 时，默认 n=6。

(6) g 格式符：输出实数。

可以自动根据数值大小选择 f 或 e 格式(选列少的)。不输出无意义的零。

使用 printf()函数时还要注意输出表列中的求值顺序。不同的编译系统求值顺序不一定相同，可以从左到右，也可从右到左。请输入并分析以下两个程序。

```
#include <stdio.h>
void main()
{
  int i = 8;
  printf("%d\n%d\n%d\n%d\n%d\n%d\n",++i, -- i,i++,i -- , - i++, - i -- );
}
```

```
#include <stdio.h>
void main() {
int i = 8;
  printf("%d\n",++i);
  printf("%d\n", -- i);
  printf("%d\n",i++);
  printf("%d\n",i -- );
  printf("%d\n", - i++);
  printf("%d\n", - i -- );  }
```

这两个程序的区别是用一个 printf()语句和多个 printf()语句输出,运行结果明显不同。这是因为 printf()函数对输出表列求值的顺序自右至左。注意,求值顺序虽是自右向左,但是输出顺序还是从左向右。

2. 格式输入函数 scanf( )

scanf()函数是一个标准库函数,其功能是按指定格式从键盘读入数据,存入地址表指定的存储单元中,并按 Enter 键结束。它的函数原型在头文件 stdio. h 中。

1) scanf()函数的一般形式

引用 scanf()函数的一般形式为:

```
scanf("格式控制字符串",地址表列);
```

例如:

```
int a;
scanf("%5d",&a);
```

scanf()函数的格式控制字符串的作用与 printf()函数中的相同,但不能显示非格式字符串,也就是不能显示提示字符串。地址表列中给出各变量或字符串的地址。& 是一个取地址运算符,&a 是一个表达式,其功能是求变量的地址。例如,&a、&b 分别表示变量 a 和变量 b 的地址,这个地址就是编译系统在内存中给 a、b 变量分配的地址。使用地址这个概念,应区分变量的值和变量的地址的概念。变量的地址是 C 编译系统分配的,用户不必关心具体的地址是多少。

注意,赋值表达式左边是变量名,不能加取地址运算符;而 scanf()函数在本质上也是给变量赋值,但要求写取地址运算符,如 &a。这两者在形式上是不同的。

2) 指定输入的分隔符

一般以空格、Tab 或 Enter 键作为分隔符,若用其他字符作为分隔符,即格式串中的格式符间有其他字符，则输入时对应位置也要有相同的字符，当遇非法输入时，认为数据输入结束。如：

```
int a,b,c;
printf("input a,b,c\n");
scanf("%d%d%d",&a,&b,&c);
printf("a=%d,b=%d,c=%d",a,b,c);
```

由于scanf()函数本身不能显示提示串，故先用printf语句在屏幕上输出提示“请用户输入a、b、c的值”，再执行scanf语句，屏幕进入等待用户输入状态。在scanf语句的格式串中由于没有非格式字符在%d%d%d之间作为输入时的间隔，因此在输入时要用一个以上的空格或Enter键作为每两个输入数之间的间隔。如：

```
7 8 9
```

或

```
7
8
9
```

3. 格式字符串

格式字符串的一般形式为：

```
%[*][宽度][长度]类型
```

其中，方括号[]的项为任选项。各项的意义如下。

(1) “*”符：用以表示该输入项读入后不赋予相应的变量，即跳过该输入值。如：

```
scanf("%d %*d %d",&a,&b);
```

当输入为1　2　3时，把1赋予a，2被跳过，3赋予b。

(2) 宽度：用十进制整数指定输入的宽度(即字符数)。例如：

```
scanf("%5d",&a);
```

当输入为12345678时，只把12345赋予a，其余部分被截去。

又如：

```
scanf("%4d%4d",&a,&b);
```

当输入为12345678时，将把1234赋予a，而把5678赋予b。

(3) 长度：长度格式符为l和h，l表示输入长整型数据(如%ld)和双精度浮点数(如%lf)，h表示输入短整型数据。

(4) 类型：表示输入数据的类型，其格式符的含义如表2-5所示。

4. 使用scanf()的注意事项

使用scanf()要注意以下几点。

(1) scanf()函数中没有精度控制,如“scanf("%5.2f",&a);”是非法的,不能企图用此语句输入小数为2位的实数。

(2) 在输入字符数据时,若格式控制串中无非格式字符,则认为所有输入的字符均为有效字符。

例如:

```
scanf("%c%c%c",&a,&b,&c);
```

若输入为

```
d e f
```

则把'd'赋予a,' '赋予b,'e'赋予c。

只有当输入为

```
def
```

时,才能把'd'赋予a,'e'赋予b,'f'赋予c。

如果在格式控制中加入空格作为间隔,如:

```
scanf ("%c %c %c",&a,&b,&c);
```

则输入时各数据之间可加空格。

分析以下两个程序段的输入及输出格式:

```
char a,b;
printf("input character a,b\n");
scanf("%c%c",&a,&b);          /* 两格式符之间无空格 */
printf("%c%c\n",a,b);
```

```
char a,b;
printf("input character a,b\n");
scanf("%c %c",&a,&b);          /* 两格式符之间有空格 */
printf("\n%c%c\n",a,b);
```

(3) 如果格式控制串中有非格式字符,则输入时也要输入该非格式字符。例如:

```
scanf("%d,%d,%d",&a,&b,&c);
```

其中,用非格式符“,”作为间隔符,故输入应为:

```
5,6,7
```

又如:

```
scanf("a=%d,b=%d,c=%d",&a,&b,&c);
```

则输入应为

```
a=5,b=6,c=7
```

(4) 如果输入的数据与输出的类型不一致,虽然编译能够通过,但导致运行结果不正确。

【例 2-15】 下列程序输入输出的数据类型不一致,请改正。

输入输出数据类型不一致的程序：

```
#include <stdio.h>
void main()
{
   int a;
   printf("input a number:\n");
   scanf("%d",&a);
   printf("%ld",a);
}
```

→ 改正后的程序：

```
#include <stdio.h>
void main()
{
    long a;
    printf("input a number:\n"); scanf("%ld",&a);
    printf("%ld",a);
}
```

由于原程序输入数据类型为整型,而输出格式串中说明为长整型,因此输出结果和输入数据不符。修改后正确的程序如右框中的方式输入。当输入数据改为长整型后,输入输出数据相等,运行结果如图 2-15 所示。

```
C:\JMSOFT\CYuYan\bin\wwtemp.exe
input a number:
2147483647
2147483647
```

图 2-15　长整型运算的结果

2.6.2　字符输入输出函数

1. 单字符输出函数 putchar( )

一般形式为：

putchar(字符变量)

其功能是在显示器上输出单个字符。

例如：

```
putchar('x');            /* 输出小写字母 x */
putchar(x);              /* 输出字符变量 x 的值 */
putchar('\101');         /* 输出字符 A */
putchar('\n');           /* 换行 */
```

回车字符'\n'是控制字符,对控制字符则执行控制功能,不在屏幕上显示。

使用本函数前必须要用文件包含命令#include <stdio.h>或#include "stdio.h"。

2. 单字符输入函数 getchar( )

一般形式为：

getchar();

其功能是从键盘上输入一个字符,通常把输入的字符赋予一个字符变量,构成赋值语句。如：

```
char c;
c = getchar();
```

使用 getchar()函数应注意几个以下问题。

(1) 使用该函数前必须包含头文件 stdio.h。

(2) getchar()函数只能接受单个字符,当输入多于一个字符时,只接受第一个字符。输入数字也按字符处理。

(3) 输入单个字符后,必须按一次 Enter 键,计算机才接受输入的字符。

(4) 将输入输出简化为以下形式。

```
putchar(getchar());
printf(" %c",getchar());
```

(5) getchar()函数返回值是用户输入的第一个字符的 ASCII 码值,且将用户输入的字符回显到屏幕。如果用户在按 Enter 键之前输入多个字符,其他字符保留在键盘缓冲区中,等待后续 getchar()调用读取。后续的 getchar()调用不会等待用户按键,而是直接读取缓冲区中的字符,直到缓冲区中的字符读完为止,再等待用户按键。

也就是说,getchar()是以行为单位进行存取的。通过终端输入字符时并非输入一个字符就返回,而是在遇到 Enter 键换行前,所有输入的字符都缓冲在键盘缓冲区中,直到 Enter 键换行一次性将所有字符按序依次赋给相应的变量,要注意最后一个字符即'\n',该字符也会赋给一个相应的变量。

2.7 顺序结构应用案例

从键盘上输入两个整数放入变量 a,b 中,编程实现这两个变量中的数值交换。

两个数值交换,不能直接写成“a=b;b=a;”,因为当执行语句“a=b;”时,变量 a 的原值被覆盖,而与变量 b 中的值相等,因此不能实现交换。正确的做法是定义另外一个变量(假设是 temp)作为暂存单元,在执行“a=b;”之前,先将变量 a 的值保存在 temp 中,然后执行“a=b;”,最后执行“b=temp;”,由于 temp 中保存的是 a 的值,就将原来 a 的值赋给 b,从而实现两个变量中的数值交换,如图 2-16 所示。

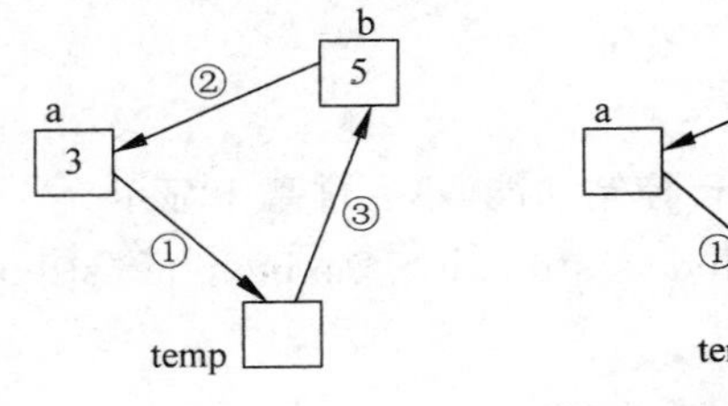

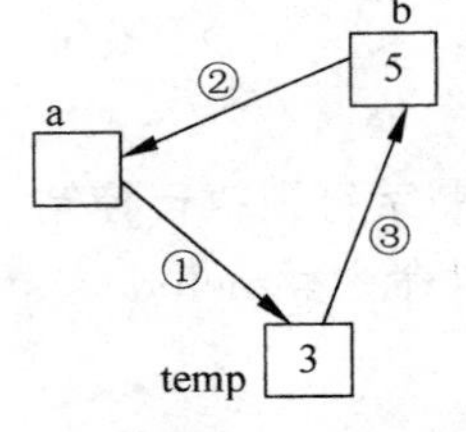

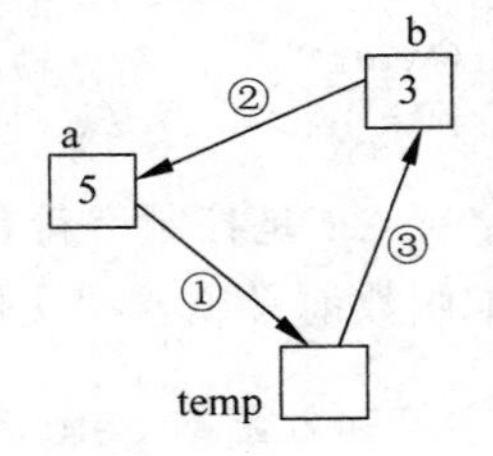

图 2-16 两数交换实现过程

参考程序如下:

```
#include <stdio.h>
void main()
{
    int a,b, temp;
```

```
    a = 3;b = 5;
    temp = a;a = b;b = temp;
    printf("a = %d,b = %d\n",a,b);
}
```

2.8 答疑解惑

2.8.1 字符常量与字符串常量的区别

疑问：若已定义字符变量 ch,为什么不能把"a"赋值给 ch?

解惑：字符常量是由一对单引号括起来的单个字符,字符串常量是一对双引号引起来的字符序列。C 语言规定字符串结束标志为'\0'(由系统自动加上),所以字符串"a"实际上包含 2 个字符：'a'和'\0',因此,不能把"a"赋给一个字符变量 ch。

2.8.2 标识符的种类

疑问：C 语言有哪些标识符?

解惑：C 语言的标识符可分如下三类。

(1) 关键字。C 语言预先定义的一批有固定含义的标识符,因此,称为关键字,如 char、for、while、return、if、default 等。

(2) 预定义标识符。C 语言预先定义并具有特定含义的标识符,如 C 语言提供的 printf() 库函数的名字、include 预编译处理命令等。

(3) 用户自定义标识符。用户按照自己的需求定义的标识符。

2.8.3 运算符与表达式的易错处

疑问 1：为什么运行下列程序会报错？例如"error C2296：'%'：illegal，left operand has type 'float'"。

```
#include <stdio.h>
void main()
{
  float a,b;
  printf("%d",a%b);
}
```

解惑 1：此程序出现不合法的%(求余)运算,整型变量 a 和 b 可以进行求余运算,得到 a 与 b 相除的余数,但实型变量不允许求余运算。

疑问 2：−10%3 与 10%−3 的计算结果为何不一样？

解惑 2：C 语言中两个操作数中有负数求余数的原则,具体为先取绝对值再求余数,余数与被除数的符号相同。在−10%3 表达式中被除数−10 的符号是"负号",所以,余数为−1;

在 10%－3 表达式中被除数 10 的符号是“正号”，所以，余数为 1；

疑问 3：a＝(b＝2) * (c＝b＋3)执行过程及结果是多少？

解惑 3：赋值表达式右边的“表达式”又可以是一个赋值表达式，即出现多个赋值符号的情况。执行过程：执行 a＝(b＝2) * (c＝b＋3)，相当于 b＝2，c＝2＋3＝5，所以执行结果为 10。

2.8.4 空语句的作用

疑问：既然空语句什么也不做，为何还需要空语句？

解惑：空语句用来表示存在的一条语句，没有具体的功能，即什么也不做。其存在的意义：用于程序的待扩展语句。

另外，适当增加空语句可增加程序的可读性。

2.8.5 如何控制输入输出格式

疑问 1：scanf()函数变量表列为什么需要加地址运算符“&”？

解惑 1：若有“int a,b;”则“scanf("%d%d",a,b);”是不合法的。scanf()函数的作用是：按照 a、b 在内存的地址将 a、b 的值存入。&a、&b 才能表示内存中的地址。正确的语句为“scanf("%d%d",&a,&b);”。

疑问 2：执行语句“scanf("%d%d",&a,&b);”输入数据时，能否用逗号作为两个数据间的分隔符？

解惑 2：不能。scanf()函数输入数据的方式要与格式控制符的要求相符，"%d%d"之间并没有逗号，所以不能用逗号作为输入两个数据间的分隔符。正确的方法是在两个数据之间加一个或多个空格，也可用 Enter 键或 Tab 键作为间隔。

疑问 3：在用%c 格式输入字符时，空格字符和转义字符都能作为有效字符输入吗？

解惑 3：空格字符和转义字符都可作为有效字符输入。

举例说明：`scanf("%c%c%c",&c1,&c2,&c3);`

若输入 a b c，则字符 a 赋给 c1，空格字符作为有效字符赋给 c2，字符 b 赋给 c3，因为%c 要求读入一个字符，后面不需要用空格作为两个字符的间隔。

知识点小结

本章阐述了顺序结构程序设计的思想方法与 C 语言编程基础知识：标识符、关键字、基本数据类型、运算符与表达式、基本语句；基本类型变量的定义、初始化和使用方法，符号常量的定义方法；不同数据类型之间的转换规则；数据格式输入函数 scanf()、输出函数 printf()与字符输入函数 getchar()、输出函数 putchar()的使用方法，格式控制字符串中格式符的含义。本章的重点是数据类型、变量的使用，难点是数据格式控制及输入输出函数的用法。

习题 2

2.1　单选题

1. 有以下程序段：

```
char ch;int k;
ch = 'a'; k = 12;
printf(" %c, %d,",ch,ch,k);
printf("k = %d\n",k);
```

已知字符 a 对应的 ASCII 码值为 97，则执行上述语句输出的结果是(　　)。

A. 因变量类型与格式描述符的类型不匹配则输出无定值

B. 输出项与格式描述符个数不符，输出为零值或不定值

C. a,97,12k=12

D. a,97,k=12

2. 有下列程序：

```
void main( )
{   int m,n,p;
    scanf("m = %dn = %dp = %d",&m,&n,&p);
    printf(" %d%d%d\n",m,n,p);
}
```

若从键盘上输入数据，使变量 m 中的值为 123，n 中的值为 456，p 中的值为 789，则正确的输入是(　　)。

A. m=123n=456p=789　　B. m=123　n=456　p=789

C. m=123,n=456,p=789　　D. 123　456　789

3. 有下列程序：

```
#include <stdio.h>
void main( )
{   char c1,c2,c3,c4,c5,c6;
    scanf(" %c%c%c%c",&c1,&c2,&c3,&c4);
    c5 = getchar( ); c6 = getchar( );
    putchar(c1);putchar(c2);
    printf(" %c%c\n",c5,c6);
}
```

运行时，若从键盘输入(从第 1 列开始)

```
123<CR>
45678<CR>
```

则输出结果是(　　)。

A. 1267　　B. 1256　　C. 1278　　D. 1245

4. 要求从键盘读入含有空格字符的字符串，应使用下列函数(　　)。

A. getc( )　　B. gets( )　　C. getchar( )　　D. scanf( )

5. 设有定义“int a;float b;”，执行“scanf("%2d%f",&a,&b);”语句时，若从键盘输入“876542.0<CR>”，则a和b的值分别是(　　)。

A. 876和542.000000　B. 87和6.000000

C. 87和542.000000　D. 76和542.000000

2.2　填空题

1. 若变量a,b已定义为int类型并赋值21和55，要求用printf()函数以a=21,b=55的形式输出，完整的的输出语句应为：________________。

2. 有下列程序，其中%u表示按无符号整数输出。

```
void main( )
{   unsigned int x = 0xFFFF;                /* x 的初值为十六进制数 */
    printf(" % u\n",x);
}
```

程序运行后的输出结果是________________。

3. 若变量x,y已定义为int类型，且x的值为99,y的值为9，则输出语句“printf(________,x/y);”，使输出的计算结果形式为x/y=11。

4. 有以下程序：

```
#include < stdio.h >
void main( )
{
    char a[20] = "How are you?",b[20];
    scanf(" % s",b);   printf(" % s   % s\n",a,b);
}
```

运行时从键盘输入：

```
How are you?<回车>
```

则输出结果为________________。

5. 下列程序运行后的输出结果是________________。

```
void main( )
{   int x = 0210;
    printf(" % X\n",x);
}
```

2.3　简答题

1. 列举生活中的事例(如大学新生入学注册的流程)说明顺序结构程序设计的思想方法。

2. 在计算机中，为什么要有数据类型的概念？整型负数为何以二进制补码形式存储？

3. C语言中的数据类型有哪些？各自的特点是什么？

4. 你学会了C语言中的哪些运算符和表达式？

5. 数据输入输出格式如何控制？将一个负整数赋给一个无符号的变量会得到什么

结果？

6. 简述数据输入输出函数 scanf ()、printf()、getchar()、putchar()的使用方法。

2.4　编程实战题

1. 统计高中阶段你所在高三班级参加高考的同学人数及成绩分数，编程求出平均分。

2. 编写程序，输入任意一个英文字母，输出其对应的 ASCII 码值。

3. 输入三角形的三边长，求三角形面积。已知三边长分别用 a，b，c 表示，其中 s =(a+b+c)/2，三角形的面积计算公式为：

$$area=\sqrt{s(s-a)(s-b)(s-c)}$$

4. 编程实现以下功能：对变量 x 中的值保留两位小数，并对第三位进行四舍五入(规定 x 中的值为正数)。例如，若 x 值为 3.141 592 6，则程序输出 3.14；若值为 7.346 35，则程序输出 7.35。

实验 2　顺序结构程序设计

本次实验涉及变量的定义与赋值、不同数据类型的混合运算、字符数据的输入输出、格式输入输出函数、顺序结构程序设计。

【实验目的】

(1) 了解 C 语言的数据类型；

(2) 掌握常量与变量的定义、赋值方法；

(3) 熟悉整型数据、实型数据、字符型数据及其他数值型数据的混合运算；

(4) 掌握算术运算符及其表达式、赋值运算符及其表达式、逗号运算符及其表达式的运算方法；

(5) 掌握赋值语句；

(6) 掌握数值数据格式的输入输出、字符数据的输入输出；

(7) 熟悉顺序结构程序设计。

【实验内容】

一、基础题

1. 编程从“Hello，world!”开始。

程序代码如下：

```
#include <stdio.h>
int main()
{
    printf("Hello, world!");              /* 在屏幕上输出字符串 Hello,world! */
    return 0;
}
```

1）本程序值得改进之处。

(1) 程序的运行结果一闪而过，改进之后使程序的运行结果不再一闪而过，而是按任意键结束。

(2) 每执行程序一次都能看见上次运行留下的字符，需清除上次运行留下的字符。

(3) 希望屏幕输出“Hello, world!”之后出现“一个笑脸”来欢迎我们。

2）实验提示。

(1) 在 return 语句的前面加语句“getch();”表示按任意键结束。

(2) 在 printf 语句前用 clrscr()函数清屏。注意，使用这个函数和 getch()函数需要在程序开头包含一个头文件 conio.h。

(3) ASCII 码中有许多有趣的字符，例如 ASCII 码值为 2 表示一个笑脸，可以用 printf("%c", 2)输出一个笑脸。

2. 数据的溢出。

短整型变量最大值一般为 32 767，加 1 后是 −32 768 的补码形式，此情况称为“溢出”，运行时不报错，编程时要注意。

程序示例：

```
#include <stdio.h>
void main()
{
    short int a , b;
    a= 32767;
    b= a+1;
    printf("%d , %d \n",a,b);
}
```

(1) 上机调试运行该程序，观察运行结果。

(2) 将语句“short int a , b;”改为“int a; long b;”重新调试运行，观察运行结果，想一想，为什么？

3. 下列“大数吃掉小数”程序，说明浮点型数据的舍入误差。

```
#include <stdio.h>
void main()
{
    float a , b;
    a= 123456.789e5;
    b= a+20;
    printf("%f \n",b);
}
```

要求：

(1) 上机调试运行该程序，讨论运行结果。

(2) 将语句“b=a+20;”改成“b=a+100;”重新调试，观察运行结果。

(3) 将语句“b＝a＋20;”删除，重新调试运行，观察运行结果。

(4) 将语句“b＝a＋20;”改成“b＝a＋200;”，再改成“b＝a＋1000;”，重新调试，观察运行结果。

4. 用不同的数据类型定义变量，程序如下。

```
#include <stdio.h>
void main()
{
    int a1 = 2,b1 = 3,c1 = 4;
    double a2 = 2.1, b2 = 3.2, c2 = 4.3;
    printf("%d + %d + %d =  %d\n",a1,b1,c1,a1 + b1 + c1);
    printf("%f + %f + %f =  %f\n",a1,b1,c1,a1 + b1 + c1);
    printf("%d + %d + %d =  %d\n",a2,b2,c2,a2 + b2 + c2);
    printf("%f + %f + %f =  %f\n",a2,b2,c2,a2 + b2 + c2);
}
```

改变程序中各变量的值，例如 a1 ＝ 65 580，b1 ＝ －40 000，c1 ＝ 65 535。对照运行结果分析比较。

(1) 将一个负整数赋给一个无符号的变量，会得到什么结果？

(2) 将一个大于 32 767 的长整型数赋给短整型变量，会得到什么结果？

(3) 将一个长整型数赋给一个无符号的变量，会得到什么结果(分别考虑该长整型数的值大于或等于 65 535 以及小于 65 535 的情况)？

二、提高题

1. 编写人民币兑换美元的程序。假设当日汇率为 6.35 元人民币兑换 1 美元，从键盘输入人民币金额，计算兑换的美元金额。

2. 编程计算存款利息。设本金 a 为 10 000 元，存款期限 n 为 4 年，年利率 p 为 2.5%，利息计算公式为 $a*(1+p)^n-a$。

3. 用 getchar()函数读入两个字符给 c1,c2，分别用 putchar()函数和 printf()函数输出这两个字符。

4. 利用顺序结构设计一个简单计算器主界面的程序。主界面内容如下。

选择对应的数字(1～7)完成相应的运算。

(1) 加法：完成两个整数的求和运算，返回结果。

(2) 减法：完成两个整数的减法运算，返回结果。

(3) 乘法：完成两个整数的乘积运算，返回结果。

(4) 除法：完成两个整数的除法运算，返回结果(当除数为 0 时，显示出错信息)。

(5) 求余：完成两个整数的模运算，返回余数。

总结本次实验学会的知识以及在实验中遇到的问题和解决方法。

选择结构程序设计

选择结构思维导图

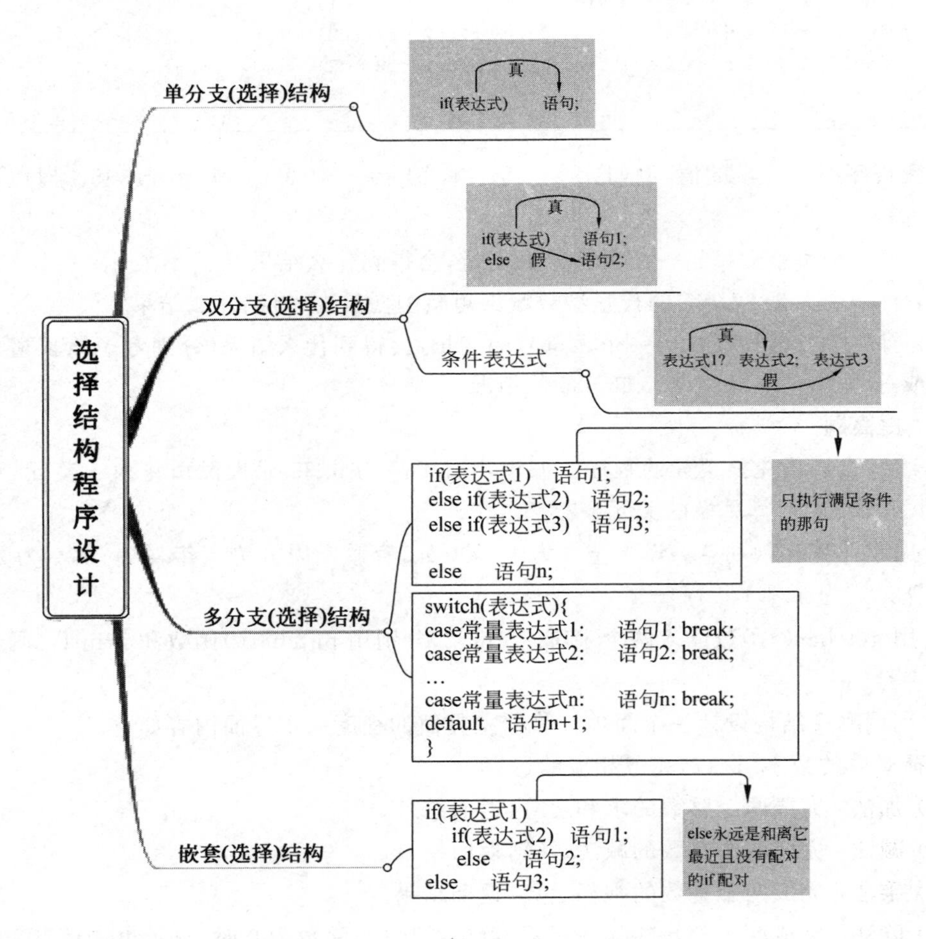

学习任务与目标

1. 掌握选择结构的基本思想方法；
2. 掌握条件的表示方法；
3. 掌握关系运算符和关系表达式，逻辑运算符和逻辑表达式的用法；
4. 学会用 if 语句实现选择结构；

5. 学会用 switch 语句实现多分支结构；
6. 熟悉 if 语句的嵌套使用方法；
7. 能用选择结构设计程序解决实际问题。

3.1 选择结构

3.1.1 引例：BMI 判断成年人是否肥胖

1. 描述问题

利用 BMI 公式：BMI＝体重/身高^2，计算成年人是否肥胖。

BMI(Body Mass Index，身体质量指数，简称体质指数)是国际上常用的衡量人体胖瘦程度以及是否健康的一个标准。

根据 WHO(世界卫生组织)规定的标准，亚洲人的 BMI 若高于 23 则属于超重。WHO 的标准不太适合中国人的体质程度，为此制定中国参考标准如表 3-1 所示。

表 3-1　不同标准成年人的 BMI

WHO 标准	亚洲标准	中国标准	体质程度	相关疾病发病危险性
<18.5	—	—	偏瘦	低(但其他疾病危险性增加)
18.5～24.9	18.5～22.9	18.5～23.9	正常	平均水平
≥25	≥23	≥24	超重	
25.0～29.9	23～24.9	24～27.9	偏胖	增加
30.0～34.9	25～29.9	≥28	肥胖	中度增加
35.0～39.9	≥30	—	重度肥胖	严重增加
≥40.0	—	—	极度肥胖	极度严重增加

说明：中国成年人的肥胖标准：BMI≥24 为超重，BMI≥28 为肥胖，理想的体重指数是 22。男性腰围大于或等于 85cm、女性腰围大于或等于 80cm 为腰部肥胖标准。

2. 分析解决问题

(1) 输入你的身高和体重，分别用变量 tall 和 weight 表示；
(2) 利用公式计算 BMI 值，该值用变量 fat 表示；
(3) fat 的值与表 3-1 给定的 BMI 范围比较，输出体质程度。
参考程序如下：

```
#include <stdio.h>
void main ( )
{
    float tall,weight,fat;
    printf("please input your tall(m) and weight(kg):\n");
    scanf("%f%f",&tall,&weight);
    fat = weight/(tall * tall);
```

```
    if (fat <= 18.5)
        printf("BMI = %f, you are too thin !\n", fat);
    else if (fat <= 23.9)
            printf("BMI = %f, you are standard! \n", fat);
        else if (fat <= 27.9)
                printf("BMI = %f, you are fat! \n", fat);
            else
                printf("BMI = %f, you are too fat! \n", fat);
}
```

【讨论】 每位成年人都适用 BMI 指数吗？例如以下人群：

(1) 运动员；

(2) 正在做身体特种训练的人；

(3) 怀孕或哺乳期的妇女；

(4) 身体虚弱或久坐不动的老年人。

如何完善上述程序？

3.1.2 选择结构的思想方法

回顾第 2 章顺序结构的基本思想方法，使用一些表达式语句、输入输出函数，可以编写简单的程序。然而，要解决多种条件下比较复杂的问题，仅靠顺序结构是不够的。例如，根据工资收入情况计算个人所得税、十字路口交通信号灯“红灯停，绿灯行”等问题的特点是先判断再选择。根据给定的条件与现有的条件进行分析、比较和判断，并按判断后的不同情况进行不同的处理，这是选择结构（又称分支结构）程序设计的思想方法。

3.1.3 选择结构程序设计步骤

选择结构程序设计应考虑两个方面的问题，即两个步骤：一是如何表示条件；二是实现选择结构需要哪些语句。在 C 语言中，一般用关系表达式或逻辑表达式表示条件，用 if 语句或 switch 语句实现选择结构。

3.2 关系运算

通常用关系运算符比较两个量的关系，以决定程序下一步的工作。由关系运算符连接构成的表达式称为关系运算表达式。日常生活中，人们的逻辑推理对应着 C 语言中的关系或逻辑运算。

3.2.1 关系运算符及其优先级

C 语言有以下六种关系运算符：

(1) ＜，小于；

(2) ＜＝，小于或等于；

(3) ＞,大于;

(4) ＞＝,大于或等于;

(5) ＝＝,等于;

(6) !＝,不等于。

关系运算符属于双目运算符,其结合性均为左结合。在关系运算中,＜、＜＝、＞、＞＝的优先级相同,高于＝＝和!＝;＝＝和!＝的优先级相同。关系运算符的优先级低于算术运算符,高于赋值运算符。

3.2.2 关系表达式

关系表达式的一般形式为:

表达式 关系运算符 表达式

例如:

```
a + b > c - d
x > 3/2
'a' + 1 < c
- i - 5 * j == k + 1
```

都是合法的关系表达式。

表达式中可以又包含关系表达式,即允许出现关系表达式嵌套的情况。例如:

```
a >(b > c)
a!= (c == d)
```

关系表达式的值是真或假,分别用1和0表示。例如:5＞0的值为真,即为1;(a＝3)＞(b＝5)由于3＞5不成立,其值为假,即为0。

【例3-1】 输出关系表达式的值。

参考程序如下:

```
#include < math.h >
void main()
{
  char c = 'a';
  int i = 1, j = 2, k = 3;
  float x = 3e + 5, y = 0.85;
  printf(" %d, %d\n", 'a' + 5 < c, - i - 2 * j >= k + 1);
                                /* 字符变量以它对应的 ASCII 码值参与运算 */
  printf(" %d, %d\n", 1 < j < 5, x - 5.25 <= x + y);
  printf(" %d, %d\n", i + j + k == - 2 * j, k == j == i + 5);
/* 根据关系运算符的左结合性, k == j == i + 5, 先判断 k == j, 不成立, 其值为 0, 再判断 0 == i + 5,
   也不成立 */
}
```

注意:

(1) 由于浮点数在计算机中不能非常准确地表示,因此,判断两个浮点数是否相等,通常不使用关系运算符,而是利用区间判断方法来实现。例如,判断 x 是否等于 3.0017,可利用逻辑表达式 x＞3.0016 && x＜3.0018 判断,当逻辑表达式为真时,可以认为 x 等于 3.0017。

又如:

```
1.0/3.0 * 3.0 == 1.0
```

可改写为

```
fabs(1.0/3.0 * 3.0 - 1.0)< 1e - 6
```

应避免对实数做等于 0 或不等于 0 的判断。

(2) 应严格区分"＝"与"＝＝"运算符。

3.3 逻辑运算

3.3.1 逻辑运算符及其优先级

C 语言提供三种逻辑运算符:&&、||、!。

! 为单目运算符,具有右结合性;&& 与||均为双目运算符,具有左结合性。三种逻辑运算符和其他运算符的优先级如图 3-1 所示。

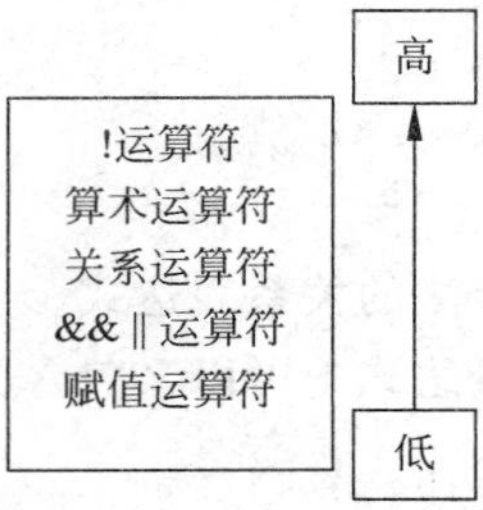

高

!运算符
算术运算符
关系运算符
&& || 运算符
赋值运算符

低

图 3-1　运算符优先级高低顺序

例如,下列运算按照运算符的优先顺序可以得出等价形式:

a＞b && c＞d	等价于	(a＞b)&&(c＞d)
! b＝＝c||d＜a	等价于	((! b)＝＝c)||(d＜a)
a＋b＞c&&x＋y＜b	等价于	((a＋b)＞c)&&((x＋y)＜b)

再例如 5＞3&&8＜4－! 0 自左向右运算过程如下。

第一步:计算 5＞3 的逻辑值为 1;

第二步:计算! 0 的逻辑值为 1;

第三步:计算 4－1 的值为 3;

第四步:计算 8＜3 的逻辑值为 0;

第五步:判断 1&& 的 0 逻辑值为 0。

3.3.2 逻辑表达式

逻辑表达式的一般形式为:

表达式　逻辑运算符　表达式

其中,表达式又可以是逻辑表达式,从而组成逻辑表达式的嵌套形式。

例如:

```
(a&&b)&&c
```

根据逻辑运算符的左结合性,也可写为如下等价形式:

```
a&&b&&c
```

逻辑表达式的值是式中各种逻辑运算的最后值。

3.3.3 逻辑运算表达式的值

逻辑运算表达式的值分为真和假两种,分别用1和0表示。逻辑运算求值规则如下。

1. &&(与运算)

当参与运算的两个量都为真时,结果为真,否则为假。例如:

```
5 > 0 && 4 > 2
```

由于5>0为真,4>2也为真,因此进行与运算的结果为真。

2. ||(或运算)

参与运算的两个量只要有一个为真,结果为真;当两个量都为假时,结果为假。例如:

```
5 > 0||5 > 8
```

由于5>0为真,不必判断5>8,因此,或运算的结果为真。

3. !(非运算)

参与运算的量为真时,进行非运算,结果为假;参与运算的量为假时,进行非运算,结果为真。

例如:

```
!(5 > 0)
```

结果为假。

C语言编译系统判断一个量是为真还是假时,以0代表假,以非0的值作为真。例如,5&&3的值为真,即为1,因为5和3均为非0。又如5||0的值为真,即为1。

当逻辑运算符两边表达式的值为不同的组合时,逻辑运算得到的结果不同,表3-2列出了逻辑运算的真值表。

表3-2 逻辑运算的真值表

a	b	!a	!b	a&&b	a||b
真(1)	真(1)	假(0)	假(0)	真(1)	真(1)
真(1)	假(0)	假(0)	真(1)	假(0)	真(1)
假(0)	真(1)	真(1)	假(0)	假(0)	真(1)
假(0)	假(0)	真(1)	真(1)	假(0)	假(0)

【例3-2】 分析逻辑运算程序的运行结果。

参考程序如下:

```
#include <stdio.h>
#include <math.h>
void main()
{
    char c = 'a';
    int i = 1,j = 2,k = 3;
    float x = 3.5,y = 0.85;
    printf("%d,%d\n",!x*!y,!!!x);
    printf("%d,%d\n",x||i&&j-3,i<j&&x<y);
    printf("%d,%d\n",i==5&&c&&(j=8),x+y||i+j+k);
}
```

分析：

(1) 对于第2个printf语句中的输出项x||i && j−3,先计算j−3的值为非0,再求i && j−3的逻辑值为1,故x||i&&j−3的逻辑值为1；对于输出项i<j&&x<y,由于i<j的值为1,而x<y为0,故表达式的值为1、0,进行与运算,最后输出结果为0。

(2) 对于第3个printf语句中的输出项i==5&&c&&(j=8),由于i==5为假,即值为0,该表达式由两个与运算组成,所以整个表达式的值为0。对于式x+y||i+j+k,由于x+y的值为非0,故整个或表达式的值为1。

【谨记】 逻辑运算的短路特性。

(1) 短路特性。

逻辑表达式求解时,并非所有的逻辑运算都被执行,只有在必须执行下一个逻辑运算才能求出表达式的解时,才执行该逻辑运算。例如：

```
a&&b&&c      /*只有a为真时,才判别b的值,只在a、b都为真时,才判别c的值*/
a||b||c      /*只有a为假时,才判别b的值;只在a、b都为假时,才判别c的值*/
```

举例：若"a=1;b=2;c=3;d=4;m=1;n=1;"进行(m=a>b)&&(n=c>d)运算,则只执行m=a>b,得到m=0。而不执行n=c>d,所以n=1。

(2) 复杂逻辑运算。

例如,判别闰年的条件用复杂逻辑运算表示。

① 能被4整除但不能被100整除：`(year % 4 == 0)&&(year % 100!= 0)`

② 能被400整除：`year % 400 == 0`

综合起来：`((year % 4 == 0)&&(year % 100!= 0))||year % 400 == 0`

优化逻辑运算：`(year % 4 == 0&&year % 100!= 0)||year % 400 == 0`

3.4 if语句

if语句的功能是：根据给定的条件进行判断,以决定执行某个分支程序段。用if语句可以构成选择结构。

3.4.1　if 语句的三种形式

1. if 单分支结构(基本形式)

if(表达式) 语句

其语义是：如果表达式的值为真，则执行其后的语句，否则不执行该语句。if 单分支结构执行过程如图 3-2 所示。

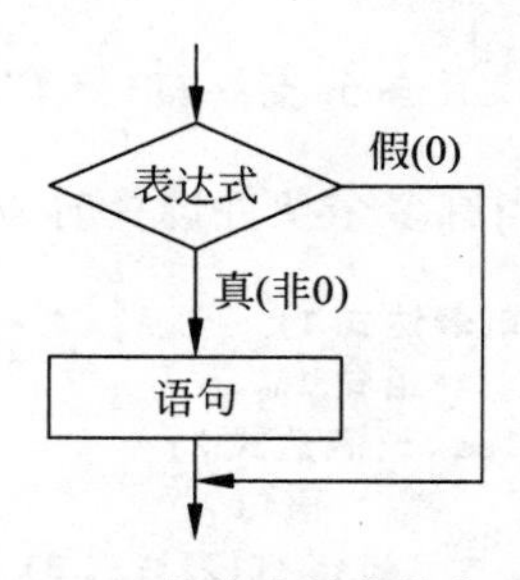

图 3-2　if 单分支结构执行过程

【例 3-3】　用 if 语句求两个整数中的较大者。

参考程序如下：

```
#include<stdio.h>
#include<math.h>
void main()
{
    int a,b,max;
    printf("input two numbers: \n ");
    scanf(" %d%d",&a,&b);
    max = a;                    /* 假定 a>b ,max = a */
    if (max<b) max = b;         /* 判定 max 与 b 的大小关系 */
    printf("max = %d",max); /* max 保存的值即 a 与 b 中的较大者 */
}
```

2. if 双分支结构(常用形式)

```
if(表达式)
    语句 1;
else
    语句 2;
```

真
表达式
假
语句1
语句2

图 3-3　if 双分支结构的执行过程

if 双分支结构的语义：如果表达式的值为真，则执行语句 1，否则执行语句 2。

执行过程如图 3-3 所示。

【例 3-4】　用 if-else 语句改写例 3-3。

```
#include<stdio.h>
#include<math.h>
void main()
{   int a, b;
    printf("input two numbers: \n ");
    scanf(" %d%d",&a,&b);
    if(a>b)
        printf("max = %d\n",a);
    else
        printf("max = %d\n",b);
}
```

3. if 多分支结构(嵌套形式)

当有多个条件选择时,可用 if-else-if 语句,其一般形式为:

```
if(表达式 1)
     语句 1;
else if(表达式 2)
         语句 2;
      else if(表达式 3)
              语句 3;
              …
             else if(表达式 n)
                    语句 n;
                 else 语句 m;
```

其语义是:依次判断表达式的值,当出现某个值为真时,则执行其对应的语句;然后跳到整个 if 语句之外继续执行程序。如果所有的表达式均为假,则执行语句 m。继续执行后续程序。

if-else-if 语句的执行过程如图 3-4 所示。

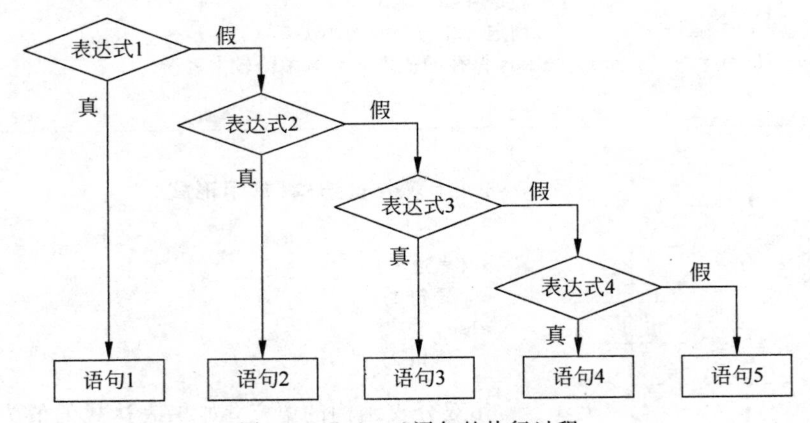

图 3-4 if-else-if 语句的执行过程

【例 3-5】 判定学生的成绩分数 85~100,75~84,60~74,0~59 分别对应的等级:优秀(A)、良好(B)、合格(C)、不及格(D)。要求从键盘输入百分制分数,用 if-else-if 语句实现对应的输出等级。例如,输入 71,输出显示"及格(C)"。

```
#include<stdio.h>
void main()
{
    int score;
    printf("input a student's score: ");
    scanf("%d",&score);
    if(score>100||score<0)
         printf("This is a invalid score\n");
    else if(score>=85)
```

```
            printf("优秀(A)\n");
        else if(score >= 75)
                printf("良好(B)\n");
            else if(score >= 60)
                    printf("及格(C)\n");
                else
                    printf("不及格(D)\n");
}
```

这是一个典型的多分支选择的问题，可以根据输入数字的大小判断输入数值所在的范围，分别输出不同的等级。

在if语句的三种形式中，if条件后面通常为单个语句，如果要在满足条件时执行一组(多个)语句，则必须把这一组语句用{}括起来组成一个复合语句。注意在}之后不能再加分号。例如：

```
if(a>b)
    {a++;
    b++;}
else
    {a = 0;
     b = 10;}
```

【看一看】 if表达式的类型。

if关键字之后均为表达式，表达式类型任意。例如：

```
if(a=5)   语句1;    /* 表达式a=5的值为非0,所以执行其后的语句1 */
if('b')   语句2;    /* 若'b'的值永远为非0,则执行其后的语句2 */
if(5)     语句3;    /* 5的值为非0,所以执行其后的语句3 */
```

都是允许的。只要表达式的值为非0，即为真，则执行if后面的语句。

又如，程序段：

```
if(a = b)
     printf("%d",a);
else
     printf("a = 0");
```

的语义是把b值赋予a，若a为非0则输出该值，否则输出a=0。

3.4.2 if语句的嵌套

当if语句中的执行语句又是if语句时，构成if语句嵌套的情形。

if语句嵌套的一般形式为：

```
if(表达式)
    if 语句;
```

或者为

```
if(表达式)
    if 语句;
else
    if 语句;
```

嵌套中的 if 语句可以是 if-else 型,这将会出现多个 if 和多个 else 的情况,这时要特别注意 if 和 else 的配对问题。

例如:

```
if(表达式 1)
if(表达式 2)
     语句 1;
else
     语句 2;
```

其中的 else 究竟是与哪一个 if 配对?

第一种应理解为:

```
if(表达式 1)
     if(表达式 2)
          语句 1;
     else
          语句 2;
```

第二种应理解为:

```
if(表达式 1)
     if(表达式 2)
          语句 1;
else
          语句 2;
```

为了避免这种歧义,C 语言规定,else 总是与它前面最近的且尚未配对的 if 配对,因此对上述情况应按第一种情况理解。

【例 3-6】 用 if 语句的嵌套结构比较两个数的大小。

参考程序如下:

```
#include <stdio.h>
void main()
{
    int a,b;
    printf("please input a,b:");
    scanf("%d%d",&a,&b);
    if (a!=b)
        if (a>b) printf("a>b\n");
        else  printf("a<b\n");
    else
        printf("a=b\n");
}
```

采用 if 嵌套结构比较两个数 a、b 的大小,实际上有 a>b、a<b 或 a=b 三种选择。因此,一般情况下较少使用 if 语句的嵌套结构,而是采用 if-else-if 语句完成,而且程序更加清晰。

【例 3-7】 用 if-else-if 语句改写例 3-6。

```
#include<stdio.h>
void main()
{    int a,b;
     printf("please input a,b:  ");
     scanf("%d%d",&a,&b);
     if(a==b) printf("a=b\n");
     else if(a>b)  printf("a>b\n");
         else
     printf("a<b\n");
}
```

3.4.3　条件运算符和条件表达式

条件运算符?:是C语言中唯一的一个三目运算符,即有三个参与运算的量。

如果在条件语句中只执行单个的赋值语句,则使用条件表达式实现,能使程序简洁,提高运行效率。

条件表达式的一般形式为:

表达式1? 表达式2:表达式3

其求值规则为:如果表达式1的值为真,则以表达式2的值作为整个条件表达式的值,否则以表达式3的值作为整个条件表达式的值。

条件表达式通常用于赋值语句中。例如:

```
max=(a>b)?a:b;
```

该语句的语义是:如 a>b 为真,则把 a 赋予 max,否则把 b 赋予 max。

可改写为 if 语句的等价形式:

```
if(a>b)  max=a;
   else max=b;
```

使用条件表达式时,应注意:

(1) 条件运算符? 和:是一对运算符,不能分开单独使用。

(2) 条件运算符的优先级低于关系运算符和算术运算符,高于赋值运算符。

因此

```
max=(a>b)?a:b
```

可以去掉括号而写为

```
max=a>b?a:b
```

(3) 条件运算符的结合方向是自右至左。例如:

```
a>b?a:c>d?c:d
```

应理解为

```
a>b?a:(c>d?c:d)
```

这是条件表达式嵌套的情形,即其中的表达式 3 又是一个条件表达式。读者可以用条件表达式改写例 3-6。

3.5 switch 语句

在 C 语言中,通常用 switch 语句实现多分支选择结构。

1. switch 语句形式

switch 语句的一般形式为:

```
switch(表达式)
{    case 常量表达式 1: 语句 1;
     case 常量表达式 2: 语句 2;
      …
     case 常量表达式 n: 语句 n;
     default : 语句 n+1;
}
```

其语义是:计算表达式的值,并逐个与其后的常量表达式值相比较,当表达式的值与某个常量表达式的值相等时,即执行其后的语句,不再进行判断,继续执行剩下 case 后的所有语句。若表达式的值与所有 case 后的常量表达式均不相同时,则执行 default 语句。

2. 使用 switch 语句注意事项

(1) case 后只能是常量表达式,且各常量表达式的值不能相同,否则出现错误;
(2) 各 case 和 default 子句的先后顺序可以变动,不会影响程序执行结果;
(3) default 子句可以省略;
(4) case 后允许有多个语句,可以不用{}括起来;
(5) 多个 case 可共用一组执行语句。例如:

```
case 'A':
case 'B':
case 'C': printf("score>60\n");
        break;
…
```

【例 3-8】 用 switch 语句改写例 3-5,判定分数等级的程序。

参考程序如下:

```
#include"stdio.h"
void main()
{   int a;
```

```
    printf("input a score: ");
    scanf("%d",&a);
    if(a>100||a<0)
        printf("a invalid score\n");
    else
        switch (a/10)
        {
            case 10 :
            case 9 :
            case 8 : printf("优秀(A)\n");
            case 7 : printf("良好(B)\n");
            case 6 : printf("及格(C)\n");
            default : printf("不及格(D)\n");;
        }
}
```

运行结果如图 3-5 所示。

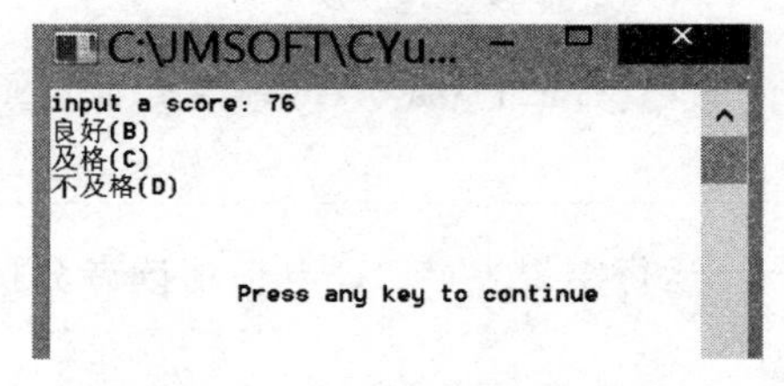

图 3-5　例 3-8 程序运行结果

程序要求输入一个分数(例如,输入 76),输出该分数对应的等级(良好)。但是,输入 76 之后,却执行了 case 7 及其之后的所有语句,显然不正确。

【想一想】 为什么会出现这种情况?如何改进程序?

switch 语句中的"case 常量表达式"只相当于一个语句标号,若表达式的值和某标号匹配则转向该标号执行,在执行完该标号语句后不能自动跳出 switch 语句,所以出现继续执行所有后面 case 语句的情况。

为了避免输出不应有的结果,在每一条 case 语句之后都增加 break 语句,使每一次执行之后均可跳出 switch 语句。添加 break 语句的程序代码如下:

```
#include"stdio.h"
void main()
{   int a;
    printf("input a score: ");
    scanf("%d",&a);
    if(a>100||a<0)
          printf("a invalid score\n");
    else switch (a/10)
          {  case 10: case 9:
             case 8 : printf("优秀\n"); break;
             case 7 : printf("良好\n"); break;
             case 6 : printf("及格\n"); break;
             default:printf("不及格\n");
          }
}
```

3. switch 语句嵌套

在 switch 语句中可以包含 switch 语句，构成 switch 语句的嵌套。

switch 嵌套程序举例如下：

```
#include < stdio.h >
void main( )
{
    int x = 1, y = 0, a = 0, b = 0;
    switch(x)
    {   case 1:
            switch(y)
             {   case 0:   a++;   break;
                 case 1:   b++;   break;
             }
        case 2: a++;b++; break;
        case 3: a++;b++;
    }
    printf("\na = %d, b = %d", a, b);
}
```

运行结果：a=2，b=1，请读者分析原因。

3.6 选择结构应用案例

根据工资收入情况，计算应缴个人所得税。

我国个税起征点调整历程如下。

1981 年，个人所得税正式开征，起征点为月收入 800 元，当时超过此工资收入数额的中国公民少而又少，大多数缴纳个人所得税的是外籍在华高级职员。

随着经济的发展和物价的提高，2005 年，调整个税起征点标准为 1600 元/月；2008 年，提高到 2000 元/月；2011 年，提高到 3500 元/月，专项扣除(如三险一金等)。

2018 年 10 月，个税起征点提高到 5000 元/月，专项扣除及专项附加扣除：如子女教育、继续教育、大病医疗、住房贷款利息或住房租金、赡养老人，以及允许劳务报酬、稿酬、特许权使用费等三类收入扣除 20%的费用后计算纳税。

个人所得税计算方法(公式)如下：

应缴个人所得税=(月工资－起征点－专项扣除－专项附加扣除) * 税率－速算扣除数

个人所得税税率及速算扣除数如表 3-3 所示。

表 3-3 个人所得税税率及速算扣除数

级数	月应纳税所得额	税率	速算扣除数/元
1	不超过 3000 元的部分	3%	0
2	3000～12 000 元的部分	10%	105
3	12 000～25 000 元的部分	20%	555

续表

级数	月应纳税所得额	税率	速算扣除数/元
4	25 000～35 000 元的部分	25%	1005
5	35 000～55 000 元的部分	30%	2755
6	55 000～80 000 元的部分	35%	5505
7	超过 80 000 元的部分	45%	13 505

例如，某单位职工 A，2019 年 9 月份工资收入 16 000 元，个人缴纳的三险一金、住房贷款利息及赡养老人等合计 5680 元，则应纳税所得额＝16 000－5000－5680＝5320(元)。

应缴个人所得税＝5320 * 20%－555＝509(元)。

当你 2023 年大学毕业参加工作，设想第一年的年薪 18 万元，个税起征点提高到 8000 元/月，三险一金、继续教育和住房租金等每月合计 4321 元，分别按 2008、2011、2018、2023 年的起征点，使用 if 语句或 switch 语句编程计算每月应缴个人所得税。

【查一查】 调研日常生活中电费、水费、煤气费、快递费的计算方法，尝试使用 if 语句或 switch 语句编写对应的计费程序。

3.7 答疑解惑

3.7.1 混合运算中的数据类型转换

疑问：在混合运算中，整型和浮点型数据可以相互转换吗？

解惑：通过如下程序说明。程序本意为 x=0 则 y=0，x!=0 则 y=1；但是，下列程序不论输出 x 的值是否为 0，y 都等于 0。

```
#include <stdio.h>
void main()
 {
    float x,y;
    scanf("%f",&x);
    if (x==0)
        y=0;
    else
      y=1;
    printf("%d",y);
}
```

如何修改程序，使输出结果符合要求？

解析：程序中定义 y 是一个浮点数，对应的输出语句应该用“printf("%f",y);”或者把已定义 y 为 float 改成 int，即 int y。

C 语言对于不同类型之间的数据转换：整型可以自动转换成浮点型；但是浮点型不能自动转换成整型，例如 x==0 存在隐患，因此，不要对浮点数判断“等于”的操作。

3.7.2 if 语句的特点

疑问：下列程序运行后，不论输入什么数，都没有输出结果，原因何在？

程序如下：

```
#include< stdio.h>
void main()
{  float a;
   scanf("%f",&a);
   if (a == 123);
       printf("aaaa\n");
   else
       printf("bbbb\n");
}
```

解惑：if 条件表达式后面不需要用分号，如果用分号表示 if 条件表达式结束，则其后面的语句都不会被执行。

if 语句的标准格式为：

```
if (条件表达式)
    语句 1;
else
    语句 2;
```

3.7.3 switch 语句的易错点

疑问：初学者在运用 switch 语句时有哪些地方容易出错？

解惑：

(1) 在 switch 语句中有一个或多个 case 时，忘记加 break 语句；

(2) switch 语句中的 case 值不能是变量，只能是常量；

(3) case 各常量表达式的值不能相同，否则会出现错误。

知识点小结

本章介绍了选择结构程序设计的思想方法、关系运算符和关系表达式、逻辑运算符和逻辑表达式；条件运运算符“?:”，相当于根据不同情况对同一变量赋值的 if-else 语句的简写形式。阐述了 if 语句的三种选择结构：单分支 if 语句、双分支 if-else 语句、多分支 if-else-if 语句；if-else 语句在嵌套使用时应注意 else 和最近一个尚未被 else 匹配的 if 配对。多分支可用 switch 语句实现，其特点是根据一个条件表达式的多个不同值，进行多个分支结构的构造，且每个分支应用 break 语句结束，能够使程序的条理层次更加清晰。本章的重点是 if-else 语句、switch 语句，难点是 if 语句的嵌套。

习题 3

3.1　单选题

1. 设有定义“int a=1, b=2, c=3;”,以下语句执行结果与其他三个不同的是(　　)。

A. if(a>b)c=a,a=b,b=c;

B. if(a>b){c=a,a=b,b=c;}

C. if(a>b)c=a;a=b;b=c;

D. if(a>b){c=a;a=b;b=c;}

2. 以下程序段中,与语句“k=a>b? (b>c ? 1 : 0) : 0;”功能相同的是(　　)。

A.
```
if((a>b) && (b>c)) k=1;
else k=0;
```

B.
```
if((a>b)||(b>c))k=1;
else k=0;
```

C.
```
if(a<=b)k=0;
else if(b<=c)k=1;
```

D.
```
if(a>b) k=1;
else if(b>c)k=1;
else k=0;
```

3. 以下选项中与“if(a==1)a=b; else a++;”语句功能不同的 switch 语句是(　　)。

A.
```
switch(a)
{ case 1:a=b;break;
  default : a++;
}
```

B.
```
switch(a==1)
{  case 0:a=b;break;
   case 1:a++;
}
```

C.
```
switch(a)
{ default:a++;break;
  case 1:a=b;
}
```

D.
```
switch(a==1)
{  case 1:a=b;break;
   case 0:a++;
}
```

4. 有下列嵌套的 if 语句:

```
if(a<b)
  if(a<c) k=a;
  else  k=c;
else
  if(b<c) k=b;
  else  k=c;
```

与上述 if 语句等价的语句是(　　)。

A. k=(a<b)? a:b;k=(b<c)? b:c;

B. k=(a<b)? ((b<c)? a:b):((b>c)? b:c);

C. k=(a<b)? ((a<c)? a:c):((b<c)? b:c);

D. k=(a<b)? a:b;k=(a<c)? a:c;

5. 已有定义“char c;”,程序前面已在命令行中包含 ctype.h 文件,不能用于判断 c 中的字符是否为大写字母的表达式是(　　)。

A. isupper(c)

B. 'A'<=c<='Z'

C. 'A'<=c&&c<='Z'

D. c<=('z'-32)&&('a'-32)<=c

6. if语句的基本形式为“if(表达式)语句”,其中“表达式”为(　　)。

A. 必须是逻辑表达式　　B. 必须是关系表达式

C. 必须是逻辑表达式或关系表达式　　D. 可以是任意合法的表达式

3.2　填空题

1. 设x为int型变量,写出一个关系表达式________,用以判断x同时为3和7的倍数时,关系表达式的值为真。

2. 下列程序的功能是输出a、b、c三个变量中的最小值。在画线处填空。

```
#include<stdio.h>
void main( )
{
    int a,b,c,t1,t2;
    scanf("%d%d%d",&a,&b,&c);
    t1 = a < b?  ________;
    t2 = c < t1?  ________;
    printf("%d\n",t2);
}
```

3. 已有定义“char c=' ';int a=1, b;”(此处c的初值为空格字符),执行“b=! c &&a;”后b的值为________。

4. 已知字母A的ASCII值为65,若变量kk为char型,能正确判断kk的值为大写字母的表达式是________。

5. 若变量已正确定义,有以下程序段:

```
int a = 3,b = 5,c = 7;
if(a > b)a = b;c = a;
if(c!= a)c = b;
printf("%d,%d,%d\n",a,b,c);
```

则输出结果是________。

3.3　简答题

1. 简述选择结构程序设计的思想方法。

2. 在C语言中,条件如何表示?

3. 选择结构有哪些语句?简述其执行过程。

4. 简述分支语句的嵌套使用方法。

3.4　编程实战题

1. 输入一行字符,分别统计其中的英文字母、空格、数字和其他字符的个数。

2. 有一个分段函数如下,编程实现:输入x的值,输出对应的y值。

$$y=\begin{cases}x & (x<1)\\ 2x-1 & (1\leqslant x<10)\\ 3x-1 & (x\geqslant 10)\end{cases}$$

3. 给一个不多于5位的正整数,要求:

(1) 求出它是几位数;

(2) 分别打印每一位上的数字;

（3）按逆序打印各位数字，例如原数为 321，应输出 123。

实验 3　选择结构程序设计

本次实验涉及逻辑运算符和逻辑表达式、关系运算符和关系表达式、条件运算符和条件表达式；if 语句和 switch 语句；选择结构程序设计。

【实验目的】

（1）掌握逻辑运算符和逻辑表达式；

（2）掌握关系运算符和关系表达式；

（3）掌握条件运算符和条件表达式；

（4）掌握 if 语句的三种形式：单分支 if 语句、双分支 if-else 语句和多分支 if-else-if 语句；

（5）会用 switch 语句实现多分支控制语句；

（6）掌握 break 语句在 switch 结构中的使用方法。

【实验内容】

一、基础题

1. 编程验证下列 if 语句是否正确，若有错误，分析错误的原因。

A.
```
if (x>0)
    printf("%f",x)
else
    printf("%f",-x);
```

B.
```
if (x>0)
    { x=x+y; printf("%f",x);}
else
    printf("%f",-x);
```

C.
```
if (x>0)
    {x=x+y;printf("%f",x);};
else
    printf("%f",-x);
```

D.
```
if (x>0)
    {x=x+y;printf("%f",x)}
else
    printf("%f",-x);
```

2. 输入三个整数，编程求出最大数和最小数。

提示：首先，比较两个数 a，b 的大小，并把大数存入 max，小数存入 min 中；然后，再与 c 比较，若 max 小于 c，则把 c 赋予 max，如果 c 小于 min，则把 c 赋予 min，因此保持 max 总是最大数，而 min 总是最小数；最后，输出 max 和 min 的值。

二、提高题

1. 用英文单词星期几的第一个字母来判断是星期几,如果第一个字母相同,则继续判断第二个字母,编程实现。

提示:使用多分支 switch 语句或 if 语句,若第一个字母相同,则用 case 语句或 if 语句判断第二个字母。

2. 编程输入一个整数,判断它能否被 3、5、7 整除,并输出以下信息之一:

(1) 能被其中一个数(要指出哪一个)整除;

(2) 能被其中两个数(要指出哪两个)整除;

(3) 能同时被 3、5、7 整除;

(4) 不能被 3、5、7 中任一个数整除。

3. 编程计算两个日期(日期格式:年-月-日)之间的天数。本题给出参考程序代码,要求上机运行,观察运行结果,写出算法。

参考程序如下:

```
/* 求所在月份的天数 */
#include <stdio.h>
int daysMonth(int year, int month, int day)
  {
    int days[13] = {0,31,28,31,30,31,30,31,31,30,31,30,31};
    int i, sum = 0;
    for(i = 0;i < month;i++)
        sum += days[i];
    if(month > 2)   /* 如果是闰年则 2 月加一天 */
        if((year % 4 == 0)&&(year % 100!= 0)||(year % 400 == 0))
            sum += 1;
    sum += day;
    return sum;
  }
  /* 交换位置,避免负值 */
  void swap(int x1, int x2)
  {
      int tmp = x1;
      x1 = x2;
      x2 = tmp;
  }
  long countDate(int y1, int m1, int d1, int y2, int m2, int d2)
  {
      int daysyear1, daysyear2;
      long totalDays = 0;
      int total_day1;
      int tmpYear, tmpDays;
      printf("The first Date is %ld- %ld- %ld\n", y1, m1, d1);
      printf("The second Date is %ld- %ld- %ld\n", y2, m2, d2);
      if(y1 > y2)
        {
          swap(y1, y2);
          swap(m1, m2);
```

```
        swap(d1,d2);
      }
     if(y1 == y2)
      {
         daysyear1 = daysMonth(y1,m1,d1);
         daysyear2 = daysMonth(y2,m2,d2);
         totalDays = abs(daysyear1 - daysyear2) + 1;
         printf("totalDays is % ld\n",totalDays - 1);
       }
     else
      {
         daysyear1 = daysMonth(y1,m1,d1);
         total_day1 = 365 - daysyear1 + 1;
         if(m1 <= 2)
          if(y1 % 4 == 0&&(y1 % 100!= 0)||(y1 % 400 == 0))
            total_day1 += 1;
         totalDays += total_day1;
         tmpYear = y1;
         while(++tmpYear < y2)
         {
             tmpDays = 365;
             if((tmpYear % 4 == 0)&&(tmpYear % 100!= 0)||(tmpYear % 400 == 0))
              tmpDays += 1;
             totalDays += tmpDays;
         }
        daysyear2 = daysMonth(y2,m2,d2);
        totalDays += daysyear2;
      }
     printf("totalDays is % ld\n",totalDays - 1);
}
void main()
{
     int y1,m1,d1,y2,m2,d2;
     printf("Plsase input Date,for example 2018 - 8 - 18,2019 - 9 - 19:\n");
     scanf(" % ld - % ld - % ld, % ld - % ld - % ld",&y1,&m1,&d1,&y2,&m2,&d2);
     countDate(y1,m1,d1,y2,m2,d2);
}
```

循环结构程序设计

循环结构思维导图

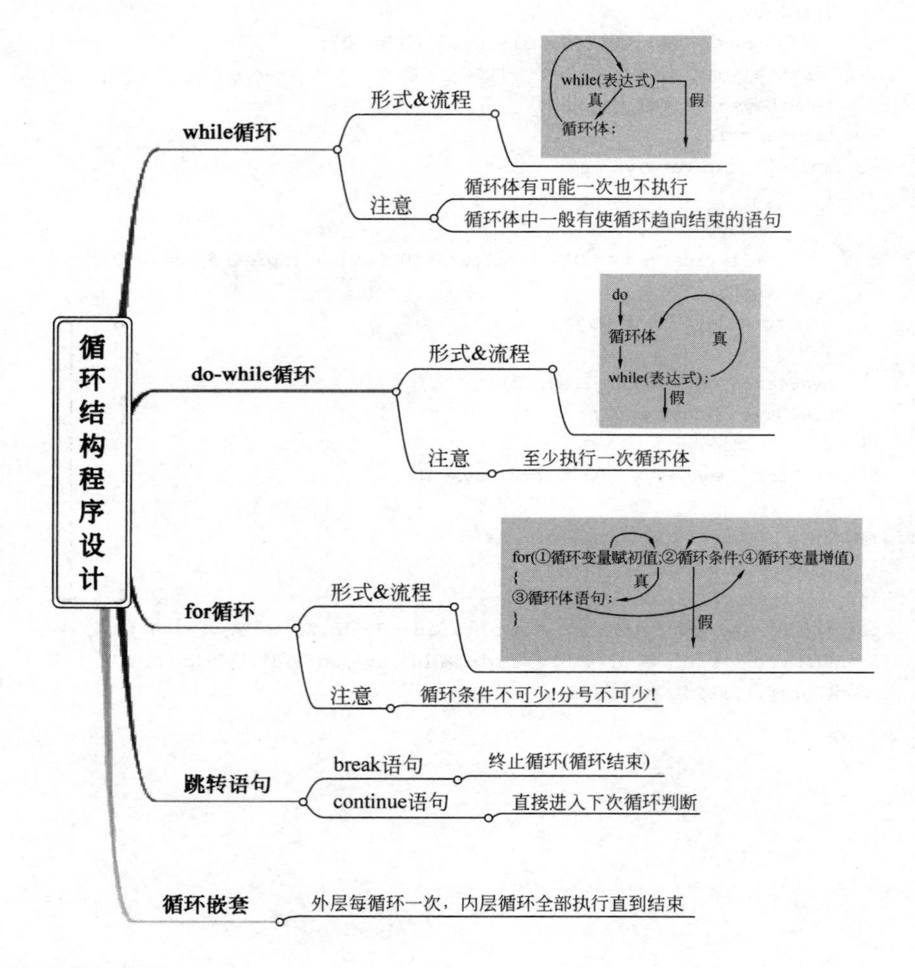

学习任务与目标

1. 掌握循环结构的基本思想方法；
2. 能用循环结构程序解决实际问题；
3. 熟悉三种循环结构语句：while 语句、do-while 语句、for 语句；

4. 熟悉转移控制语句 break 语句、continue 语句的特点与区别；
5. 掌握循环语句的嵌套使用方法。

4.1　循环结构

4.1.1　引例：将明文变成密文

1. 描述问题

输入一串明文字符，按一定规律变成密文输出。例如，将一串字符中的字母变为其后的第 4 个字母，即将大写字母 A 变为 E、小写字母 a 变为 e、W 变为 A，非字母字符保持不变。

2. 分析解决问题

几个世纪以来，一直有很多学者对密码学产生浓厚的兴趣，致力研究密码变化的客观规律，应用于编制密码以保守通信秘密，应用于破译密码以获取通信情报。

将明文变成密文，常用的一些简单规律是将某个字符或一组字符替换成另一个或另一组字符；对应的解码规律就要找出这些字符之间的替换关系，这种关键数据称为“秘钥”。

近年来，计算机已经能够将原本认为无法破解的密码成功解码。

引例中，由于字符和整数之间可以通用，所以 A→E 对应于 A→A+4。可以定义一个字符型变量 ch，ch 接受输入，并将 ch→ch+4。

特殊之处是 W→Z 和 w→z 时，需要对应为 A→D 和 a→d，怎么办？可以再减回去，即用 ch→ch−26 来解决，如图 4-1 所示。

图 4-1　字母环形排列

3. 解决问题

首先进行算法设计，然后编写程序。

(1) 算法设计：字母从 A～Z 或从 a～z，分别变为其后的第 4 个字母，利用循环语句“while((c=getchar())!='\n')”和 if 语句实现，遇到回车符(即 Enter 键)结束循环。

参考程序如下：

```
#include <stdio.h>
void main()
{ char c;
  printf("请输入明文字符串:\n ");
   while((c = getchar())!= '\n')
      { if((c>= 'a'&&c <= 'z')||(c>= 'A'&&c <= 'Z'))
          { c = c + 4;
```

```
            if(c>'Z'&&c<='Z'+4||c>'z') c=c-26;
        }
        printf("%c",c);
    }
    printf("\n");
}
```

运行结果如图 4-2 所示。

图 4-2 引例程序运行结果

4.1.2 真和假

在C语言中如何表示真和假呢?

【例 4-1】 真假值在C语言中的表示方法。

参考程序如下:

```
#include <stdio.h>
void main()
{
    int val_true,val_false;
    val_true =(10>5);
    val_false=(10<=5);
    printf ("val_true= %d,val_false = %d\n",val_true, val_false);
}
```

运行结果为 val_true=1,val_false=0。

由此可见,当关系表达式(10>5)为真时,值为1;当关系表达式(10<=5)为假时,值为0。关系表达式实际上相当于数值。C语言中的表达式一定有一个值。再看下面的例题:

【例 4-2】 编程验证:C语言中的数字0为假,一切非0值皆为真。

```
#include<stdio.h>
void main()
```

```
{
    int i = -4;
    while (i)
        printf(" %2d is true\n", i++);
    printf(" %2d is false\n", i);
    i = 3;
    while(i)
        printf(" %2d is true\n", i--);
  printf(" %2d is false\n", i);
}
```

从数值方面来看，C语言中真的概念是：一切非0值皆为真，只有0被视为假。也就是说，只要测试条件的值为非零，就会执行while循环语句。

4.1.3　循环结构的思想方法

循环(Repetition)在《辞海》中描述为：事物周而复始地运动或变化。由此可见，循环的特点是往复回旋。生活中循环的现象比比皆是，例如，家用智能扫地机器人、洗衣机等的工作过程是典型的循环。循环的图案随处可见，如图4-3所示。

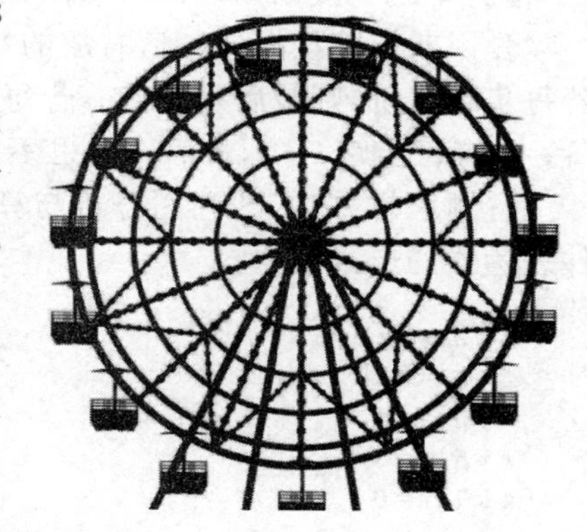

图4-3　循环图案示意

人们对机械重复的工作会感到枯燥乏味，而计算机擅长做重复的事情，这种重复体现在程序中就是循环结构，即相同代码只编写一次，让计算机多次重复地执行，可以减少书写重复程序的工作量，便捷、高效。

例如，智能洗衣机洗衣物的过程，首先，根据待洗衣物的数量，为水位调节函数传入水位参数；接着，使用循环控制结构设定漂洗函数被调用的次数；再为洗涤时间控制函数和脱水时间控制函数传入时间的参数值；最后，执行“洗衣运行”程序，即可完成洗衣物的任务。

循环结构程序设计的思想方法是：在给定条件成立时，反复执行某程序段，直到条件不成立为止。给定的条件称为循环条件，反复执行的程序段称为循环体。

C语言提供while语句、do-while语句、for语句三种循环控制语句和goto语句、break语句、coutinue语句三种转移控制语句，这些语句可以组成各种不同形式的循环结构。

4.1.4　循环结构程序设计步骤

首先，明确需要重复执行的部分，构造循环体；其次，寻找控制循环的变量；最后，确定循环变量的三个要素：①循环变量的初值、②循环变量的终值、③使循环趋于结束的条件。

4.2 循环控制语句

4.2.1 while 语句

while 语句实现“当型”循环结构。while 语句的一般形式为：

```
while(表达式) 语句
```

其中,表达式是循环条件,语句为循环体。

while 语句的含义：计算表达式的值,当值为真(非 0)时,执行循环体语句。

while 语句的特点：先判断条件,后执行语句。

while 循环的执行流程：条件真⟶循环体⟶条件真⟶循环体⟶……条件假⟶结束循环体,执行循环体后面的语句。

while 语句执行过程如图 4-4 所示。

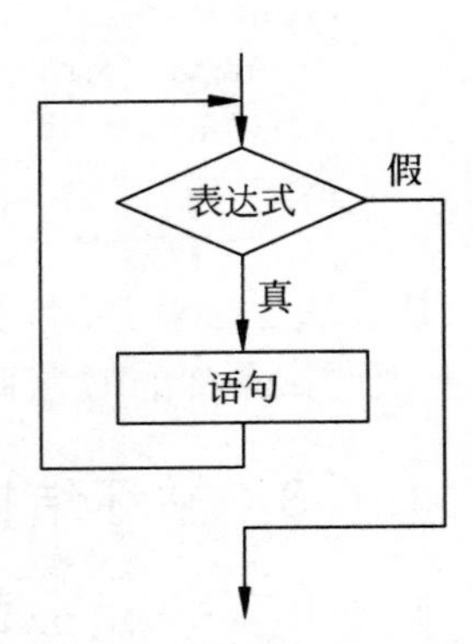

图 4-4 while 语句执行过程

【例 4-3】 爱因斯坦的阶梯问题。

爱因斯坦曾经提出一道有趣的数学题：有一条长阶梯,若每步跨 2 阶,则最后剩 1 阶；若每步跨 3 阶,则最后剩 2 阶；若每步跨 5 阶,则最后剩 4 阶；若每步跨 6 阶,则最后剩 5 阶；只有每步跨 7 阶,最后一阶也不剩。问该条阶梯共有多少阶?

解题思想方法,即问题分析与算法设计如下：可以把题目描述的求阶梯数 x 用下列条件表达式的形式表示。

```
x%2 ==1
x%3 ==2
x%5 ==4
x%6 ==5
x%7 ==0
```

从表达式中不难看出,此问题 x 的解应该有无穷个,但这里要求的是最小的解。这个解一定是 7 的倍数,因为 x%7=0,因此就用 7 的倍数依次与 2、3、5、6 进行取模运算,如果都符合表达式的条件,那么这个数就是本题的答案。

参考程序如下：

```
#include <stdio.h>
void main()
{   int n=1;                /*n为所设的阶梯数*/
    while(!((n%2==1)&&(n%3==2)&&(n%5==4)&&(n%6==5)&&(n%7==0)))
        ++n;
    printf("staris_number=%d\n",n);
}
```

【课堂测试】 马克思手稿中的数学题。

马克思手稿中有一道趣味数学问题：有男士、女士和小孩共 30 人,在一家饭馆吃饭花费50先令，每位男士花费3先令、女士花费2先令、小孩花费1先令，问男士、女士和小孩各有几人？

使用while语句应注意：

(1) while语句中的表达式一般是关系表达式或逻辑表达式，只要表达式的值为真(非0)即可继续循环。如while(.T.)、while(1)等。循环体应包含使循环趋向结束的语句。

(2) 循环体有一条以上的语句，必须用{}括起来，组成复合语句。

(3) while循环先判断表达式，后执行循环体。循环体有可能一次也不执行。

(4)下列情况，退出while循环。

① 条件表达式不成立(为零)。

② 循环体内遇见break语句。

【谨记】 在应该使用==(关系运算符)的地方不能误用=(赋值运算符)。比较以下语句：

```
val = 10;          /* 把 10 赋给变量 val */
val == 10;         /* 检查 val 的值是否为 10 */
```

上例中，如果把n%2==1误写为n%2=1，编译器不检查逻辑错误，可能导致得不到预期的结果，也可能导致无限循环。

4.2.2 do-while语句

do-while循环语句的一般形式为：

```
do
  { 语句; }
while(表达式);
```

do-while循环又称为"直到型"循环，其特点是先执行循环中的语句，再判断表达式是否为真，如果为真则继续循环；如果为假，则终止循环。因此，do-while循环至少要执行一次循环体语句。其执行过程分别用传统流程图和N-S结构流程图表示，如图4-5和图4-6所示。

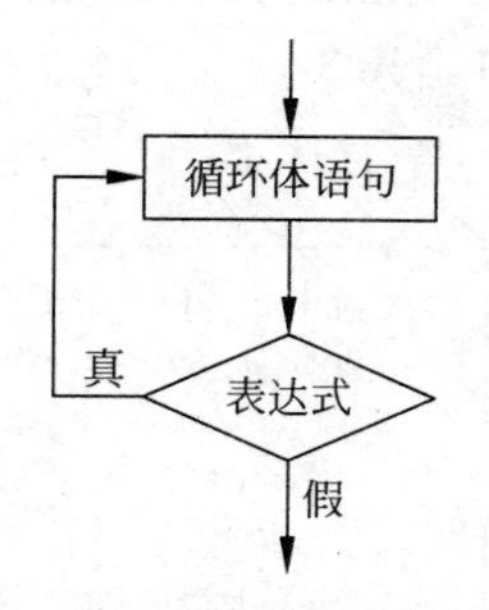

图4-5　do-while循环传统流程图

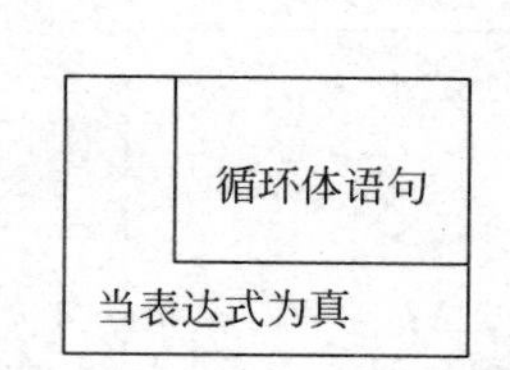

图4-6　do-while循环的N-S结构图

【例4-4】 用do-while语句求$\sum_{n=1}^{100} n$。

该题的算法用传统流程图表示如图4-7所示，用N-S结构流程图表示如图4-8所示。

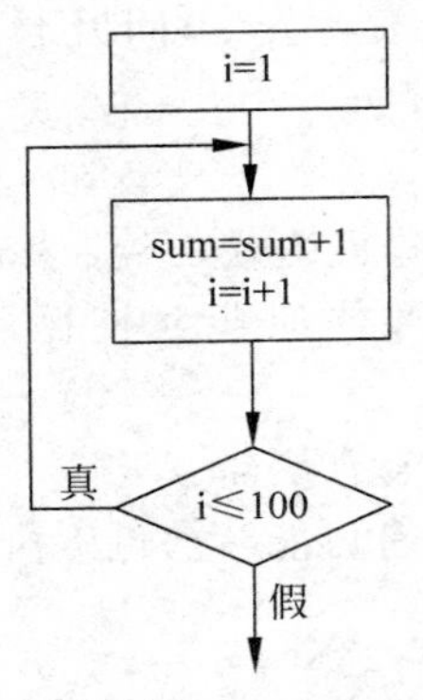

图 4-7　do-while 循环传统流程图

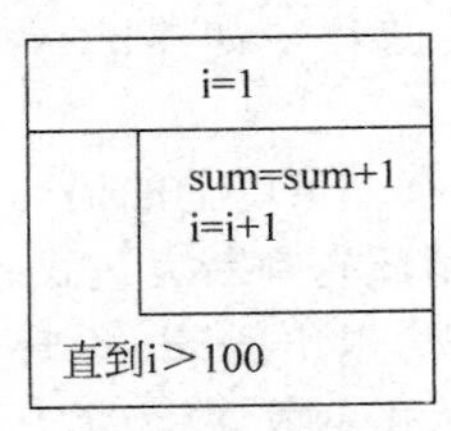

图 4-8　do-while 的 N-S 结构流程图

参考程序如下：

```
#include<stdio.h>
void main()
{
    int i,sum=0;
    i=1;
    do
      {
          sum=sum+i;          /*循环体的多条语句要用{}括起来*/
          i++;
      }
    while (i<=100);
   printf("%d\n",sum);
}
```

比较 while 和 do-while 循环语句的异同如下。

相同点：while 和 do-while 可以解决同一问题，如果 while 后的表达式一开始为真，则两者可以互换。

不同点：do-while 循环的循环体至少执行一次；若 while 后的表达式一开始为假时，则两种循环结果不同。比较下列程序 A 和程序 B 的运行结果。

程序 A：

```
#include<stdio.h>
void main( )
{
   int sum=0,i;
   scanf("%d",&i);
   while(i<=10)
      {  sum=sum+i;
           i++;
      }
   printf("sum=%d",sum);
}
```

程序 B：

```
#include<stdio.h>
void main( )
{   int sum=0,i;
    scanf("%d",&i);
    do
      {  sum=sum+i;
           i++;
      }while(i<=10);
    printf("sum=%d",sum);
}
```

可以看出,当输入的 i 值小于或等于 10 时,程序 A 和程序 B 的运行结果相同。而当 i＞10 时,二者的结果不同。因为 while 循环是先判断后执行,而 do-while 循环是先执行后判断。对于大于 10 的数,while 循环体一次也不执行,而 do-while 要执行一次循环体。

为便于理解记忆,类比如下：while 循环属于“诸葛亮”型,凡事谨慎,“三思而后行”,不符合条件的事情不做；而 do-while 循环属于“张飞”型,处事莽撞,“不管三七二十一”,先斩后奏,即使不满足条件,已经执行过的也只能“将错就错”。

4.2.3 for 语句

for 语句是 C 语言中最为灵活简练、使用最广泛的循环语句,可完全替代 while、do-while 语句。for 语句适用于循环次数确定的场合。

1. for 语句一般形式

```
for(表达式 1; 表达式 2; 表达式 3)  语句;
```

for 语句执行过程如图 4-9 所示。

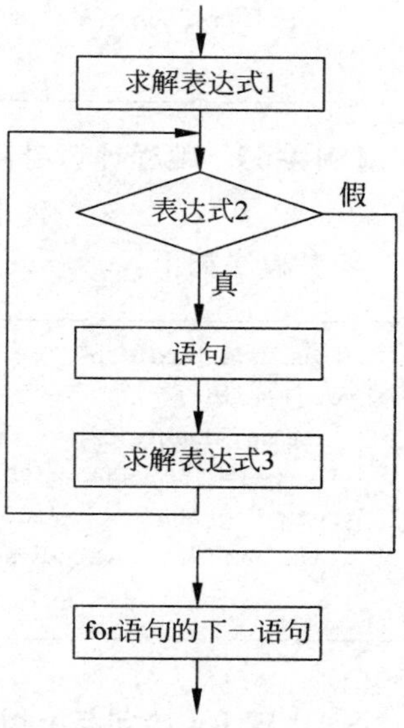

for 语句执行步骤如下：

(1) 求解表达式 1。

(2) 求解表达式 2,若其值为真(非 0),则执行 for 语句指定的内嵌语句,然后执行下面第 3 步；若其值为假(0),则结束循环,转到第 5 步。

(3) 求解表达式 3。

(4) 转回第 2 步继续执行。

(5) 循环结束,执行 for 语句下面的一个语句。

求解表达式1
表达式2
假
真
语句
求解表达式3
for语句的下一语句

图 4-9 for 语句执行过程

2. 常用形式

```
for(循环变量赋初值; 循环条件; 循环变量增值)  循环体语句;
```

循环变量赋初值是一个赋值语句,用来给循环控制变量赋初值；循环条件是一个关系表达式,它决定什么时候退出循环；循环变量的增量定义循环控制变量每循环一次后,按什么方式变化。这三个部分之间用“;”隔开。

例如：

```
for(i = 1; i <= 100; i++)
      sum = sum + i;
```

先给循环变量 i 赋初值 1,判断 i 是否小于或等于 100,若是,则执行“sum＝sum＋i;”语句之后 i 值增加 1,再判断 i≤＝100,直到条件为假,即 i＞100 时,结束循环。

上述代码相当于：

```
i = 1;
while(i <= 100)
{      sum = sum + i;
```

```
        i++;
    }
```

由此可见：for 循环的执行流程：条件真──→循环体──→增值──→条件真──→循环体──→增值──→……──→条件假──→结束循环体，执行循环体后面的语句。

【例 4-5】 用 for 语句改写例 4-4。

```
#include <stdio.h>
void main()
{   int sum = 0,i;
        for(i = 1;i <= 100; i++)
            sum = sum + i;
    printf("sum = %d",sum);
}
```

【例 4-6】 编程计算身高在 1.6～1.8m 成年人的标准体重。计算公式如下：

标准体重(kg)＝身高(m)×身高(m)×22

参考程序如下：

```
#include "stdio.h"
void  main()
{ int sg; double tz;
 for (sg = 160; sg <= 180; sg++)
 {  tz = sg/100.0 * sg/100.0 * 22;
    printf("if somebody's height is %d cm,his or her standard weight is %.1f kg\n",sg,tz); };
}
```

3. 比较 for 语句与 while 语句

与 for 循环语句的一般形式对应的 while 循环语句可以表达成如下形式：

```
表达式 1;
while(表达式 2)
{   语句
    表达式 3;
}
```

说明：

1) 表达式缺省情况

for 循环中的“表达式 1(循环变量赋初值)”“表达式 2(循环条件)”和“表达式 3(循环变量增量)”都可以缺省，但分号“;”不能缺省。

(1) 省略“表达式 1”，表示不对循环控制变量赋初值，但应在 for 之前为循环变量赋初值。

(2) 省略“表达式 2”，循环条件始终为“真”，循环不终止，不做其他处理时便成为死循环。

例如：

```
for(i = 1;;i++)sum = sum + i;
```

相当于

```
i = 1;
while(1)
 {  sum = sum + i;
    i++;
 }
```

(3) 省略"表达式 3",不对循环控制变量进行操作,但可在语句体中加入修改循环控制变量的语句,使循环程序能够结束。例如:

```
for(i = 1;i <= 100;)
{   sum = sum + i;
    i++;
}
```

(4) 省略"表达式 1"和"表达式 3",完全等同于 while 语句。

例如:

```
/* for 循环正常形式 */
#include <stdio.h>
void main( )
{
   int i ,sum = 0;
   for(i = 1;i <= 100;i++)
      sum = sum + i;
   printf(" %d",sum);
}
```

```
/* for 循环省略表达式 1、3 */
#include <stdio.h>
void main()
{  int i,sum = 0;
   i = 1;
   for ( ; i <= 100 ;  )
      {sum = sum + i;
        i++;}
   printf(" %d",sum);}
```

```
/* 相当于 while 循环 */
#include <stdio.h>
void main()
{  int i = 1 ,sum = 0;
   while(i <= 100)
    {   sum = sum + i;
        i ++;}
  printf(" %d",sum);
}
```

(5) 省略三个表达式,即无初值,不判断条件,循环变量不增值,变成永远循环(即死循环)。例如:

for(;;)语句

相当于

while(1)语句

2) 表达式取值的情况

(1) 表达式 1 可以是设置循环变量初值的赋值表达式,也可以是其他表达式。例如:

```
for(sum = 0;i <= 100;i++)   sum = sum + i;
```

(2) 表达式 1 和表达式 3 可以是一个简单表达式,也可以是逗号表达式。例如:

```
for(sum = 0,i = 1;i <= 100;i++)   sum = sum + i;
```

或

```
for(i = 0,j = 100;i <= 100;i++,j --)   k = i + j;
```

(3) 表达式 2 一般是关系表达式或逻辑表达式,但也可是数值表达式或字符表达式,只要其值为非零,就执行循环体。例如:

```
for(i = 0;(c = getchar())!= '\n';i += c);
for(;(c = getchar())!= '\n';)
```

4.2.4 循环嵌套

一个循环体内包含另一个完整的循环结构,称为循环嵌套。for 语句、while 语句与 do-while 语句可以互相嵌套,层数不限,三种语句可构成 7 种形式的循环嵌套,如图 4-10 所示。

```
(1) while()
    {  …
       while()
       {
          …
       }
       …..
    }
```

```
(2) do
    {  …
       do
       { …
       }while();
       …
    }while();
```

```
(3) for(; ;)
    {  …
       for(; ;)
       {
          …
       }
    }
```

```
(4) while()
    {  …
       do
       {
          …
       }while();
       …
    }
```

```
(5) for( ; ;)
    {  …
       while()
       {
          …
       }
       …
    }
```

```
(6) do
    {  …
       for(; ;)
       {  …
       }
       …
    }while();
```

```
(7) for( ; ;)
    {  …
       do
       {…
       }while();
       …
       while()
       {…}
    }
```

图 4-10 循环嵌套的 7 种形式

将一个循环放在另一个循环内,每个循环都必须有完整对应的循环语句及自己的循环变量。循环不能相互交叉。

【例 4-7】 计算 s=1+(1+2)+(1+2+3)+…+(1+2+3+4+…+10)。

参考程序如下:

```
#include "stdio.h"
void  main()
{ int  i,j,s;
    for(i = 1,s = 0;i <= 10;i++)      /* 外层循环 i 从 1 变化到 10 */
        for(j = 1;j <= i;j++)         /* 内层循环 j 从 1 变化到 i */
            s = s + j;
    printf("s = %d\n",s);
}
```

分析:程序由两个 for 循环嵌套构成,其执行过程如表 4-1 所示。

表 4-1　循环嵌套中变量跟踪表

i	j	s
1	1	(1)
2	1	(1)+(1)
	2	(1)+(1+2)
3	1	(1)+(1+2)+(1)
	2	(1)+(1+2)+(1+2)
	3	(1)+(1+2)+(1+2+3)
⋮	⋮	⋮
10	1	(1)+(1+2)+(…)+(1)
	2	(1)+(1+2)+(…)+(1+2)
	3	(1)+(1+2)+(…)+(1+2+3)
	⋮	⋮
	10	(1)+(1+2)+(…)+(1+2+3+…+10)

i 的值是 j 的终值，每次内循环计算和的范围由外循环的循环变量 i 决定。

循环的显著特点：重复执行相同的语句，但并非重复相同的运算，循环体的计算是变化的，这种变化是有规律的，受循环控制。

【例 4-8】 新娘和新郎的集体婚礼。

若有三对新人举办集体婚礼，三位新郎为 A、B、C，三位新娘为 X、Y、Z。有嘉宾不知道谁和谁结婚，于是询问了六位新人中的三位，但听到的回答是这样的：A 说他将和 X 结婚；X 说她的未婚夫是 C；C 说他将和 Z 结婚。嘉宾听后知道他们在开玩笑，全是假话。编程找出新郎 A、B、C 分别和哪位新娘结婚。

【问题分析与算法设计】 将 A、B、C 分别用 1，2，3 表示，将 X 和 A 结婚表示为“X==1”，将 Y 不与 A 结婚表示为“Y!=1”。按照题目中的叙述可以写出下列表达式：

X!=1　A 不与 X 结婚；

X!=3　X 的未婚夫不是 C；

Z!=3　C 不与 Z 结婚。

题意还隐含着 X、Y、Z 三位新娘不能结为配偶，则有：X!=Y 且 X!=Z 且 Y!=Z。

穷举以上所有可能的情况，代入上述表达式中进行推理运算，若假设的情况使上述表达式的结果均为真，则假设情况就是正确的结果。

参考程序如下：

```
#include <stdio.h>
void main()
{  int X,Y,Z;
   for(X = 1;X <= 3;X++)                              /* 穷举 X 的全部可能配偶 */
       for(Y = 1;Y <= 3;Y++)                          /* 穷举 Y 的全部可能配偶 */
          for(Z = 1;Z <= 3;Z++)                       /* 穷举 Z 的全部可能配偶 */
             if(X!= 1&&X!= 3&&Z!= 3&&X!= Y&&X!= Z&&Y!= Z)   /* 判断配偶是否满足条件 */
                {  printf("X will marry to %c.\n",'A' + X - 1);
```

```
            printf("Y will marry to %c.\n",'A' + Y - 1);
            printf("Z will marry to %c.\n",'A' + Z - 1);
        }
}
```

运行结果如图 4-11 所示。

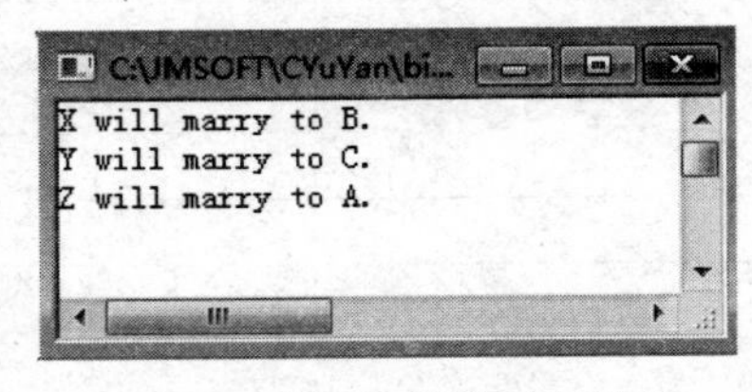

图 4-11　例 4-8 程序运行结果

三重循环是常见的循环嵌套形式,可以结合熟悉的钟表来理解,最内层循环可以比作秒针,中间一层循环比作分针,最外层循环比作时针。最内层循环转得最快,即秒针转一圈后分针才转一个刻度;分针转一圈后时针才转一个刻度。本例循环亦是如此,最内层循环在循环一个周期后,中间层循环才变化一个循环步长;中间层循环在循环一个周期后,最外层循环变化一个步长。

4.2.5　三种循环语句对比分析

for 语句、while 语句与 do-while 语句三种循环都可以用来处理同一个问题,其中,for 语句功能最强,while 和 do-while 循环体中应包括使循环趋于结束的语句。

for 语句常用于已知循环次数,属于计数型循环,while 和 do-while 语句常用于循环次数未知,属于非计数型循环。三种循环语句的比较如表 4-2 所示。

表 4-2　for、while、do-while 循环语句的比较

循环类型	for 循环	while 当型循环	do-while 直到型循环
循环控制条件	循环变量大于或小于终值	条件成立或不成立执行循环	执行循环再判定条件成立或不成立
循环变量初值	在语句行中	在 do 之前	在 do 之前
使循环结束	for 语句中无须专门语句	必须用专门语句	必须使用专门语句
适用场合	已知执行次数或已知初值、终值、步长	已知结束条件且无法确定执行次数	至少执行一次循环体

用 while 和 do-while 循环时,循环变量初始化的操作应在 while 和 do-while 语句之前完成,而 for 语句可以在表达式 1 中实现循环变量的初始化。

4.3　循环转移语句

C 语言提供的三种控制转移语句是:goto 语句、break 语句和 continue 语句,其中 goto 语句违背了结构化程序设计的原则,应限制使用,因此本书只介绍 break 和 continue 语句。

4.3.1　break 语句

break 语句不能用于循环语句和 switch 语句之外的其他任何语句中,break 语句用在循环语句和 switch 语句的流程形式如图 4-12 所示。

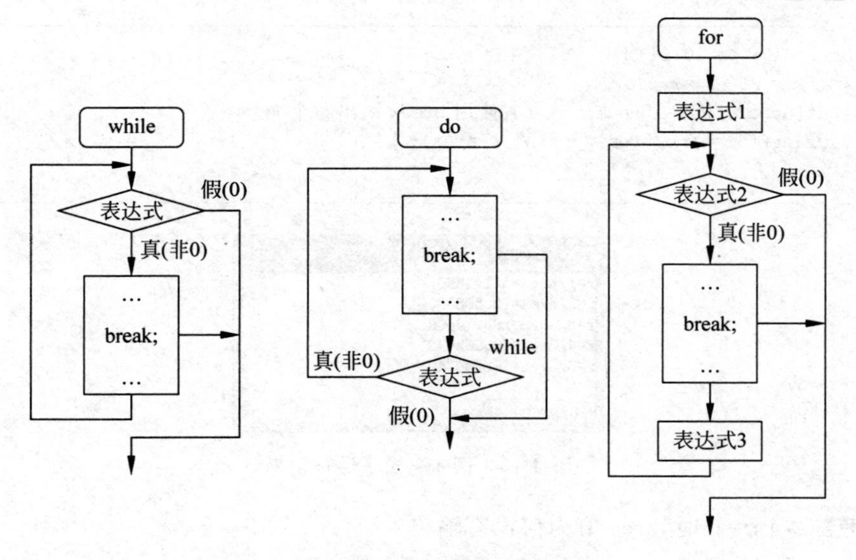

(a) break语句用于循环语句

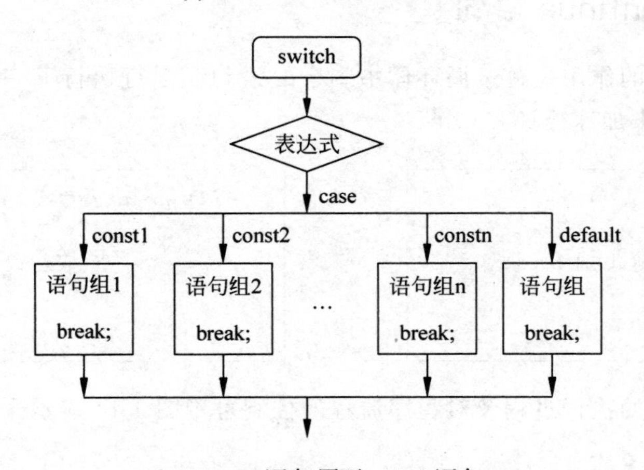

(b) break语句用于switch语句

图 4-12 break 语句的流程形式

(1) break 语句用于 switch 语句,可使程序跳出 switch 语句而执行 switch 后面的语句。

(2) break 语句用于 while、do-while、for 循环语句,可使程序终止循环而执行循环体后面的语句,break 语句通常与 if 语句连在一起,满足条件时便跳出循环。break 语句只能终止并跳出最近一层的循环结构。

【例 4-9】 应用 break 语句编程,输出圆面积,当面积大于 100 时停止。运行结果如图 4-13 所示。

```
#include <stdio.h>
#define PI  3.14159
void main( )
{ int r ;
   float area;
```

```
    for(r = 1;r <= 10;r++)
     { area = PI * r * r ;
       if(area > 100)  break;      /* 使用 break 跳出整个循环 */
       printf("r = %d,area = %f\n",r,area); }
   }
```

```
C:\JMSOFT\CYuYan\bi...
r=1, area=3.141590
r=2, area=12.566360
r=3, area=28.274309
r=4, area=50.265442
r=5, area=78.539749
```

图 4-13　例 4-9 程序运行结果

【思考】 当 r＝6 时，area 值为何没有输出？

4.3.2　continue 语句

continue 语句的作用是跳过循环体中剩余的语句而强行执行下一次循环，常与 if 条件语句一起使用，用来加速循环。

```
(1) while(表达式 1)
    {   …
        if(表达式 2) break;
        …
    }
```

```
(2) while(表达式 1)
    {   …
        if(表达式 2) continue;
        …
    }
```

continue 语句的执行过程及对程序流程的控制可用图 4-14 表示。

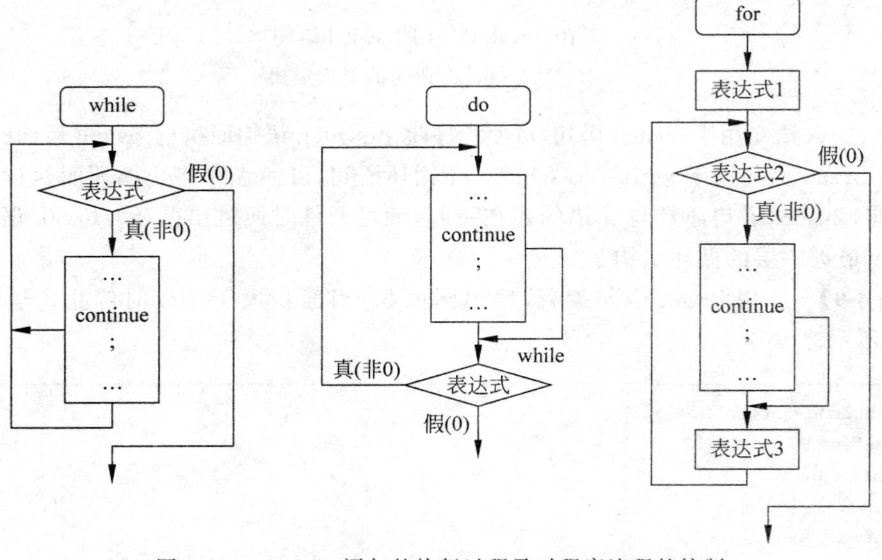

图 4-14　continue 语句的执行过程及对程序流程的控制

【谨记】 continue 语句和 break 语句的区别如下：continue 语句结束本次循环，break 语句结束整个循环；continue 语句用于 while、do-while、for 循环语句中，break 语句还可以用于 switch 语句中。

【例 4-10】 输出 100～200 不能被 3 整除的数。

参考程序如下：

```
#include <stdio.h>
void main()
{ int i;
     for(i = 100;i <= 200;i++)
       {  if(i % 3 == 0)
             continue;              /* 使用 continue 结束本次循环 */
          printf("%d\n",i);
        }
}
```

4.4 循环结构应用案例

计算机的优势在于可以不厌其烦地重复性工作，循环结构是结构化程序设计的最重要内容，用循环结构解决实际问题的类型可以分为求和、求积、迭代、穷举等。

经典案例一：百鸡百钱。

我国古代数学家张丘建在《算经》一书中提出的数学问题：鸡翁一值钱五，鸡母一值钱三，鸡雏三值钱一。百钱买百鸡，问鸡翁、鸡母、鸡雏各几何？

从现代数学观点来看，这是一个求不定方程整数解的问题，形成三元不定方程组，其重要之处在于开创"一问多答"的先例。下面用穷举法解此题。

参考程序如下：

```
#include <stdio.h>
void main( )
{   int x,y,z,n = 0;                /* 定义鸡翁、鸡母、鸡雏对应的数据类型变为整型变量 x,y,z */
    printf("买法: \n");
    for(x = 0;x <= 19;x++)          /* 确定公鸡数量 *,讨论可否将 x = 0 改为 x = 1 */
         for(y = 0;y <= 33;y++)     /* 确定母鸡数量,讨论可否将 x = 0 改为 x = 1 */
         {
              z = 100 - x - y;                    /* 确定小鸡数量 */
              if(5 * x + 3 * y + z/3 == 100)      /* 判断 100 钱是否买了 100 只鸡 */
                 {
                   n++;                           /* 计算有多少种买法 */
                   printf("%d %d %d\n",x,y,z);
                 }
         }
    printf("有%d种买法\n",n);
}
```

经典案例二：判断一个数是否为素数。

分析：素数也称质数，是只能被自身和1整除的整数。可以用m表示被判定的数，查找它是否具有2～$\sqrt{m}$之间的约数，若有，则判定不是素数，否则是素数。

程序流程如图4-15所示。

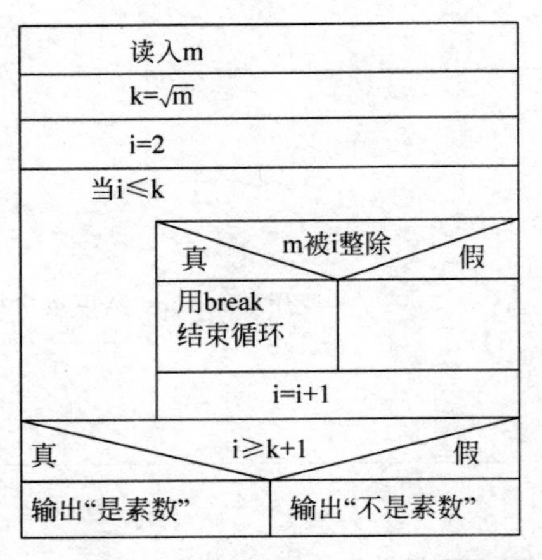

图4-15 判定素数的程序流程图

参考程序如下：

```
#include<stdio.h>
#include<math.h>
void main()
{
  int m,i,k;
  scanf("%d",&m);
  k=(int)sqrt(m);
  for(i=2;i<=k;i++)
    if(m%i==0) break;        /*找到一个约数即可判定不是素数,而退出循环*/
    if(i>=k+1)
      printf("%d is a prime number\n",m);
  else
      printf("%d is not a prime number\n",m);
}
```

拓展：求给定范围的数，例如，100～200的全部素数。

参考程序如下：

```
#include<stdio.h>
#include<math.h>
void main()
{
  int m,i,k,n=0;
  for(m=101;m<=200;m=m+2)          /*限定了m的取值范围是100～200的所有奇数*/
    {
```

```
        k = (int)sqrt(m);
        for(i = 2;i <= k;i++)
            if(m % i == 0) break;
            if(i >= k + 1)
            {   printf(" % 4d ",m);                 /* 打印找到的素数 */
                n = n + 1;
              if(n % 5 == 0) printf("\n");          /* 控制一行打印 5 个素数 */
            }
    }
}
```

4.5 答疑解惑

4.5.1 循环结构中的细节

疑问：运用循环结构时有哪些细节需要注意？

解惑：细节决定成败。

(1) 运用循环结构时在不该加分号的地方误加分号，例如：

```
for (i = 0;i < 5;i++);
{scanf(" % d",&x);
    printf(" % d",x);}
```

本意是输入 5 个数，每输入一个数后再将它输出。由于 for()后多加了一个分号，使循环体变为空语句，此时只能输入一个数并输出它。

(2) 在 do-while 循环语句的末尾忘了加分号，在编译过程中这不是语法错误，而是逻辑错误。

(3) 在循环体中有多条语句时忘了加{}。

(4) 忽视了 while 和 do-while 语句在细节上的区别。while 循环是先判断后执行，而 do-while 循环是先执行后判断。

4.5.2 多重循环中的变量重名问题

疑问：多重循环的外循环与内循环中的变量可以重名吗？

解惑：外循环与内循环中的变量若是同一个变量名，会构成死循环，应避免内外循环的变量同名。

疑问：在多重循环中，出现了交叉情况，是语法错误吗？

解惑：这不是语法错误，而是逻辑错误，应禁止交叉循环。

4.5.3 循环与选择结构结合应用

疑问：如何灵活运用循环和 switch 选择结构？

解惑：下面举例说明在 switch 选择语句中需要选择 1、2、3、4，如果用户输入 5，则提示错误，但是如何让程序自动重新让用户选择，而不是直接显示“press any key to continue!”?

```
#include<stdio.h>
void main()
{ scanf("%d", &n);
  switch(n)
    {
      case 1 : …
      case 2 : …
      case 3 : …
      case 4 : …
      default: printf("输入错误,请输入 1～4!")
    }
  printf("press any key to continue!")
}
```

解决该问题的正确思路是：在 switch 选择语句之前增加一个 while 循环，用以控制输入次数，只有输入 1～4 才能跳出循环而不重新输入。

```
#include<stdio.h>
void main()
{
    int n = 0;
    while(n<1 || n>4)                 ——→ 控制输入次数
      {
        scanf("%d", &n);
        switch(n)
         {
           case 1 : …
           case 2 : …
           case 3 : …
           case 4 : …
         default: printf("输入错误,请输入 1～4!")
         }
      }
    printf("press any key to continue!")
}
```

由此可见，灵活运用循环和选择程序结构可以有效解决实际问题。

知识点小结

本章介绍循环结构程序设计的思想方法，可以用 for、while、do-while 三种循环语句和两条控制循环转移语句 break 与 continue 实现循环结构。

while 和 do-while 语句适用于循环控制条件给出但循环次数不确定的场合，do while 语句至少执行一次循环体，while 语句可能一次也不执行循环体。

应用 for 循环时要注意控制结构中各个表达式的作用及执行次序。for(表达式 1;表达式 2;表达式 3)中的表达式 1 是初始执行，仅执行一次；接下来执行表达式 2，以判断是否退出循环，如果满足循环条件，则执行表达式 3，改变循环条件，再到表达式 2 进行判断。

break 语句可用在循环语句和 switch 语句中，在 while、do-while、for 循环语句中应当用 break 语句，可使程序终止循环而执行循环后面的语句。通常 break 与 if 语句配合使用，即满足条件时便跳出循环。continue 语句的作用是跳过本次循环剩余的语句而强行执行下一次循环。

利用循环嵌套构造一些复杂循环体时应注意以下问题：

(1) 嵌套的外层循环与内层循环的循环控制变量不能同名，以免造成死循环；

(2) 检查程序中循环次数和循环嵌套的正确性，在给定循环条件时，不仅要考虑循环变量的初始条件，还要考虑循环变量的变化规律，任何一条变化都可能会引起循环次数的变化。

本章的重点是三种循环语句和两条转移语句对程序的循环控制流程，难点是循环嵌套。

习题 4

4.1 单选题

1. 有下列程序：

```
#include <stdio.h>
void main()
{   int k = 5,n = 0;
    while(k > 0)
    {   switch(k)
        {   default:break;
            case 1: n += k;
            case 2:
            case 3: n += k;
        }
       k -- ;
    }
 printf("%d\n",n);
}
```

程序运行后的输出结果是(　　)。

A. 0　　B. 4　　C. 6　　D. 7

2. 下列叙述中，正确的是(　　)。

A. break 语句只能用于 switch 语句中

B. continue 语句的作用是使程序的执行流程跳出包含它的所有循环

C. break 语句只能用在循环体和 switch 语句内

D. 在循环体内使用 break 语句和 continue 语句的作用相同

3. 有下列程序:

```
#include<stdio.h>
void main()
{   int y=10;
    while(y--)
    printf("y=%d\n",y);
}
```

程序运行后的输出结果是(　　)。

A. y=0　　B. y=-1

C. y=1　　D. while 构成无限循环

4. 设变量已正确定义,输入一行字符,下列不能统计出字符个数(不包含回车符)的程序段是(　　)。

A. n=0;while((ch=getchar())!='\n')n++;

B. n=0;while(getchar()!='\n')n++;

C. for(n=0;getchar()!='\n';n++)

D. n=0;for(ch=getchar();ch!='\n';n++);

4.2　填空题

1. 下列程序运行后的输出结果是________。

```
#include<stdio.h>
void main()
{   char c1,c2;
    for(c1='0',c2='9';c1<c2;c1++,c2--)
        printf("%c%c",c1,c2);
}
```

2. 下列程序的功能是计算 s=1+12+123+1234+12345,在画线处填空。

```
#include<stdio.h>
void main()
{   int t=0,s=0,i;
    for(i=1;i<=5;i++}
        { t=i+________;  s=s+t; }
    printf("s=%d\n",s);
}
```

3. 有以下程序:

```
#include<stdio.h>
void main()
 {   int m,n;
     scanf("%d%d",&m,&n);
     while(m!=n)
      {   while(m>n) m=m-n;
          while(m<n) n=n-m;
       }
```

```
    printf("%d\n",m);
}
```

运行程序,输入14　63 <回车>,输出结果是________。

4. 有以下程序:

```
#include<stdio.h>
void main()
 {   int a=1,b=2;
    while(a<6) {b+=a;a+=2;b%=10;}
    printf("%d,%d\n",a,b);
}
```

程序运行后的输出结果是________。

5. 有以下程序:

```
#include<stdio.h>
void main()
{   int c=0,k;
   for(k=1;k<3;k++)
    switch(k)
    {   default:c+=k;
        case 2: c++;break;
        case 4: c+=2;break;
    };
  printf("%d\n",c);
}
```

程序运行后的输出结果是________。

4.3 简答题

1. 简述循环结构程序设计的思想方法。
2. 在C语言中,循环条件如何表示?
3. 循环结构有哪些语句?简述其执行过程。
4. 简述循环结构的嵌套使用方法。
5. 举例说明用循环控制语句解决大学生活中遇到的实际问题。

4.4 编程实战题

1. 韩信点兵。韩信带1500名士兵打仗,战死400～500人,幸存的士兵若3人站一排,多出2人;5人站一排,多出4人;7人站一排,多出6人,韩信很快点出人数:1049。编程验证韩信点出的士兵数量是否正确。

2. 一个数如果恰好等于它的因子之和(除自身外),则称该数为完全数。例如,6的因子有1、2、3,6=1+2+3,则6是一个完数。求1000以内的所有完全数。

3. 俗语说“三天打鱼两天晒网”,假如某人从2018年10月1日开始“三天打鱼两天晒网”,编程求出这人在以后的某一天(例如2028年7月17日)是“打鱼”还是“晒网”。

提示:根据题意可以将解题过程分为3步。

(1) 计算从2019年1月1日开始至指定日期共有多少天。

(2) 由于“打鱼”和“晒网”的周期为5天,所以将计算出的天数用5去除。

(3) 根据余数判断此人是“打鱼”还是“晒网”,若余数为1、2、3,则他在“打鱼”,否则在“晒网”。

该算法属于数值计算算法,利用循环求出指定日期距2018年10月1日的天数,并考虑到循环过程中的闰年情况,闰年二月为29天,平年二月为28天。判断闰年的条件:如果能被4整除并且不能被100整除或者能被400整除,则该年是闰年;否则不是闰年。

4. 用循环语句输出数字金字塔,如图4-16所示。

```
        1
       121
      12321
     1234321
    123454321
   12345654321
  1234567654321
 123456787654321
12345678987654321
```

图4-16 数字金字塔

实验4 循环结构程序设计

本次实验涉及循环条件真假的表示方法,循环控制语句和循环转移语句的执行流程,循环的嵌套;循环结构程序设计。

【实验目的】

(1) 掌握循环结构程序设计的思想与方法;

(2) 熟悉for语句、while语句、do-while语句实现循环的方法;

(3) 掌握break语句与continue语句的使用方法;

(4) 理解循环嵌套及其使用方法;

(5) 掌握用循环实现经典的算法:穷举、累加、累乘、求阶乘、最大公约数求解、判定素数、一元非线性方程求根(牛顿迭代法)。

【实验内容】

一、基础题

1. 抓交通肇事犯。一辆卡车违反交通规则,撞人后逃跑。现场有三人目击事件,但都没有记住车牌号,只记下车牌号的一些特征。甲说车牌中的前两位数字相同;乙说车牌中的后两位数字相同,但与前两位不同;丙是数学家,他说四位车牌号刚好是一个整数的平方。根据以上线索求出车牌号。

(1) 算法分析:按照题目的要求造出一个前两位数相同、后两位数相同且相互间又不同的整数,再判断该整数与另一个整数的平方数是否相等。

(2) 参考程序代码如下:

```
#include <stdio.h>
#include <math.h>
int main()
{
    int i,j,k,c;
    for(i = 1;i <= 9;i++)                          /* i:车号前两位的取值 */
        for(j = 0;j <= 9;j++)                      /* j:车号后两位的取值 */
            if(i!= j)                              /* 判断两位数字是否相异 */
```

```
        {
          k = i * 1000 + i * 100 + j * 10 + j;/ * 计算出可能的整数 * /
          for(c = 31;c * c < k;c++);     / * 判断该数是否为另一整数的平方 * /
          if(c * c == k) printf("Lorry - No. is %d.\n",k);  / * 若是,则打印结果 * /
        }
  }
```

上机编译、运行程序,分析运行结果。

2. 学科竞赛评分。有 9 个评委为学科参赛的选手打分,分数设置为 1～100 分。选手最后得分为:去掉一个最高分和一个最低分,求其余 7 个分数的平均值。编写程序实现。

(1) 算法分析:这个问题的算法关键是如何判断最大值、最小值以及赋初值。

(2) 参考程序如下:

```
#include <stdio.h>
void  main()
 {
   int integer, i, max, min, sum = 0;
   max = - 32768;       / * 假设当前的最大值 max 为整型数的最小值 * /
   min = 32767;         / * 假设当前的最小值 min 为整型数的最大值 * /
   for(i = 1;i < 10;i++)
   {
       printf("input number %d = ",i);
       scanf(" %d",&integer);                  / * 输入评委的评分 * /
       sum += integer;                         / * 计算总分 * /
       if(integer > max)max = integer;         / * 通过比较筛选最高分 * /
       if(integer < min)min = integer;         / * 通过比较筛选最低分 * /
   }
  printf("Canceled max score: %d\nCanceled min score: %d\n",max,min);
  printf("Average score: %d\n",(sum - max - min)/7);
 }
```

上机编译、运行程序,并分析运行结果。

(3) 拓展:上述条件不变,但考虑同时对评委评分进行裁判,即在 9 个评委中找出最客观(即评分最接近平均分)和偏差最大(即与平均分的差距最大)的评委,如何完善程序?

3. 运行下列程序,分析运行结果。

```
#include <stdio.h>
void main ()
  {  int x, i;
     for (i = 1;i <= 100;i++)
       {x = i;
        if (++x % 2 == 0)
          if (++x % 3 == 0)
            if (++x % 7 == 0)
                 printf (" %d\n",x);
        }
  }
```

4. 运行下列程序,分析运行结果。

```
#include < stdio.h >
void main( )
{   int i,j,x = 0;
    for (i = 0;i < 2;i++)
       {  x++;
          for (j = 0;j < = 3;j++)
             {  if (j % 2)  continue;
                   x++;
             }
          x++;
       }
     printf("x = % d\n",x);
  }
```

二、提高题

1. 36 人搬 36 块砖,男搬 4 块,女搬 3 块,2 个小孩抬 1 块,要求一次全搬完,求男、女及小孩各搬多少块。

2. 猜数字游戏。系统产生一个 0～100 的随机整数,用户猜测这个随机整数,如果猜错,则继续猜测;如果猜对,则根据用户猜测的次数 N 的值,给出成绩。用户猜对或输入－1,游戏结束。成绩评定的方法为:

N≤4 次猜中,成绩为 very good;

4＜N≤7 次猜中,成绩为 good;

7＜N≤10 次猜中,成绩为 normal;

N＞10 次猜中,成绩为 poor;

3. 平方反镜数是这样的数:该数的平方与该数的反序数的平方互为反序数,例如 12 是一个平方反镜数,12×12＝144,21×21＝441。编写程序找出 10～99 的平方反镜数。

数组

数组思维导图

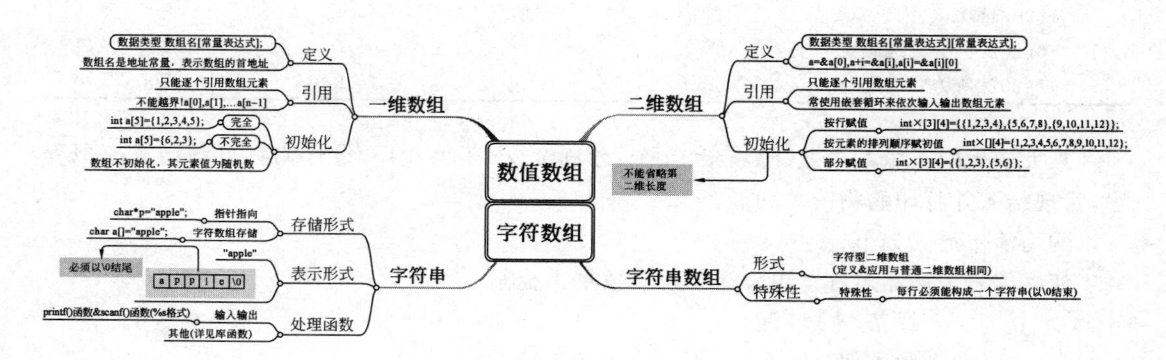

学习任务与目标

1. 掌握数组存储数据的方法；
2. 掌握一维数组、二维数组及字符数组的定义、初始化及引用方法；
3. 掌握数组元素及其类型、数组下标的使用方法；
4. 了解字符数组与字符串的关系；
5. 掌握字符串的输入输出方法；
6. 掌握利用数排序方法：冒泡排序、选择排序。

5.1 为何要用数组编程

5.1.1 引例：自动售货机结算

1. 描述问题

现实生活中超市经营的商品琳琅满目，传统的手工结算任务繁重、效率低下，且容易出差错，如果借助计算机来完成，不仅可以减少人员，而且计算结果准确可靠，结账速度快。校园自动售货机模拟超市中的12种商品进行无人销售，用C语言编写程序解决自动结算问题。

为使结算简化，用商品编号代替智能手机扫描的条形码或二维码，自动销售的商品信息如表5-1所示。

表 5-1 自动销售的商品信息

商品编号	商品名称	单位	单价	库存数量
0(2017A01 二维码)	绿茶	瓶	5.0	100
1(2017A02 二维码)	茶杯	个	20.0	500
2(2018B01 二维码)	牛奶	盒	5.5	100
3(2018B02 二维码)	矿泉水	瓶	2.0	100
4(2019C01 二维码)	晾衣架	个	1.5	1000
5(2019C02 二维码)	毛巾	条	12.0	500
6(2020D01 二维码)	牙刷	支	3.0	300
7(2020D02 二维码)	洗发水	瓶	20.0	200
8(2021E01 二维码)	饼干	盒	16.0	100
9(2021E02 二维码)	啤酒	听	3.5	500
10(2022F01 二维码)	苹果	斤	6.0	100
11(2022F02 二维码)	瓜子	包	10.0	800

某大学生购买绿茶 1 瓶、晾衣架 10 个、牙刷 2 支、苹果 3 斤,设计购物自动结算模拟程序,实现结账并打印购物清单功能。

购物清单形式如下。

商品编号	商品名称	单位	单价	数量	金额
0	绿茶	瓶	5.0	1	5.0
4	晾衣架	个	1.5	10	15.0
6	牙刷	支	3.0	2	6.0
10	苹果	斤	6.0	3	18.0

应付款 44.00 元。

2. 分析问题

首先,需要把要自动销售的所有商品信息存储在计算机中;其次,根据顾客选购的商品编号(扫描二维码),自动查找该商品对应的名称、单价、数量;最后,计算金额、应付款,打印购物清单。

现实生活中还有许多类似的问题,例如,2018 年徐州市举办国际马拉松比赛,有 3 万爱好者报名参加,对参赛运动员的成绩按用时长短的次序自动排序,需要把 30 000 个数据存储起来,需要定义 30 000 个变量吗?仅用前几章学习的 C 语言基本数据类型解决该问题,显然很棘手。因此,需要构造数据类型:数组。

3. 解决问题

根据已定义的一个或多个基本数据类型用构造的方法描述数据,称为构造数据类型。例如数组、结构体、共用体等类型,其中数组是最基本的构造类型。结构体与共用体在后续章节介绍。

1) 算法设计

利用数组可以方便地存储商品信息,例如,商品单价存放于一维数值数组中,商品编号和数量存放于二维数值数组中，商品名称、编码、计价单位存放于二维字符数组中。例如：

```
float  price[12];        /* 定义浮点型一维数组,用于存放商品的单价 */
int    buy[12][3];       /* 定义整型二维数组,用于存放商品编号和数量 */
char goods_name[10][20], goods_unit[10][ 20] ; /* 定义字符型数组,存放商品名称、编码,商品名
                                                  称、单位 */
```

对于顾客购买的第 n 个商品，编号 code 为 buy[n][0]，价格为 price[code]，金额合计为 buy[n][1]，计算应付款 total 是一个累加的过程，实现累加的语句为：

```
code = buy[n][0];
total = total + price[code] * buy[n][1];
```

购物清单除第一行和最后一行外，其余输出的内容分别存储在 code＝buy[n][0]、goods_name[code]、goods_unit[code]和 buy[n][1]中。

2）编写程序

参考程序如下：

```
#include <stdio.h>
#define AMOUNT 12
#define COM_NAME 20
void main()
{  char  goods_name[AMOUNT][COM_NAME] = {"绿茶","茶杯","牛奶", "矿泉水","晾衣架","毛
巾","牙刷","洗发水","饼干","啤酒" , "苹果" ,"瓜子" };
   char  goods_unit [AMOUNT][COM_NAME] = {"瓶","个","盒","瓶","个","条","支", "瓶",
"盒","听","斤","包" };
   float  price[AMOUNT] = {5.0,20.0,5.5,2.0,1.5,12.0,3.0,20.0,16.0,3.5,6.0,10.0 };
   int   buy[AMOUNT][30] = {0},code,n = 0,m;
   float  pay = 0;
   printf("输入购买商品的编号和数量;\n");
   do
   {  scanf("%d%d",&buy[n][0],&buy[n][1]);
      code = buy[n][0];
      n++;
   } while (code >= 0&&code < AMOUNT);      /* 输入商品编号小于 0 表示输入结束 */
   printf("*********************************************************** \n");
                                            /* 打印购物清单 */
   printf(" 商品编号\t 名称\t 单位\t 单价\t 数量\t 金额\n");
   for(m = 0;m < n - 1;m++)                 /* 利用循环语句计算应付总金额 */
   {  code = buy[m][0];
      printf("\t%d\t",code);
      printf("%s\t", goods_name[code]);
      printf("%s\t", goods_unit[code]);
      printf("%.2lf\t", price [code]);
      printf("%d\t", buy[m][1]);
      printf("%.2lf\n", price[code] * buy[m][1]);
      pay = pay + price[code] * buy[m][1]; }
   printf(" 应付款: %.1lf 元 ", pay);
  printf("\n*********************************************************** \n");
}
```

运行结果如图 5-1 所示。

```
C:\JMSOFT\CYuYan\bin\...
输入购买商品的编号和数量;
0 100
1 2
3 300
11 4
-1 0
**************************************************************
 商品编号        名称     单位     单价      数量      金额
        0        绿茶     瓶       5.00      100       500.00
        1        茶杯     个       20.00     2         40.00
        3        矿泉水   瓶       2.00      300       600.00
        11       瓜子     包       10.00     4         40.00
 应付款: 1180.0元
**************************************************************
```

图 5-1　引例程序运行结果

5.1.2　构造数据类型：数组

使用基本类型处理单一的数据比较容易，例如保存一名学生的某一门课程成绩，直接创建一个变量存储对应的分数就能满足要求，但是，如果要同时处理多名同学的多科目对应的成绩，例如 10 名学生有 5 个科目 subject = [“数学”,“语文”,“英语”,“计算机”,“体育”]要存储，对应的成绩 scores= [86,74,83,95,60]也要存储，这样不能很好地表示各个变量之间逻辑对应关系，为了解决这一问题，需要使用数组。

数组(Array)是一组相同类型数据的有序集合，便于用一个标识符能存储、操纵多个或大批数据。使用数组遵循“先定义，后使用”的原则。例如：

```
int ages [100];
```

定义了一个基本类型是整型、变量名为 ages、长度为 100 的一维数组，即数组 ages 含有 100 个元素，可以用来存放 100 名员工的年龄，100 个元素具有相同的数据类型——整型。

C 语言规定，数组通过带[ ]的下标区分各个变量，数组元素的下标从 0 开始。ages [0]、ages [1]、……、ages [99]称为数组元素或下标变量，ages [100]的最大下标是 99，该数组的下标值不能出现 100。

数组按维数可分为一维数组、二维数组、高维数组；按存储的变量类型可分为数值数组和字符数组。例如，存储某班 50 名同学 1 门课程的成绩，可以使用一维数值型数组；如果存储 5 门课程的成绩，可以使用二维数值数组；如果存储姓名、出生地址，可以使用二维字符数组。

5.2　一维数组

5.2.1　一维数组的定义

1. 一维数组定义的格式

类型说明符　数组名[常量表达式];

说明：

(1) 类型说明符。可以是C语言中的基本数据类型(如整型、实型、字符型)或构造数据类型(指针类型、结构体类型、共用体类型,后续章节介绍)中的一种。

在C语言中,一个数组中的所有元素的数据类型都相同(并不是所有计算机语言中数组元素的数据类型都相同,例如Visual Basic语言中的数组就没有这样的要求)。

(2) 数组名。用来统一标识一组相同类型数据的名称,或者说,使一组相同类型的数据具有相同的名称,以便引用数据。

(3) 常量表达式。用方括号[ ]括起来的表达式,表示数组中元素的个数。例如：

```
float price[150];
```

定义一个一维数组price,它含有150个实型元素。也可以理解为,定义150个实型变量,分别是price [0]、price [1]、……、price [149],这150个变量共同拥有数组名price。

定义两个字符型数组name和address,name数组含有10个字符型元素,分别是变量name[0]、name[1]、name[2]、……、name[9],address数组含有20个字符型元素,分别用变量address [0]、address [1]、……、address [19]表示,对应存储20个字符型变量的值。用C语言表示为：

```
char name[10], address[20];
```

2. 定义数组注意事项

(1) 数组名应遵循标识符的命名规则,不能与其他变量名相同。例如：

```
int  e_mail;
char e_mail [12];          /* 定义数组错误,数组名不能与变量名重名 */
```

(2) 数组长度只能用方括号[]括起来,不能使用圆括号或其他括号。例如：

```
int score(30);             /* 定义有误,数组不能使用圆括号 */
```

(3) 方括号中表示数组长度的常量表达式可以是一个正整数、一个符号常量或结果为正整型值的常量表达式。例如：

```
#define  NUM  500          /* 定义 NUM 为符号常量,其值为 500 */
int b['A'], score[NUM];    /* 方括号中字符'A'的 ASCII 码是 65、符号常量 NUM 值为 500 */
char name[5 * 2 + 5];      /* 方括号中表达式结果为正整数 */
```

下述定义是错误的。

```
int a[3.5];                /* 数组长度必须是正整数 */
int num = 50;
int score[num];            /* 定义的数组长度必须是一个确定的数值,不能使用变量 */
```

(4) 数组元素个数必须大于1。例如：

```
int amount [0];            /* 定义是非法的,方括号中的数组长度不能为 0 */
```

(5) 定义数组的同时,可以定义与数组元素同一类型的其他变量或其他数组,需用逗号隔开。例如:

```
int score[50], m, n, arr[10];
```

表示定义整型数组 score 之后,又继续定义整型变量 m、n,以及整型数组 arr。

5.2.2 一维数组的初始化

在定义数组时每个数组元素的值并未确定,C 语言允许在定义数组的同时给数组元素赋值,称为数组的初始化。

一维数组初始化的一般形式为:

类型说明符 数组名[数组长度]={初值1,初值2,…,初值n};

其中,花括号{}内的各初值之间用逗号分隔,初值对应数组元素在内存中排列的先后次序。

说明:

(1) 定义数组时未进行初始化,数组元素也有值,是随机产生的不确定的值。

(2) 定义数组时对全部元素赋初值,初值的个数与数组长度相等,数组长度可以省略。例如:

```
int child [5] = {5,6,7,8,9};
```

可以写成等价形式:

```
int child [ ] = { 5,6,7,8,9};
```

赋值情况如图 5-2 所示。

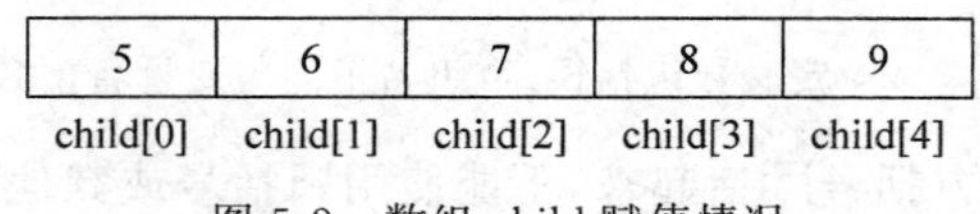

图 5-2 数组 child 赋值情况

(3) 对部分元素赋初值。

若初值的个数小于数组的长度,则花括号内的初值按顺序依次赋给数组前面的部分元素。剩余后面部分元素的值,若是数值型数组,则自动置零;若是字符型数组,则自动置空值。例如:

```
int teenager [5] = {15,17 };
```

赋值情况如图 5-3 所示。

15	17	0	0	0
teenager[0]	teenager[1]	teenager[2]	teenager[3]	teenager[4]

图 5-3 数组 teenager 赋值情况

```
char elder_phone [4] = {'A', 'B', 'C'};
```

赋值情况如图 5-4 所示。

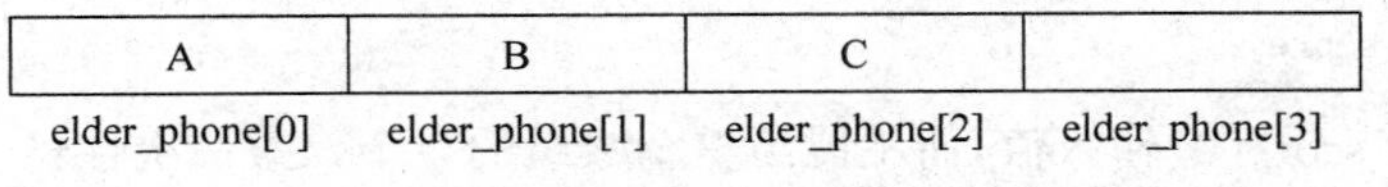

图 5-4 字符型数组 elder_phone 赋值情况

(4) 使一个数值型数组中的全部元素值为 0,可以写成:

```
int   youth [5] = {0,0,0,0,0};
```

或

```
int   youth [5] = {0 };
```

或

```
int   youth [5] = { 0 * 5};
```

后两个语句都是只给出一个初值 0,后四个元素自动置为 0。

若使一维数组中全部元素值为 1,只能写成:

```
int adult [6] = {1,1,1,1,1,1};
```

若改为

```
int adult [6] = {1 * 6};
```

则无法实现。

(5) 数组初值的个数不能超过数组的长度,否则,编译系统报错。例如:

```
int baby [2] = {1,2,3 };   /* 定义错误,赋初值的个数超过数组的长度 */
```

(6) 不能只给出空花括号,花括号内没有任何值。例如:

```
int longevity [5] = { };   /* 定义错误,花括号内没有任何值 */
```

【例 5-1】 解释程序中函数体内语句的含义。

```
#include <stdio.h>
void main()
{
    int score[5] = {11,22,33,44,55};
    scanf("%d",score);
    score = 3;
    printf("%d",score);
}
```

函数体中的语句 1

```
int score[5] = {11,22,33,44,55};
```

表示在定义数组的同时赋初值,数组元素在内存中的存储分布(假设首地址的编号为 2000)如图 5-5 所示。

函数体中的语句 2

```
scanf(" %d",score);
```

表示给数组元素 score[0]输入值,而不能给整个数组的 5 个元素一次性输入 5 个数。

若从键盘输入

```
6 7 8 9 10↙
```

则该数组元素的存储分布如图 5-6 所示。

2000	11	score[0]
2004	22	score[1]
2008	33	score[2]
2012	44	score[3]
2016	55	score[4]

图 5-5 数组初值在内存中的存储分布

2000	6	score[0]
2004	7	score[1]
2008	8	score[2]
2012	9	score[3]
2016	10	score[4]

图 5-6 数组重新赋值在内存中的存储分布

函数体中的语句 3

```
score = 3;
```

错误,因为 score 是数组名,数组名的本质是数组的首地址,即数组所占存储单元的起始地址,是一个常量值,不能被赋值,也不能被改变。

函数体中的语句 4

```
printf(" %d",score);
```

实际上输出的是数组的起始地址十进制值(2000),不是第一个元素的值,也不是整个数组的 5 个元素值。

数组初始化的方法一般有三种:用赋值语句赋初值、用循环语句赋初值、用函数动态赋初值(后续章节介绍)。

5.2.3 一维数组的引用

数组的引用实际上是对数组元素的引用,引用数组元素采用数组名加下标的方式。数组元素只能逐个引用,不能试图通过引用数组名达到一次引用全部元素的目的,数组名代表数组的首地址,并不表示整个数组的值。

引用一维数组元素的一般形式为:

```
数组名[表达式]
```

说明:

(1) 表达式的值是整型。

表达式的值如果是字符型,则自动转成字符对应的 ASCII 码值。

例如:

```
int  m = 10,n = 5;
```

```
float  score[50] ,class['B'];
```

则 score[0]、score[m]、score[m+5]、"score[m+n], class[65];"都是合法的引用形式。

【例 5-2】 用赋值语句给一维数组赋初值，求出数组元素的平均值。

参考程序如下：

```
#include < stdio.h >
void main()
{  float score[5],average;
   score[0] = 80;          /* 对第一个元素赋值 80,第一个元素的下标为 0 */
   score[1] = 85;          /* 对第二个元素赋值 85,第二个元素的下标为 1 */
   score[2] = 79;          /* 对第三个元素赋值 79,第三个元素的下标为 2 */
   score[3] = 82;          /* 对第四个元素赋值 82,第四个元素的下标为 3 */
   score[4] = 90;          /* 对第五个元素赋值 90,第五个元素的下标为 4 */
   average = (score[0] + score[1] + score[2] + score[3] + score[4])/5;
   printf("average is %f\n",average);
}
```

该程序定义一个一维数组 score，长度为 5，通过赋值语句对 5 个元素(score [0]、score [1]、score [2]、score [3]、score [4]赋值)，输出 5 个元素的平均值。

【想一想】 某高校 2019 年有 6780 名大学新生注册，需定义一个一维数组用于保存全体新生入学体检时的身高值(cm)，需要写 6780 条赋值语句吗？如何改进？

(2) 数组定义和数组元素的引用形式类似，但含义不同。

例如：

```
int week[7] = {16,12};
```

week 数组方括号[]中的表达式 7 表示元素的个数，即数组 week 有 7 个元素，分别为：week[0]=16，week[1]=12，…，week[6]=0。

引用时，不存在 week[7]这个元素。

数组元素在内存中是连续排列的，因此，与循环语句一起使用可以更加方便地操作数组。

【例 5-3】 利用循环语句操作数组。

参考程序如下：

```
#include < stdio.h >
#define N 10
void main( )
{  int score[N],sum = 0,average,i,n;
   n = N;
   printf("请输入 %d 位学生的成绩: \n",n);
   for(i = 0;i <= N - 1;i++)      /* 用 for 循环语句输入 N 个元素,计算累加和 */
   {  scanf("%d",&score[i]);
      sum = sum + score[i];
   }
```

```
    average = sum/N;                   /* 求 N 个元素的平均值 */
    printf("%d 位学生的成绩是: \n",n);
    for(i = 0;i <= N - 1;i++)          /* 用 for 循环语句实现数组 N 个元素的输出 */
     printf("% - 4d",score[i]);
    printf("\n");
    printf("平均成绩是: %d\n",average);
}
```

运行结果如图 5-7 所示。

```
C:\JMSOFT\CYuYan\bin\wwtemp.exe
请输入10位学生的成绩:
80 90 85 70 65 89 92 97 85 78
10位学生的成绩分别是:
80  90  85  70  65  89  92  97  85  78
平均成绩是: 83
```

图 5-7 例 5-3 程序运行结果

5.2.4 数组下标越界

引用数组元素若超出数组长度范围,即访问了不属于数组的存储空间称为数组下标越界。例如定义数组"int mobile_phone [10];",若引用 mobile_phone [10]则会出错,即数组下标越界,因为数组下标从 0 开始,到 9 结束。数组下标越界会导致严重的后果。所以平时编程应养成主动检查下标是否越界的良好习惯,避免发生数组越界的错误,因为 C 语言的编译器不检测数组下标是否超出定义范围。

访问 C 语言基本类型的变量,本质上是通过变量的地址访问的。基本类型的变量占用一个或多个字节,所占的第一个字节即称为该变量的地址;访问数组元素时,先找到数组第一个元素的地址,然后通过这个地址再访问数组元素。例如:

```
int flower [50];
```

该数组共分配空间为 4 字节×50=200 字节。数组第一个元素 flower[0]的地址就是数组 flower 的地址,数组第二个元素 flower[1]的地址根据与第一个元素的相对位置计算获得:flower+1×4 个元素所占字节数,第 n 个元素 flower[n−1]的地址是 flower+(n−1)*4 个元素所占字节数。

数组 flower 的首地址假设是 3000H,若对数组 flower[n]进行越界访问,即数组下标出现 flower[n]或 flower[−1],数组元素的空间分配情况如图 5-8 所示。

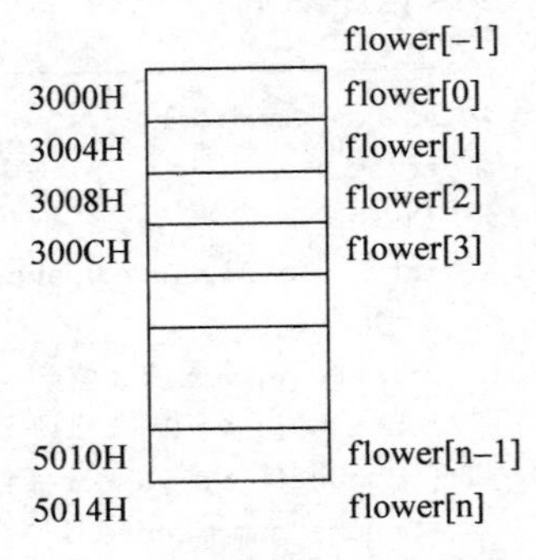

图 5-8 一维数组下标越界的存储情况

编译系统能够根据数组下标算出该变量的地址,如果计算获得的地址是能够被访问的空间,则 flower[n]占用的是 flower[n−1]后面的一个具有相同大小的空间,

flower[－1]占用的是flower[0]前面的一个具有相同大小的空间，可以对它们进行输出或向空间内写入数据，输出时无法预料里面值的大小，且读出的是一个无用的数据；写入时，可能会在无意中更改某一个变量的值，会导致程序崩溃。

【想一想】 编译器为什么不检测数组下标越界？

(1) 为了有效提高程序运行的效率。如果进行检查，那么编译器必须在生成的目标代码中加入额外的代码用于程序运行时检测下标是否越界，会导致程序的运行速度下降。

(2) 为指针操作带来更多的方便。如果自动检查，指针的功能将会大大被削弱。数组标识符里面并未包含该数组长度的信息，只包含地址信息，所以C语言本身无法检查，只能由程序员自己检查。

(3) 不允许数组下标越界，并不是因为界外没有存储空间，而是因为界外的空间内容是未知的。如果界外的空间暂时未被利用，那么可以占用这块内存，如果之前已经存放数据，那么越界过去就会覆盖那块内存，导致严重的错误。

5.2.5 一维数组应用举例

【例 5-4】 从键盘随机输入10个小于1000的整数，存入一维数组randomNnumber[10]中，找出最大数。

分析：假定第一个数组元素为最大数，依次用后面的元素与假定的最大数进行比较，一旦发现比它大的元素，则更新最大数。

参考程序如下：

```
#include <stdio.h>
#define N 10
void main( )
{  int i, max, randomNnumber [N];
   printf("输入小于1000的十个整数是: ");
   for(i = 0; i < N; i++)          /* 用for循环语句给数组赋值 */
      scanf(" %3d", & randomNnumber [i]);
   max = randomNnumber [0];        /* 假定randomNnumber [0]值是最大数 */
   for(i = 1; i < N; i++)          /* 循环9次 */
      if(randomNnumber [i]> max)  max = randomNnumber [i];
   /* 每次用后面的一个元素与max值比较,如果发现有更大的元素,则更新max存储最大值 */
   printf("\nmax = %d\n", max);
}
```

【例 5-5】 将一维数组中n个整数逆序输出。

分析：先通过循环语句给数组输入n个整数，然后将数组中的第一个数值与最后一个数值交换，第二个数值与倒数第二个数值交换，一直进行到中间。

参考程序如下：

```
#include <stdio.h>
#define N 10
void main()
```

```
{   int c[N],i,t;
    printf("请输入 %d 个整数: ", N);
    for(i = 0;i < N;i++)
        scanf(" %d",&c[i]);
    for(i = 0;i < N/2;i++)
        {t = c[i];c[i] = c[N - 1 - i]; c[N - 1 - i] = t;}
                              /* 借助中间变量 t,实现 c[i]与 c[N - 1 - i]的交换 */
    printf("逆序后的数据序列为: ");
    for(i = 0;i < N;i++)           /* 用 for 循环语句实现对每个元素的输出 */
        printf(" %d ",c[i]);
    printf("\n");
}
```

【例 5-6】 用选择法对 10 个整数进行升序排序。

选择排序算法如下。

第一轮：从 n 个数中选出一个最小数,并与第一个数交换,使第一个数成为所有数中的最小数。

若 n 个数都存放在某一个数组中,则从 n 个数中选最小数的方法是：假定第一个元素 a[0]是最小数,用变量 min 记录其下标,然后用 a[min]与 a[1]比较,如果 a[1]比 a[min]小,则更新 min 的值为 1,否则,再用 a[min]与 a[2]比较,如果 a[2]比 a[min]小,则更新 min 的值为 2,…,一直比较到 a[n－1],最后 min 中记录的就是最小数对应的下标。

第二轮：从第二个数开始的 n－1 个数中再选出一个最小数,并与第二个数交换,使第二个数成为剩余数中第二小的数。从 n－1 个数中选最小数的方法与从 n 个数中选最小数的方法相同。

第三轮：重复以上过程,以此类推,直到 n－1 轮比较结束。

显然,在第一轮中对 n 个数要比较 n－1 次,第二轮中对 n－1 个数要比较 n－2 次,…,第 i 轮中对 n－i＋1 个数要比较 n－i 次,n 个数要进行 n－1 轮比较。

参考程序如下：

```
#include <stdio.h>
#define N 10
void main()
{   int i,j,min,t,a[N] ;
    printf("请输入 %d 个需要排序的整数: \n", N);
    for(i = 0;i < N;i++)              /* 用循环语句输入数组中的 10 个元素值 */
        scanf(" %d",&a[i]);
    //用选择法对数组中 10 个数进行排序
    for(i = 0;i < N - 1;i++)
    {   min = i;                      /* 假定下标为 i 的元素是最小数 */
        for(j = i + 1;j < N;j++)      /* 用假定的最小数与其后面的每一个元素进行比较 */
            if(a[min]> a[j]) min = j; /* 一旦发现更小者,则用 min 记录其下标 */
        if(min!= i)
          {t = a[i];a[i] = a[min];a[min] = t;}
                                      /* 找到最小值,如果是数组中的第一个元素,则两者交换 */
```

```
    }
    printf("用选择法排序后的数据是: \n");
    //用 for 循环语句实现对数组中 10 个元素的输出
    for(i = 0;i < N;i++)
       printf(" %d ",a[i]);
    printf("\n");
 }
```

运行结果如图 5-9 所示。

```
C:\JMSOFT\CYuYan\bin\wwtemp.exe
请输入10个需要排序的整数:
5 7 2 6 4 9 8 3 0 1
用选择法排序后的数据是:
0 1 2 3 4 5 6 7 8 9
```

图 5-9 例 5-6 程序运行结果

【例 5-7】 用冒泡法对 10 个整数进行升序排序。

冒泡排序算法：依次比较相邻的两个数，将小数放在前面，大数放在后面。在排序过程中总是小数往前放，大数往后放，相当于气泡往上升，故称为冒泡排序。

第一轮：首先比较第一个数和第二个数，将小数放前，大数放后。然后比较第二个数与第三个数，…，直到比较最后两个数，都是将小数放前，大数放后。n 个数经过 n－1 次两两比较后，最大的数被交换到最后一个位置。

第二轮：在剩余 n－1 个数中，从前两个数开始比较，将小数放在前面，大数放在后面(可能由于第一轮第二个数与第三个数的交换，使得第一个数不再小于第二个数，此时无须交换)，一直比较到倒数第二个数，n－1 个数经过 n－2 次两两比较后，次大数被交换到倒数第二个位置。

重复以上过程，直至最终完成排序。

假设有 5 个数：21　7　6　52　19，冒泡排序过程如图 5-10 所示。

参考程序如下：

```
#include < stdio.h >
#define N 10
void  main( )
{
    int i,j,temp, bubble [N];
    printf("请输入 %d 个需要排序的整数: \n", N);
    for(i = 0;i < N;i++)           //用循环语句实现对数组中 10 个元素的输入
      scanf(" %d,",&bubble [i]);
    for(j = 0;j < N - 1;j++)       //用冒泡法对数组中 10 个数进行排序
      for (i = 0;i < N - 1 - j;i++)
        if(bubble [i]> bubble[i + 1])
         {  temp = bubble[i];  //两两比较时,一旦发现后面的元素比前面元素小,则两者交换
            bubble[i] = bubble[i + 1];
            bubble[i + 1] = temp;
          }
        printf("用冒泡法排序后的数据是: \n");
     for(i = 0;i < N;i++)          //用循环实现对数组中 10 个元素的输出
      printf(" %d ",bubble[i] );
}
```

初 始 序 列： | 21 | 7 | 6 | 52 | 19 |

第一轮比较过程：

第一次比较并交换后： | 7 | 21 | 6 | 52 | 19 |

第二次比较并交换后： | 7 | 6 | 21 | 52 | 19 |

第三次比较未交换后： | 7 | 6 | 21 | 52 | 19 |

第四次比较并交换后： | 7 | 6 | 21 | 19 | 52 |

第二轮比较过程：

第一次比较并交换后： | 6 | 7 | 21 | 19 | 52 |

第二次比较未交换后： | 6 | 7 | 21 | 19 | 52 |

第三次比较并交换后： | 6 | 7 | 19 | 21 | 52 |

第三轮比较过程：

第一次比较未交换后： | 6 | 7 | 19 | 21 | 52 |

第二次比较未交换后： | 6 | 7 | 19 | 21 | 52 |

第四轮比较过程：

第一次比较未交换后： | 6 | 7 | 19 | 21 | 52 |

图 5-10　冒泡排序过程

运行结果如图 5-11 所示。

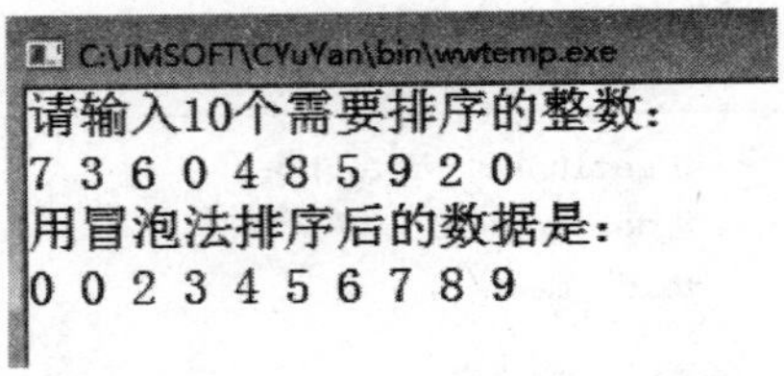

```
C:\JMSOFT\CYuYan\bin\wwtemp.exe
请输入10个需要排序的整数:
7 3 6 0 4 8 5 9 2 0
用冒泡法排序后的数据是:
0 0 2 3 4 5 6 7 8 9
```

图 5-11　例 5-7 程序运行结果

【想一想】 冒泡排序算法是否有改进之处？若有如何改进？

从冒泡排序过程中可以看出，第二轮数据已经排好序，第三轮的每一次比较都没有发生交换，可以说明数据已经排序成功，不必要进行第四轮的比较。对此进行优化改进，可以减少排序的次数。

改进冒泡排序的方法：设置一个能表示交换状态的变量 flag，在每一轮开始前，使其初始状态为 1，在第 i 轮中，只要发生交换，就改变 flag 的状态，使其变为 0。如果在第 i 轮结束后，flag 的值始终是 1，说明第 i 轮中未发生交换，也就是说，这一轮之前已经排好序，没有必要再进行下一轮比较。

改进后的冒泡排序程序段如下：

```
for(j = 0;j < N - 1;j++)
 {  flag = 1;                    /* flag 初值设置为 1 */
    for (i = 0;i < N - 1 - j;i++)
      if(bubble [i]> bubble[i + 1])  /* 两两比较时，一旦发现后面的元素比前面元素小，则交换 */
      { temp = bubble[i]; bubble[i] = bubble[i + 1]; bubble[i + 1] = temp;
        flag = 0;                 /* 一旦发生交换 flag 就更改为 0 */
```

```
        }
        if(flag == 1) break;
                        /* 若 flag 仍然为 1,则说明未发生交换,即数据已排好序,循环可退出 */
    }
```

5.3 二维数组

5.3.1 二维数组的定义

在现实生活中,需要处理二维表格中的数据。例如,气象员为了找出某一地区近十年的降水量规律,需要统计每年的总降水量,计算年平均降水量、月平均降水量。使用二维数组处理这类数据很方便。

二维数组定义格式如下:

类型说明符 数组名[常量表达式 1][常量表达式 2];

例如:

```
float  year_rain [10][12];
```

定义一个二维数组 year_rain,含有 10 行 12 列,数组元素分别为:

```
year_rain[0][0],year_rain[0][1],year_rain[0][2], … ,year_rain[0][11]
year_rain[1][0],year_rain[1][1],year_rain[1][2], … ,year_rain[1][11]
⋮
year_rain[9][0],year_rain[9][1],year_rain[9][2], … ,year_rain[9][11]
```

每个数组元素都是一个浮点型变量,也就是说,这个二维数组可以存储 10×12 个月=120 个月的降水量。

在定义二维数组时,不要把行数和列数写在同一个方括号内。

例如,下列定义是错误的。

```
int a[3,4];
float b[4,5];
```

二维数组元素按行的顺序依次连续存放,因此,二维数组可以看作由一维数组嵌套构成,可以降维处理。例如,二维数组 year_rain[10][12]降维成一个特殊的一维数组 year_rain[0],包含 year_rain[0]、year_rain[1]、…、year_rain[9] 10 个元素,这 10 个元素分别内嵌一个包含 12 个元素的一维数组,12 个元素分别由数组名 year_rain[0]加下标[0]、[1]、[2]、……、[11]构成:year_rain[0][0]、year_rain[0][1]、……、year_rain[0][11];year_rain[1]、year_rain[2]以此类推。

注意:year_rain 是二维数组的数组名,是地址常量。同样,year_rain[0]、year_rain[1]、…、year_rain[9]分别是 10 个一维数组的数组名,也是地址常量,不能当作变量使用。其中,year_rain[0]既是二维数组 year_rain 的元素,又是一维数组名。

5.3.2 二维数组初始化及其在内存中的存储

二维数组初始化的一般形式：

```
数据类型 数组名[常量表达式1][ 常量表达式2] = {初始化值};
```

二维数组初始化有两种方式：一种方式是按行分段赋值；另一种方式是不分段连续赋值。

1. 二维数组按行分段初始化

(1) 按行分段给全部元素赋初值。

例如：

```
int sheet [2][3] = {{3,2,1},{6,5 }};
```

在内存中的存储情况如图 5-12 所示。

3	2	1	6	5	0
sheet[0][0]	sheet[0][1]	sheet[0][2]	sheet[1][0]	sheet[1][1]	sheet[1][2]

图 5-12 按行分段给二维数组全部元素赋初值及其在内存中的存储情况

(2) 按行分段对部分元素赋初值。

二维数组部分元素赋初值分为两种情况：对所有行的部分元素赋初值和对部分行的部分元素赋初值。

① 对所有行的部分元素赋初值。

例如：

```
int a[3][4] = {{1},{5},{9,6}};
```

在内存中的存储情况如图 5-13 所示。

1	0	0	0	5	0	0	0	9	6	0	0
a[0][0]	a[0][1]	a[0][2]	a[0][3]	a[1][0]	a[1][1]	a[1][2]	a[1][3]	a[2][0]	a[2][1]	a[2][2]	a[2][3]

图 5-13 按行分段给二维数组部分元素赋初值后的内存中的存储情况

② 对部分行的部分元素赋初值。

例如：

```
int b[3][4] = {{1},{5,6}};
```

在内存中的存储情况如图 5-14 所示。

1	0	0	0	5	6	0	0	0	0	0	0
b[0][0]	b[0][1]	b[0][2]	b[0][3]	b[1][0]	b[1][1]	b[1][2]	b[1][3]	b[2][0]	b[2][1]	b[2][2]	b[2][3]

图 5-14 按行分段给二维数组部分行的部分元素赋初值后的存储情况

注意：给二维数组部分元素赋初值时不能出现空花括号{}，例如：

```
int b[3][4] = {{1},{},{7,8}};        /* 赋值错误,不能出现空的花括号{} */
```

(3) 可以省略第一维长度，但第二维不能省。系统依据内层花括号的个数确定第一维的长度。

例如：

```
int c[ ][4] = {{0,0,3},{0},{0,10}};
```

定义了一个三行四列的数组，存储情况如图 5-15 所示。

0	0	3	0	0	0	0	0	0	10	0	0
c[0][0]	c[0][1]	c[0][2]	c[0][3]	c[1][0]	c[1][1]	c[1][2]	c[1][3]	c[2][0]	c[2][1]	c[2][2]	c[2][3]

图 5-15　分段且省略第一维长度赋初值后的存储情况

2. 不分段连续赋值

不分段连续赋值是将所有初值写在一个花括号内。可以对全部元素赋初值，也可以对部分元素赋初值。

(1) 对全部元素赋初值。

```
int m[2][3] = {1,2,3,4,5,6};
```

存储情况如图 5-16 所示。

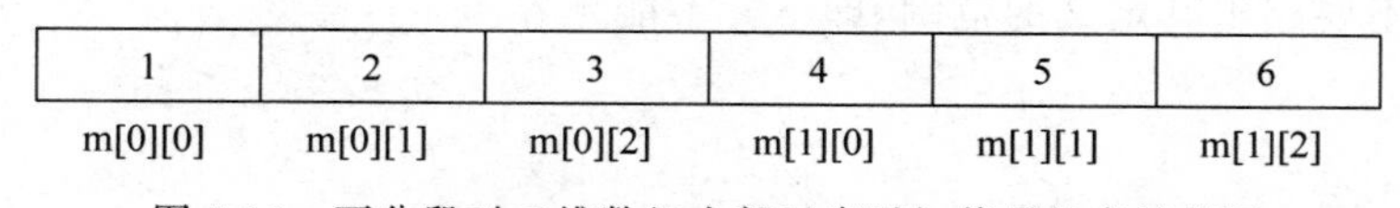

图 5-16　不分段对二维数组全部元素赋初值后的存储情况

(2) 对部分元素按顺序赋初值。例如：

```
int n[2][3] = {1,2,4};
```

把花括号{ }内的初值 1、2、4 依次赋给数组前面的元素，后面未赋值的元素自动设置为 0。

存储情况如图 5-17 所示。

1	2	4	0	0	0
n[0][0]	n[0][1]	n[0][2]	n[1][0]	n[1][1]	n[1][2]

图 5-17　不分段对二维数组部分元素赋初值后的存储情况

(3) 可以省略第一维的长度，不能省略第二维的长度。系统依据初值的个数和第二维的长度自动算出第一维的长度，即初值个数整除以第二维长度，无余数时，商为行数；有余数时，商加 1 为行数。

例如：

```
int f[ ][4] = {1,2,3,4,5,6,7,8,9,10,11,12};
```

等价于

```
int f[3][4] = {1,2,3,4,5,6,7,8,9,10,11,12};
```

再如：

```
int f[ ][3] = {101,202,303,404,505};
```

等价于

```
int f[2][3] = { 101,202,303,404,505};
```

5.3.3 二维数组的引用

引用二维数组元素的一般形式：

数组名[行下标][列下标]

其中，[行下标]、[列下标]可以为整型、字符型或浮点型的常量表达式或变量表达式，最后的下标结果值都被转换为整型值。

例如，a[1][2]、a[2－1][2 * 2－1]、a[i][j]、a[i＋3][j－2]都是合法的引用。

引用二维数组元素时注意：

(1) 两个下标不能写到同一个方括号内。

例如，a[2,3]、a[2－1,2 * 2－1]都是错误的引用形式。

(2) 二维数组元素下标的起始值从 0 开始。

(3) 下标不要超出其定义的范围，即下标不能越界。

例如：

```
int a[2][3];
a[2][3] = 5;
```

是错误的数组元素引用形式，因为下标越界。

(4) 二维数组的元素是变量，与基本类型变量一样，可以出现在表达式中，也可以被赋值。

例如：

```
b[1][2] = a[1][2]/2;
```

5.3.4 二维数组程序举例

【例 5-8】 将一个 4×4 矩阵转置。

分析：矩阵转置是把行变为列，列变为行。若有数组 a[i][j]，则转置后的新数组为 a[j][i]。

参考程序如下：

```
#include < stdio.h >
void main( )
```

```
{  int a[4][4], i, j, t;
   printf("请输入一个4×4的矩阵:\n");
   for(i=0;i<4;i++)   /*用循环嵌套实现二维数组数据的输入,外层for循环语句控制行*/
    for(j=0;j<4;j++) /*内层for循环语句控制列*/
       scanf("%d",&a[i][j]);
   for(i=0;i<4;i++)   /*用循环嵌套实现转置,即a[i][j]与a[j][i]互换*/
     for(j=0;j<i;j++)
     {  t=a[i][j];
       a[i][j]=a[j][i];
       a[j][i]=t;
     }
   printf("转置后的矩阵是:\n");
  for(i=0;i<4;i++)    /*用循环嵌套实现转置后的二维数组的输出*/
  { for(j=0;j<4;j++)
       printf("%-3d",a[i][j]);
     printf("\n");
  }
}
```

运行结果如图5-18所示。

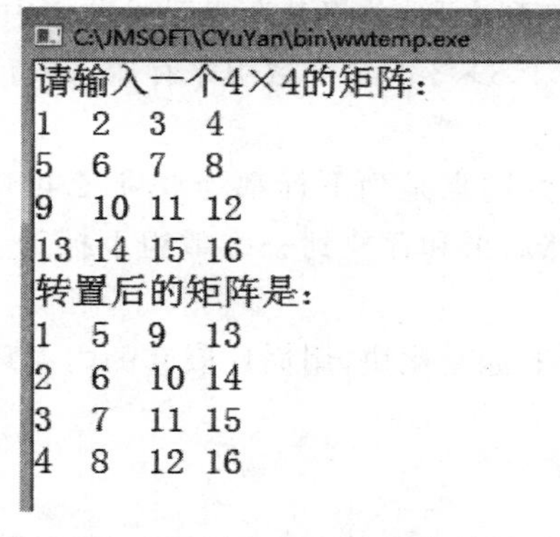

图5-18　例5-8程序运行结果

可以把实现转置的for循环嵌套修改成下面的代码,注意分析两者的区别。

```
for(i=0; i<3 ; i++)
  for(j=i+1; j<4 ; j++)
    { t=a[i][j]; a[i][j]=a[j][i]; a[j][i]=t; }
```

【想一想】 能否把实现转置的for循环嵌套修改成下面的代码?上机运行观察修改后的结果。

```
for(i=0; i<4 ; i++)
    for(j=0; j<4 ; j++)
      { t=a[i][j]; a[i][j]=a[j][i]; a[j][i]=t; }
```

【例5-9】 求二维数组中最大元素值及其行列号。

分析:二维数组a最大的元素假定是a[0][0],把它存入变量max中,依次用后面的每一个元素与 max 比较,如果发现比 max 大的元素,则更新 max 值,同时用相应变量记录最大值所在的行号和列号。

参考程序如下:

```
#include <stdio.h>
void main()
{  int a[3][4] = {{1,2,3,4}, {9,8,7,6},{-10,10,-5,2}};
   int i,j,row = 0,colum = 0,max; /* 定义变量 row、colum 分别记录最大元素所在行号和列号 */
   max = a[0][0]; /* 假定 a[0][0]是最大元素,其所在行号和列号已记录在变量 row 和 colum 中 */
   //用 for 循环嵌套访问二维数组中的每一个元素,并与当前的最大值 max 比较
   for(i = 0;i <= 2;i++)
      for(j = 0;j <= 3;j++)
         if(a[i][j]> max)  /* 若发现更大的元素,则记录其最大值及所在行号、列号 */
         {  max = a[i][j];
            row = i;
            colum = j;
         }
   printf("max = %d,row = %d,colum = %d\n",max,row,colum);
}
```

【例 5-10】 求 3×3 矩阵各列之和,并将其存入一维数组中。

分析:3×3 矩阵可以用一个 3×3 的二维数组来存放,共有三列,求出三个和,用长度为 3 的一个一维数组存储。

矩阵中第一列所有元素的共同点是列下标都为 0,那么可以使列下标为 0,行下标从 0 变到 2 的三个元素累加求和,然后把和存放到一维数组下标为 0 的第一个元素内。类似地处理第二列和第三列。

求和时,列下标变化慢,行下标变化快,用循环嵌套的内循环控制行下标,外循环控制列下标。

参考程序如下:

```
#include <stdio.h>
void main( )
{  int a[3][3], i, j, x[3];
   printf("请输入一个三行三列的矩阵:\n");
   for(i = 0;i < 3;i++)
     for(j = 0;j < 3;j++)
         scanf("%d",&a[i][j]);
   for(i = 0;i < 3;i++)
   {  x[i] = 0;                          /* 列的和存放在数组 x 中,每一列的和初值设为 0 */
      for(j = 0;j < 3;j++)
         x[i] = x[i] + a[j][i];
      printf("第%d列的和为: %d\n",i,x[i]);   /* 每一列的和求出后,立即输出该列和 */
   }
}
```

注意:在增加数组的维数时,数组所占的存储空间大幅度增加,所以要慎用高维数组。

【数组拓展】 高维数组。

C 语言允许定义超过两个下标的数组，这样的数组称为高维数组。高维数组仅适用某些特殊场合的数据处理。

高维数组定义的格式为：

```
类型说明符 数组名[常量表达式 1][常量表达式 2] [……] [常量表达式 n];
```

例如：

```
int  building [2][4][5];
```

表示定义一个三维数组，可以想象为一座立体建筑物的房间编号，用三个下标唯一表示一个房间。

高维数组在定义时初始化的一般形式为：

```
类型说明符 数组名[常量表达式 1][常量表达式 2] [...] [常量表达式 n] = {初始化数据};
```

访问高维数组元素的形式：

```
数组名[下标 1][下标 2]...][下标 n]
```

高维数组元素个数＝各常量表达式数值的乘积。

高维数组占用内存空间＝元素个数×单个元素所占内存空间

一般来说，高维数组会使程序调试和维护的复杂度增加。因此，在实际应用中，常用一维、二维数组。

5.4 字符数组

5.4.1 字符数组的定义

用于存储字符数据的数组称为字符数组，字符数组中的一个元素只能存放一个字符。字符数组可分为一维数组和二维数组。

一维字符数组的定义形式：

```
char  数组名[常量表达式];
```

二维字符数组的定义形式：

```
char  数组名[常量表达式 1][常量表达式 2];
```

其中，方括号内的常量表达式可以是整型、字符型直接常量（字面常量）、符号常量（非字面常量）或含运算符的常量表达式。

例如：

```
char name[20];
char telephone [5][3 + 8];
```

5.4.2 字符数组的初始化

字符数组允许在定义数组时赋初值,即初始化。

字符数组初始化有两种方法:逐个字符赋初值和用字符串常量整体赋初值。其中逐个字符赋值时,花括号内的字符初值需要用单引号引起来。

例如:

```
char song [10] = { 'I',' ','l','o','v','e',' ','C'};
```

一维字符数组赋值后各元素在内存中的存储情况,如图 5-19 所示。

I		l	o	v	e		C	\0	\0
song[0]	song[1]	song[2]	song[3]	song[4]	song[5]	song[6]	song[7]	song[8]	song[9]

图 5-19 一维字符数组 song 在内存中的存储情况

```
char country [3][10] = {{ 'C','h','i','n','a'},{'A','m','e','r','i','c','a'},{'E','n','g','l','a',
'n','d'}};
```

等价于

```
char country [3][5] = { "China","America","England"};
```

二维字符数组赋值后在内存中的存储情况如图 5-20 所示。

	0	1	2	3	4	5	6	7	8	9
0	C	h	i	n	a	\0	\0	\0	\0	\0
1	A	m	e	r	i	c	a	\0	\0	\0
2	E	n	g	l	a	n	d	\0	\0	\0

图 5-20 二维字符数组 country 在内存中的存储情况

说明:

(1) 定义字符数组时如果未初始化,则数组中各元素的值不确定。

(2) 赋初值个数(即花括号内的字符个数)如果大于数组长度,则按语法错误处理。

(3) 给字符数组全部元素赋初值的方法等同数值数组。

(4) 给字符数组部分元素赋初值,未赋初值的元素自动置为空字符('\0'),'\0'的 ASCII 码值为 0。

(5) 省略字符数组第一维长度时的处理方法与数值数组相同。

5.4.3 字符数组的引用

字符数组的引用实质是引用数组元素,引用的方式如下:

一维字符数组元素的引用形式为:

```
数组名[下标]
```

二维字符数组元素的引用形式为：

```
数组名[行下标][列下标]
```

【例 5-11】 使用二维字符数组输出一个钻石图形。

参考程序如下：

```
#include<stdio.h>
void main()
{  char diamond[ ][5]={{' ',' ','*',' ',' '},{' ','*',' ','*',' '},{'*',' ',' ',' ','*'},{' ',
'*',' ','*',' '},{' ',' ','*',' ',' '}};
   int i,j;
   for(i=0;i<5;i++)
   {  for(j=0;j<5;j++)
          printf("%c",diamond[i][j]);
      printf("\n");
   }
}
```

【课堂讨论】 要求输出 3 个钻石图形，如何改写程序？

5.4.4 字符数组的输入输出

1. 字符数组存储字符串

C 语言没有提供专门的字符串变量存储字符串。存储字符串实质上存储的是字符串中的每一个字符，因此，可以借助字符数组存储字符串。

通常，用一个一维字符数组存放一个字符串，二维字符数组存放多个字符串，行数决定字符串的个数，列数决定字符串的长度。

1）字符串常量

用双引号" "引起来的字符称为字符串常量，例如，"苏 C－SS858"是一个字符串。系统对字符串常量会自动加一个'\0'作为结束标志的串尾符，'\0'以%c 格式输出时，不显示任何内容，但会占一列。有了'\0'，可以很方便地测试字符串的长度，即统计第一个'\0'前面的字符个数，就是字符串的长度。

注意：空格字符' '(单引号内有一个空格)不同于空字符('\0')，空格字符的 ASCII 码值为 32。

字符数组存储字符串，除了存储字符串的有效字符外，还要存储字符串的结束标志'\0'，方便判断字符串是否结束。当然，对于字符数组本身，C 语言并不要求它一定要包含串尾符'\0'。

2）用字符串常量对字符数组整体赋初值

既然字符数组可以用来存储字符串，那么对字符数组初始化时可以用字符串常量对其整体赋初值。

例如：

```
char str[] = {"C program "};
```

或去掉{},写成如下形式:

```
char str[] = "C program";
```

都是合法的。

因为系统会给字符串常量自动加一个串尾符'\0',所以,给字符数组赋初值就是把字符串的有效字符'C'、' '、'p'、'r'、'o'、'g'、'r'、'a'、'm'和系统自动添加的'\0'赋给数组 str。

可见,用字符串方式赋值比用字符逐个赋值要多一个字节长度,多的一个字节用于存放字符串结束标志'\0'。

数组 str 在内存中的存储情况如图 5-21 所示。

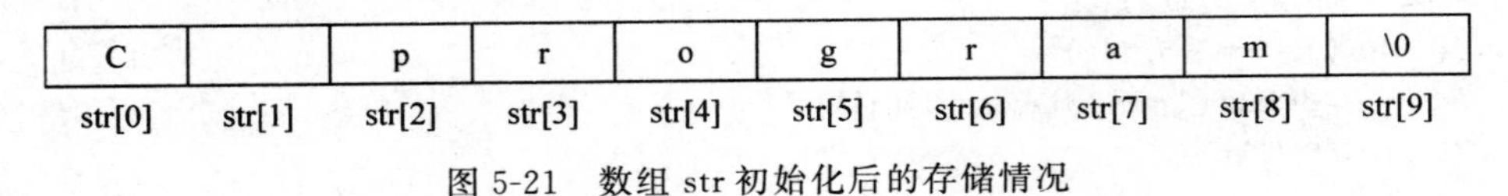

图 5-21 数组 str 初始化后的存储情况

【想一想】 字符数组的长度等于数组中字符串的长度吗?

字符数组的长度是指数组实际所占的内存空间,可以使用运算符 sizeof 求出长度。例如,sizeof(str)的值是 10。

字符串的长度是指字符串的有效字符个数,即第一个'\0'前面的所有字符的个数,可以通过库函数 strlen()求得。例如,strlen(str)的值是 9。

参考程序如下:

```
#include <stdio.h>
#include <string.h>
void main()
{   char vc1[10] = "Vc++2010";
    char vc2[10] = {'V','c','+','+','2','0','1','0','0','0'};
    char tc1[] = "Tc2.0",tc2[] = {'T','c','2','.','0'};
    printf(" %d %d\n",sizeof(vc1),strlen(vc1));
    printf(" %d %d\n",sizeof(vc2),strlen(vc2));
    printf(" %d %d\n",sizeof(tc1),strlen(tc1));
    printf(" %d",sizeof(tc2));
}
```

运行后的输出结果为:

```
10 8
10 10
6 5
5
```

在用字符串对字符数组赋初值时,无须指定数组的长度,由系统自行处理。

2. 字符数组中字符串的输入输出

对字符数组中的字符串输入输出,可以用循环语句逐个字符进行输入输出,也可以用输入函数 scanf()一次性向字符数组中输入字符串,使用输出函数 printf()一次性输出字符数组中的字符串,还可以使用专门的字符串处理函数。

1) 字符串的输出

可以使用 printf()以%s 格式输出一个字符串。

形式:printf("%s",字符数组的地址);

功能:从该地址开始,直到第一个'\0'前的每个字符输出。

例如:

```
char str[] = {"Hot"};
printf("%s\n",str);
```

输出结果为:

```
Hot
```

说明:

(1) 在 printf( )函数中,与%s 对应的输出项要求是一个地址。

上例中的输出函数不能写为"printf("%s\n",str[]);"或"printf("%s\n ",str[0]);"。但可以写为"printf("%s\n ",&str[0]);"。

若有"printf("%s\n ",&str[1]);",表示输出从数组元素 str[1]所在地址开始的字符串,则其输出结果为:ot。

(2) 输出时遇到第一个'\0'就结束,且输出的字符中不包括'\0'。

例如:

```
char str[] = {"True\0or\0False"};
printf("%s",str);
```

输出结果为:

```
True
```

又如:

```
char str[] = {"True\0or\0False"};
for(i = 0;i < 13;i++)
   printf("%c",str[i]);
printf("?");
```

请读者分析输出结果。

2) 字符串的输入

可以用 scanf( )函数以%s 格式说明符输入一个字符串。

形式:scanf("%s",地址);

功能:从键盘输入的字符串(包括字符串结束标志'\0'),依次存入以该地址为首地址的内存空间。

例如:

```
char str[7];
scanf("%s",str);
```

从键盘输入：VS2010↙
则数组 str 在内存中的存储情况如图 5-22 所示。

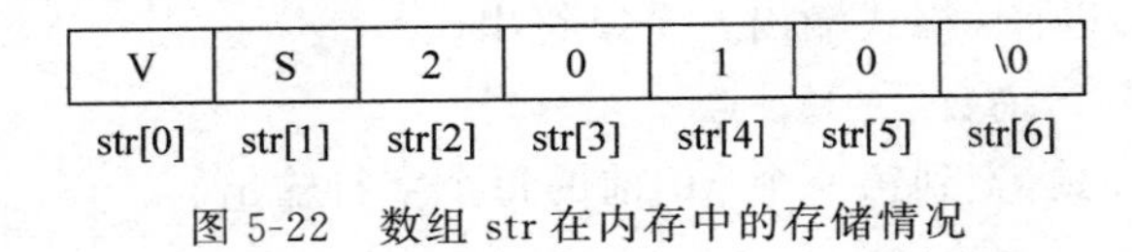

V	S	2	0	1	0	\0
str[0]	str[1]	str[2]	str[3]	str[4]	str[5]	str[6]

图 5-22　数组 str 在内存中的存储情况

通常，输入的字符串应短于已定义字符数组的长度。

说明：用 scanf( )函数以格式说明符%s 输入字符串时，空格、Enter 键或 Tab 键都被作为字符串的分隔符。也就是说从键盘输入字符串时，输入空格，按 Enter 键或 Tab 键，都表示一个字符串的输入结束。

例如：

```
char str[20];
scanf("%s",str);
printf("%s\n",str);
```

执行程序时，若通过键盘输入：

```
Nice to meet you!
```

则程序继续执行后的输出结果为：

```
Nice
```

从输出结果可以看出，第一个空格以后的字符没有被写入数组，所以未能输出。

为了避免这种情况，可以使用字符串处理函数 gets()，或多定义几个字符数组来分段存放含空格的串。

5.4.5　常用字符串处理函数

C 语言的库函数提供一些字符串处理函数，用来实现字符串进行的输入、输出、连接、比较、转换、复制等功能，以减轻程序员编程负担。

注意：在使用字符串输入输出库函数时，应包含头文件"stdio.h"；使用字符串处理函数，则应包含头文件"string.h"。使用数学函数或其他函数，应包含头文件参见附录 A。

常用的字符串处理函数如下。

1. 字符串输出函数 puts( )

形式：puts (字符串)

功能：把字符串(以'\0'结束的字符序列)输出到终端，输出完毕换行。

说明：括号内的字符串可以是字符串常量，也可以是字符串的首地址，如字符数组名、数组元素的地址或者指针变量(第 7 章介绍指针)。puts()函数中的字符串中也可以包含转义字符。

例如，分析下列程序的运行结果。

```
#include <stdio.h>
#include <string.h>
void main()
{
  char str[] = {"«The C Programming Language»\n Brian W.Kernighan& Dennis M.Ritchie "};
  puts(str);
}
```

2. 字符串输入函数 gets( )

形式：gets (字符数组)

功能：输入一个字符串，写入字符数组，得到一个函数值，即该字符数组的首地址。

例如：

```
char str[20];
gets(str);
puts(str);
```

若从键盘输入：

```
Nice to meet you!↙
```

则字符数组 str 的存储情况如图 5-23 所示：

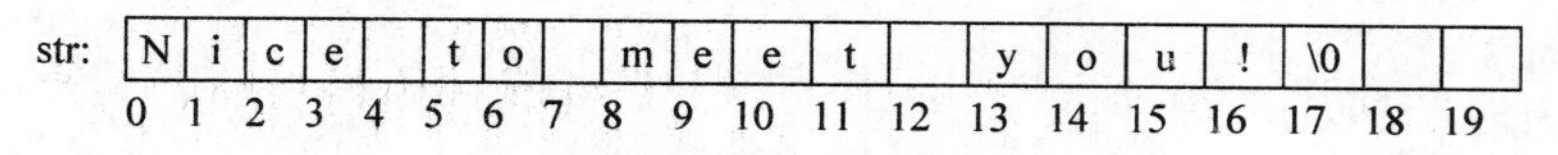

str:	N	i	c	e		t	o		m	e	e	t		y	o	u	!	\0		
	0	1	2	3	4	5	6	7	8	9	10	11	12	13	14	15	16	17	18	19

图 5-23　字符数组 str 的存储情况

输出结果为：

```
Nice to meet you!
```

可以看出，当输入的字符串中含有空格时，空格能被读取并写到数组内，说明 gets()函数并不以空格作为字符串输入结束的标志，事实上 gets( )函数只以回车符(Enter 键)作为输入结束标志。这是与 scanf()函数的不同之处。

3. 字符串连接函数 strcat( )

形式：strcat (字符数组 1,字符串 2)

功能：把字符串 2 连接到字符数组 1 的后面，并删去字符数组 1 后的串尾符'\0'。函数的返回值是字符数组 1 的首地址。

说明：第一个参数要求是字符数组名，第二个参数可以是字符数组名、字符串常量或指针变量。

例如：

```
#include <stdio.h>
#include <string.h>
```

```
void main()
{
  char str1[20] = "Hello!",str2[] = "John";
  strcat(str1,str2);
  strcat(str1,"!");
  puts(str1);
}
```

输出结果为：

```
Hello!John!
```

本程序把初始化赋值的字符数组 str1 与 str2 连接起来，存放在 str1 内，然后把字符数组 str1 与字符串常量"!"连接起来。

注意：字符数组 1 的长度应定义足够长，否则不能放入连接后的全部字符串。

【例 5-12】 编程模拟实现库函数 strcat()的功能。

分析：函数 strcat()实现的是两个字符串的连接，第二个字符串的第一个字符应该放置在第一个字符串的第一个'\0'的位置，所以需要先找到这个'\0'，从这个'\0'开始的位置复制第二个字符串。

参考程序如下：

```
#include <stdio.h>
void main( )
{  char s[80],t[80];
   int i, j;
   printf("输入需要连接的第一个字符串：");
   gets(s);
   printf("输入需要连接的第二个字符串：");
   gets(t);
   for(i = 0;s[i]!= '\0';i++); /* 寻找 s 数组中的第一个'\0' */
   for(j = 0;t[j]!= '\0';j++) /* 从 s 数组的第一个'\0'的位置开始写入 t 数组中的每一个字符 */
      s[i + j] = t[j];
   s[i + j] = '\0';
   printf("连接后的字符串为：");
   puts(s);
}
```

读者自行上机编译，观察运行结果。

4. 字符串复制函数 strcpy( )

形式：strcpy (字符数组 1,字符串 2);

功能：把字符串 2 完整地复制到字符数组 1 中，串结束标志'\0'也一同复制。

说明：第一个参数必须是一个字符数组名，第二个参数可以是字符数组名、字符串常量或指针变量。字符数组 1 应有足够的长度，否则不能放入所复制的全部字符串。

例如：

```
#include <stdio.h>
#include <string.h>
void main()
{
  char str1[50],str2[] = "Input an ideal program, ";
  strcpy(str1,str2);
  strcpy(str1," output of a happy life!");
  puts(str1);
}
```

输出结果为：

```
output of a happy life!
```

注意：不能用赋值语句将一个字符串常量或字符数组直接赋值给一个字符数组。

例如，下面两行都是不合法的：

```
str1 = "Orange";   /* 数组名是地址常量,不能直接被赋值 */
str1 = str2;       /* 两个数组名不能直接被赋值,可以用 strcpy()函数将一个字符数组中的字符
                      串复制到另一个字符数组中 */
```

【看一看】 复制后的数组真面目。

用 strcpy(c1,c2)进行字符串复制时，如果原来的数组字符串 c1 比 c2 长，那么复制后的 c1 数组内是什么内容？多余的字符能否保留？用下面的小程序测试，揭开其真面目。

```
#include <stdio.h>
#include <string.h>
void main( )
{   int i;
    char c1[22] = "we should study hard!",c2[] = "C is interesting!";
    printf("%s\n",c1);
    strcpy(c1,c2);
    printf("%s\n",c1);
    for(i = 0;i < 22;i++)
        printf("%c",c1[i]);
    printf("\n");
}
```

观察运行结果，可以看出，c1 数组中只是前面若干字符被 c2 中字符替代，c1 后面空间保留原有的字符。

5. 字符串比较函数 strcmp( )

形式：strcmp(字符串 1,字符串 2)

功能：比较字符串 1 和字符串 2 的大小，由函数返回值返回比较结果。

如果字符串 1＝字符串 2，则函数返回值为 0；

如果字符串 1＞字符串 2，则函数返回值为一个正整数(1)；

如果字符串 1＜字符串 2，则函数返回值为一个负整数(－1)。

比较规则：对两个字符串自左向右逐个字符相比较(按字符的ASCII码值大小比较)，直到出现不同的字符或遇到'\0'为止。如果字符全部相同，则认为两个字符串相等，函数返回值为0；如果出现不相同的字符，则以第一个不相同字符的比较结果作为整个字符串的比较结果，通常把第一个不相同字符的ASCII码值的差值作为返回值。

说明：字符串1和字符串2既可以是字符数组名，也可以是字符串常量或指针变量。

例如：

```
int x;
char str1[] = "Hello,Jack!",str2[] = "Hello,John!";
x = strcmp(str1,str2);
if(x > 0) printf("str1 > str2\n");
else if(x == 0) printf("str1 = str2\n");
     else printf("str1 < str2\n");
```

本程序段是比较数组str1和数组str2中的字符串，把比较结果赋给变量x，根据x的值再输出比较的结果。数组str1中的字符串比数组str2中的字符串小，故x<0，运行结果为str1<str2。

注意：在进行字符串比较时，不能直接用关系运算符(<，>，==等)，应使用函数strcmp()比较；把字符串赋值给字符数组时，不能用赋值符号(=)，应使用函数strcpy()进行复制。

例如：

```
if(str1 > str2) printf("str1 > str2\n");   /* 数组名代表数组的首地址 */
else if(str1 == str2) printf("str1 = str2\n");
     else printf("str1 < str2\n");
```

或

```
if("Hello!Jack!">"Hello!John!") printf("str1 > str2\n");/* 字符串常量实际代表该串的地址 */
else if("Hello!Jack!" == "Hello!John!") printf("str1 = str2\n");
     else printf("str1 < str2\n");
```

这样进行比较，程序并不报错，因为字符串的地址能够参与比较，但是比较后的输出结果可能有错误，因为实际比较的并不是字符串本身，而是字符串的首地址。

【阅读知识】 揭开字符串常量的面纱。

字符串常量存储在内存中应有一个内存块的首地址，谁表示了这块内存的首地址？正是双引号引起来的字符串常量本身。字符串常量和数组名一样，被编译器当作地址处理，代表对应内存的首地址。例如：

```
printf("%d","Hello!Jack!");
```

输出结果是该字符串常量的首地址。

若把%d改成%s，输出的是该字符串的实际字符，这才符合“printf("%s"，地址)；”的形式。

既然字符串常量代表该串的首地址，所以下面的语句也是合法的：

```
printf("%d\n","Hello!Jack!" + 7);     /* 输出字符a所在内存单元的地址 */
```

```
printf("%s\n","Hello!Jack!" +6);      /*输出字符串 Jack!*/
```

【例 5-13】 编程模拟实现库函数 strcmp()的功能。

分析：strcmp()函数实现的是两个字符串的比较，先从两个字符串的第一个字符开始一一对应比较，直到遇到不相同的字符或'\0'结束比较，然后求出当前两个不同字符的ASCII码的差值。例如，"AB"与"AC"比较，由于字符串"AB"的第二个字符'B'与"AC"的第二个字符'C'不相等，结束比较，输出'B'－'C'的结果－1；同理，"And"和"Aid"比较，根据第二个字符的比较结果，'n'比'i'大5，输出5；若"and"与"and"比较，当比较到两个串的第三个字符'd'时，依然相等，继续往后比较时，遇到串尾符'\0'，结束比较，计算字符串第四个字符的差值'\0'－'\0'，结果为0。

参考程序如下：

```
#include <stdio.h>
void main( )
{   char ss[80],tt[80];
    int i;
    printf("输入需要比较的第一个字符串: ");
    gets(ss);
    printf("输入需要比较的第二个字符串: ");
    gets(tt);
    for(i = 0;ss[i] == tt[i]&&ss[i]!= '\0';i++);      /*遇到不相等的字符或'\0',结束循环*/
    printf("比较结果是: %d\n",ss[i] - tt[i]);       /*输出当前两个不同字符的差值*/
}
```

6. 测字符串长度函数 strlen( )

形式：strlen(字符数据)

功能：测试字符串的实际长度(不包括字符串结束标志'\0')。

例如：

```
printf("%d",strlen("A sunny day!"));
```

测试结果：

```
12
```

7. 大写字母转换成小写字母函数 strlwr()

形式：strlwr (字符串)

功能：将字符串中大写字母转换成小写字母。其中，lwr 是 lowercase 的缩写。

8. 小写字母转换成大写字母函数 strupr( )

形式：strupr(字符串)

功能：将字符串中小写字母转换成大写字母。其中，upr 是 uppercase 的缩写。

【例 5-14】 给一个字符数组输入一串字符,把所有的小写字母改成大写字母,其他字符不变,最后输出。

分析:对数组中第一个'\0'前的每一个字符都进行判断,发现是小写字母,就改写成大写字母(其 ASCII 码值减 32),如果不是小写字母的字符,不做处理。

参考程序如下:

```
#include <stdio.h>
#define N 20
void main()
{   char c[N],i;
    printf("输入一个字符串(长度<20): ");
    gets(c);
    for(i = 0;c[i]!= '\0';i++)          /* 用 for 循环语句访问每个元素,直到遇到'\0' */
      if(c[i]> = 'a'&&c[i]< = 'z') c[i] = c[i] - 32;/* 若是小写字母,则减去 32,转换成大写字母 */
    printf("转换后的字符串为: ");
    puts(c);
}
```

【想一想】 数值数组和字符数组赋值方法有何区别?

不论是数值类型还是字符型的数组赋值,只能逐个地给数组元素赋值,不能试图用数组名赋值的方式整体赋值。对数值型数组进行输入输出时,通常利用循环语句控制数组元素逐个输入输出。但是,对存放字符串的字符数组,既可以采用整体输入输出的方式,也可以采用逐个元素输入输出的方式。整体输入时,可以使用 scanf( )函数以%s 格式说明符的形式,或使用 gets()函数;整体输出时,使用 printf())函数以%s 格式说明符的形式,或使用 puts()函数从给定地址开始的字符串输出。

5.5 数组运用案例

【案例 5-1】 用数组模拟实现计算器中的进制转换。

Windows 操作系统自带的计算器能实现十进制、二进制、八进制、十六进制之间的整数转换。请读者用数组编写程序,实现计算器中的进制转换。为使问题简化,只模拟实现十进制整数(如输入 0～255 的任一个整数)转化为 x 进制数的功能。

【分析问题,设计算法】 十进制整数 m 转换成 x 进制的方法:用该数 m 除以 x,若商不为 0,则继续用商除以 x,直到商为 0,记录每次的余数,最后获得的余数即为转换后的 x 进制的最高位,最先获得的余数则为转换后的 x 进制的最低位,余数逆序排列。

参考程序如下:

```
#include <stdio.h>
void main()
{   int m,n,a[8] = {0},x,i = 0;
    printf("输入一个十进制整数(0～255): ");
    scanf("%d",&m);
```

```
    n = m;
    printf("输入想要转换成的进制：");
    scanf(" % d",&x);
    if(n < 0||n > 255)
       printf("error!");
    else
       {  while(n!= 0)           /* 十进制数 n 对 x 求余,每次产生的余数依次存入数组内 */
           {  a[i] = n % x;
              n = n/x;
              i++;  }
         printf(" % d 转换成 % d 进制数为：",m,x);
         for(i = i - 1;i >= 0;i -- )          /* 将数组逆序输出 */
          switch(a[i])
          {  case 10:printf("a"); break;
             case 11:printf("b"); break;
             case 12:printf("c"); break;
             case 13:printf("d"); break;
             case 14:printf("e"); break;
             case 15:printf("f"); break;
             default:printf(" % d",a[i]); }
       printf("\n");  }
}
```

【案例 5-2】 兔子繁殖问题,即求 Fibonacci 数列：1、1、2、3、5、……前 40 个数,用数组求解。

Fibonacci 数列可以用一个有趣的古典数学问题来描述：有一对兔子,自出生三个月之后,每个月都生一对小兔子,小兔子长到三个月后每个月又生一对小兔子。假设所有的兔子都不死,问第 40 个月的兔子总数是多少对?

【分析问题,设计算法】 随着月份的增加,兔子数量如表 5-2 所示。

表 5-2 每一月份对应的兔子数量

月数	小兔子	中兔子	老兔子	兔子总数
1	1	—	—	1
2	—	1	—	1
3	1		1	2
4	1	1	1	3
5	2	1	2	5
⋮	⋮	⋮	⋮	⋮
40				

定义一维数组“long int fib[40]={0,1,1};”保存每月兔子的数量。从第三个月起,兔子的数量满足：

```
fib[n] = fib[n - 1] + fib[n - 2] };
```

参考程序如下：

```
#include <stdio.h>
#include <conio.h>
void main()
{
    long int fib[41] = {0,1,1};
    int i;
    for(i = 1;i <= 40;i++)
      {
        fib[i] = fib[i - 1] + fib[i - 2];
        printf("the %2d month rabbit amount : %12ld \n",i,fib[i]);
    }
    printf("\nthe 40 month rabbit amount is : %12ld \n", fib[40]);
}
```

5.6 答疑解惑

5.6.1 定义数组易错点

疑问1:“int n=10,a[n];”编译时为什么出错?

解惑1:数组定义时,方括号内是常量表达式,不能含有变量,在这里n是变量,所以编译会出错。

疑问2:“int a[3,4];”编译时为什么出错?

解惑2:定义多维数组时,每一维的长度都需要用一个独立成对的方括号括起来。应改为“int a[3][4];”。

5.6.2 数组初始化问题

疑问1:“int a[2][]={1,2,3,4,5,6};”编译时为什么有错?

解惑1:在定义二维数组的同时,若对全部元素初始化,可以省略第一维的长度,但第二维的长度不能省略。可改为“int a[][3] ={1,2,3,4,5,6};”。

疑问2:“int a[3][4]={{1,2,3,4},{},{9,10}};”编译时为什么有错?

解惑2:二维数组初始化时,不能出现空的花括号。应改为“int a[3][4]={{1,2,3,4},{0},{9,10}};”。

5.6.3 如何避免数组下标越界

疑问:“int a[2][3]={1,2,3,4,5,6};printf("%d\n",a[2][3]);”输出结果为什么不是6?

解惑:C语言规定数组元素的下标从0开始,数组a最大的下标是a[1][2],不是a[2][3],但是a[2][3]有可能对应着内存中的某个区域,其中的值可以被输出,但不一定是6。

5.6.4 数组名的本质

疑问：数组名的本质含义是什么？编译下列语句时为何有错？

```
char string [10];
string = "program!";
```

解惑：数组名 string 表示数组首地址，是一个常量，不能给常量赋值。若希望把字符串赋值给数组，可以采用 strcpy(string,"program!")的方式赋值。

5.6.5 字符数组与字符串的区别

疑问：字符数组存储字符串时为何要存储'\0'？

解惑：C 语言没有直接的字符串变量，只能借助字符数组存储字符串，且字符串以'\0'结束，所以存储字符串时，字符数组都要存储'\0'。如果字符数组未存储'\0'，则该数组中存储的是单个字符，并非字符串。

5.6.6 strlen()与 sizeof()的区别

疑问：若有 char arr[10]= "abcd\0efg",strlen(arr)与 sizeof(arr)有何不同？

解惑：函数 strlen()求的是字符串的长度，遇到'\0'就表示字符串结束，此处 strlen(arr)的值为 4；运算符 sizeof 在此处是求数组中的字符所占内存空间的字节数，sizeof(arr)的值为 9+1=10。

5.6.7 典型题解

1. 下列语句定义，错误的是(　　)。

   A. int fruit [ ][3]={{0},{1},{1,2,3}};

   B. int fruit [4][3]={{1,2,3},{1,2,3},{1,2,3},{1,2,3}};

   C. int fruit [4][ ]={{1,2,3},{1,2,3},{1,2,3},{1,2,3}};

   D. int fruit [ ][3]={1,2,3,4};

知识链接：该题考查的是数组的定义和初始化。在定义二维数组的同时若对全部元素初始化，可以省略第一维的长度，但第二维的长度不能省略。所以选项 C 错误。

答案：C。

2. 若有定义“char fruit _tree [3][4];”，以下选项中对 fruit _tree 数组元素引用正确的是(　　)。

   A. fruit _tree [3][! 1]　　　　B. fruit _tree [3][4]

   C. fruit _tree [0][4]　　　　D. fruit _tree [1 > 2][! 1]

知识链接：该题考查的是 C 语言中数组元素的引用，下标是从 0 开始的，所以数组 fruit _tree 第一维的下标取值范围是从 0 到 2，第二维下标取值范围是从 0 到 3，不在这两个范围内的下标值是越界的。

答案：D。

3. 有定义语句“char s[10];”,若从键盘给 s 输入 5 个字符,错误的输入语句是(　　)。

A. gets(&s[0]);　　　　B. scanf("%s",s+1);

C. gets(s);　　　　D. scanf("%s",s[1]);

知识链接:这里考查了两个输入函数 gets()和 scanf()。gets()的参数应该是一个地址,scanf()中逗号后的参数也应该是地址。D 选项是数组元素的值,所以 D 选项错误。

答案:D。

4. 有以下程序:

```
#include <stdio.h>
void main()
{
    int s[12] = {1,2,3,4,4,3,2,1,1,1,2,3},c[5] = {0},i;
    for(i = 0;i < 12;i++)  c[s[i]]++;
    for(i = 1;i < 5;i++)  printf(" %d ",c[i]);
    printf("\n");
}
```

程序运行结果是(　　)。

A. 1 2 3 4　　B. 2 3 4 4　　C. 4 3 3 2　　D. 1 1 2 3

知识链接:该题中运用循环控制数组元素赋值,同时数组元素的下标又来源于另外一个数组。第一个 for 循环执行时,当循环变量 i 为 0 时,执行循环体“c[s[i]]++;”,s[i]即 s[0],其值为 1,循环体执行的是“c[1]++;”;当循环变量 i 为 1 时,执行循环体“c[s[i]]++;”,s[i]即 s[1],其值为 2,循环体执行的是“c[2]++;”;当循环变量 i 为 2 时,执行循环体“c[s[i]]++;”,s[i]即 s[2],其值为 3,循环体执行的是“c[3]++;”;发现 s 数组中元素的值,即为数组 c 中需要自增元素的下标。从而,数组 s 中值为 1 的元素有 4 个,即对数组 c 中元素 c[1]自增 4 次;数组 s 中值为 2 的元素有 3 个,即对数组 c 中元素 c[2]自增 3 次;数组 s 中值为 3 的元素有 3 个,即对数组 c 中元素 c[3]自增 3 次;数组 s 中值为 4 的元素有 2 个,即对数组 c 中元素 c[4]自增 2 次。所以,最后数组 c 中 5 个元素的值分别为 0、4、3、3、2。题中第二个 for 循环需要输出 c[1]—c[4],所以答案选 C。

答案:C。

5. 下列程序按指定的数据给 x 数组的下三角置数,并按如下形式输出,在画线处填空。

```
4
3  7
2  6  9
1  5  8  10
```

```
#include <stdio.h>
void main()
{   int  x[4][4],n = 0,i,j;
    for(j = 0;j < 4;j++)
      for(i = 3;i >= j;________)
          {n++;x[i][j] = ________;}
    for(i = 0;i < 4;i++)
    {   for(j = 0;j <= i;j++)
```

```
            printf("%3d",x[i][j]);
            printf("\n");
        }
    }
```

知识链接：对数组下三角赋值的数据具有规律：从左到右，从下到上，数据从1开始每次递增1。

按递增顺序排列的元素依次是x[3][0]、x[2][0]、x[1][0]、x[0][0]、x[3][1]、x[2][1]、x[1][1]、x[3][2]、x[2][2]、x[3][3]。元素下标变化规律：列下标为0时，行下标从3递减到0；列下标为1时，行下标从3递减到1；列下标为2时，行下标从3递减到2；列下标为3时，行下标从3递减到3。所以，在用两层循环控制对二维数组元素赋值时，外层循环变量用来控制变化慢的列下标，其值从0到3，内层循环变量控制变化快的行下标，其值从3到列下标的值(即外层循环的循环变量的值)。

赋给数组元素值的规律很简单，从1开始，每次递增1，所以用一个变量，每次自增1即可。

通过分析可知，第一个空应填i－－，使内层循环变量i从3每次递减1直到列下标的值为j。需要赋给数组元素每次递增1的值，通过n＋＋实现，所以第二个空应填n。

答案：i－－ n。

6. 有以下程序：

```
#include <stdio.h>
#include <string.h>
void main()
{
    char x[] = "STRING";
    x[0] = 0;
    x[1] = '\0';
    x[2] = '0';
    printf("%d %d",sizeof(x),strlen(x));
}
```

程序运行输出结果是(　　)。

A. 6　1　　B. 7　0　　C. 6　3　　D. 7　1

知识链接：该题考查的是sizeof()和strlen()。定义数组x的同时赋了初值，数组x的长度省略，所以其长度应根据所赋值个数确定。本题用字符串直接赋值，系统会自动给字符串加一个结束标志'\0'，实际是把7个字符赋给数组x，所以，数组x的长度是7，在内存中占7字节，因此，sizeof(x)的值为7。

函数体中有语句x[0]＝0，对x[0]重新赋值0。字符串结束标志'\0'的ASCII码值是0，所以整型数值0赋给字符型变量x[0]，等价于x[0]＝'\0'。赋值后数组中第一个元素就是字符串结束标志'\0'，因此，strlen(x)的值为0。

答案：B。

7. 下列定义数组的语句中，正确的是(　　)。

A. int　N＝10;
　　int　x[N];

B. #define N 10
　　int x[N];

C. int x[0.. .10];　　　　D. int x[];

知识链接：数组定义时，方括号内的表达式表示数组的长度，不能省略，且该表达式中不能含变量。A 选项中 N 是变量，错误；B 选项中 N 是符号常量，所以正确；C 选项中 0.. .10 是错误表达式；D 选项方括号内缺少表达式，错误。

答案：B。

8. 下列选项中，能够满足“若字符串 s1 等于字符串 s2，则执行 ST”要求的是(　　)。

A. if(strcmp(s2,s1)==0)ST;

B. if(sl==s2)ST;

C. if(strcpy(s l ,s2)==1)ST;

D. if(sl−s2==0)ST;

知识链接：该题考查的是字符串的比较。用 strcmp()函数，不能使用关系运算符==、>、<等，因为字符串名称 s1、s2 实际上是字符串的首地址，所以 B、D 错误。C 选项中函数 strcpy()的功能是实现字符串的赋值，所以 C 错误。

答案：A。

9. 以下程序中，函数 strcat()用以连接两个字符串。

```
#include <stdio.h>
#include <string.h>
void  main()
{  char a[20] = "ABCD\0EFG\0",b[] = "IJK";
   strcat(a,b);
   printf(" %s",a);
}
```

程序运行后的输出结果是(　　)。

A. ABCDE\OFG\OIJK　　　　B. ABCDIJK

C. IJK　　　　D. EFGIJK

知识链接：该题考查的是函数 strcat()和字符串结束标志'\0'。数组 a 中字符串的有效字符是 A、B、C、D，遇到'\0'表示该字符串结束。所以用 strcat()函数连接时，只把有效字符 A、B、C、D 与数组 b 中的字符串进行连接。

答案：B。

知识点小结

本章通过引例“自动售货机结算”引出数组知识，说明数组的重要性以及数组的实用场合；介绍了数组的基本概念及其在内存中的存储结构；一维数组、二维数组及字符数组的初始化及引用方法，字符串与字符数组的输入输出，常用字符串的处理函数，访问数组元素时下标越界及控制方法；选择排序、冒泡排序的算法设计与编程方法，字符数组常用库函数 strcmp( )、strcpy( )、strcat( )、length( )的功能。案例“用数组模拟实现计算器中的进制转换”“兔子繁殖”说明数组的实用性。本章的重点是一维数组、二维数组的初始化和引用，常用字符串库函数，难点是数组的算法设计。

习题 5

5.1 单选题

1. 有定义语句“int b; char c[10];”,下列正确的输入语句是(　　)。

   A. scanf("%d%s",&b,&c);　　B. scanf("%d%s",&b,c);

   C. scanf("%d%s",b,c);　　D. scanf("%d%s",b,&c);

2. 下列程序的输出结果是(　　)。

```
#include <stdio.h>
void main( )
{  int p[8] = {11,12,13,14,15,16,17,18},i = 0,j = 0;
   while(i++< 7)
      if(p[i] % 2)  j += p[i];
   printf("%d\n",j);
}
```

   A. 42　　B. 45　　C. 56　　D. 60

3. 下列选项中,正确定义一维数组的是(　　)。

   A. int a[5]={0,1,2,3,4,5};　　B. char a[ ]={0,1,2,3,4,5};

   C. char a={'A', 'B', 'C'};　　D. int a[5]="0123";

4. 已有定义“char a[ ]="xyz",b[ ]={'x', 'y', 'z'};”,下列选项正确的是(　　)。

   A. 数组 a 和 b 的长度相同　　B. a 数组长度小于 b 数组长度

   C. a 数组长度大于 b 数组长度　　D. 上述说法都不对

5. 下列叙述中,错误的是(　　)。

   A. 对于 double 类型数组,不可以直接用数组名对数组进行整体输入或输出

   B. 数组名代表的是数组所占存储区的首地址,其值不可改变

   C. 数组元素下标超出所定义的下标范围,在程序执行时系统将给出“下标越界”的提示信息

   D. 可以通过赋初值的方式确定数组元素的个数

6. 数组定义如下,错误的是(　　)。

   A. int x[ ][3]={0};　　B. int x[2][3]={{1,2},{3,4},{5,6}};

   C. int x[ ][3]={{1,2,3},{4,5,6}};　　D. int x[2][3]={1,2,3,4,5,6};

7. 下列定义语句要求一维数组 a 具有 10 个 int 型的元素,其中错误的是(　　)。

   A. #define N 10
      int a [N];

   B. #define n 5
      int a [2 * n];

   C. int a [5+5];

   D. int n=10,a [n];

8. 有以下程序:

```
#include <stdio.h>
void  main( )
{  int a[4][4] = {{1,4,3,2},{8,6,5,7},{3,7,2,5},{4,8,6,1}},i,j,k,t;
      for(i = 0;i < 4;i++)
```

```
        for(j = 0;j < 3;j++)
            for(k = j + 1;k < 4;k++)
                if(a[j][i]> a[k][i]) {t = a[j][i];a[j][i] = a[k][i];a[k][i] = t;}/ * 按列排序 * /
    for(i = 0;i < 4;i++)  printf(" % d,",a[i][i]);
}
```

程序运行后的输出结果是(　　)。

A. 1,6,5,7,　　B. 8,7,3,1,　　C. 4,7,5,2,　　D. 1,6,2,1,

9. 有以下程序:

```
#include < stdio.h >
void  main( )
 {  int a[4][4] = {{1,4,3,2},{8,6,5,7},{3,7,2,5},{4,8,6,1}},i,k,t;
    for(i = 0;i < 3;i++)
        for(k = i + 1;k < 4;k++)
            if(a[i][i]< a[k][k])
            {t = a[i][i];a[i][i] = a[k][k];a[k][k] = t;}
    for(i = 0;i < 4;i++)  printf(" % d,",a[0][i]);
}
```

程序运行后的输出结果是(　　)。

A. 6,2,1,1,　　B. 6,4,3,2,　　C. 1,1,2,6,　　D. 2,3,4,6,

10. 有以下程序:

```
#include < string.h >
void  main( )
{  char p[20] = {'a', 'b', 'c', 'd'}, q[ ] = "abc", r[ ] = "abcde";
   strcpy(p + strlen(q), r);   strcat(p, q);
   printf(" % d % d\n", sizeof(p), strlen(p));
}
```

程序运行后的输出结果是(　　)。

A. 20 9　　B. 9 9　　C. 20 11　　D. 11 11

11. 若有定义语句“int a[3][6];”,在内存中按行的存放顺序,a 数组的第 10 个元素描述为(　　)。

A. a[0][4]　　B. a[1][3]　　C. a[0][3]　　D. a[1][4]

12. 下列关于字符串的叙述,正确的是(　　)。

A. C 语言中有字符串类型的常量和变量

B. 当两个字符串中的字符个数相同时,才能进行字符串大小的比较

C. 可以用关系运算符比较字符串的大小

D. 空串一定比空格打头的字符串小

5.2 填空题

1. 二维数组 a 有 N 行 N 列,函数 rotate()的功能是:将数组 a 的最后一行放入二维数组 b 的第 0 列,a 的第 0 行放入 b 的最后一列,b 中原有其他数据不变。在画线处填空,实现函数 rotate()的功能。

```
#include < stdio.h >
```

```
#define N 4
void rotade(int a[ ][N],int b[ ][N])
{   int i,j;
    for(i = 0;i < N;i++)
    { b[i][N - 1] = ________;________ = a[N - 1][i]; }
}
```

2. 下列程序的输出结果是________。

```
#include < stdio.h >
void main( )
 {   int a[3][3] = {{1,2,9},{3,4,8},{5,6,7}},i,s = 0;
     for(i = 0;i < 3;i++)    s += a[i][i] + a[i][3 - i - 1];
     printf(" %d\n",s);
 }
```

3. 下列程序的输出结果是________。

```
#include < stdio.h >
#include < string.h >
void main( )
 {   printf(" %d\n",strlen("IBM\n012\1\\"));}
```

4. 下列程序的功能是：求出数组 x 中相邻两个元素的和并依次存放到数组 y 中，在画线处填空。

```
#include < stdio.h >
void main( )
 {   int x[10],y[9],i;
     for(i = 0; i < 10; i++) scanf(" %d",&x[i]);
     for(________; i < 10; i++)
        y[i - 1] = x[i] + ________;.
     for(i = 0; i < 9; i++)   printf(" %d ",y[i]);
     printf("\n ");
 }
```

5. 用一维数组 num 统计从键盘输入的字符中大写字母的个数。例如，num[0]存放字母 A 的个数，num[1]存放字母 B 的个数，以此类推。用#号结束输入，在画线处填空，实现程序的功能。

```
#include < stdio.h >
#include < ctype.h >
void main()
{   int num[26] = {0}, i;
    char  c;
    while((________) != '#')
       if(isupper(c))   num [c - 'A' ] += ________;
    for(i = 0; i < 26; i++)
       printf(" %c : %d\n ",i + 'A', num[i]);
}
```

思考：没输入的字符，统计出现次数为 0，也能打印出来，如何避免？

6. 下列程序的输出结果是________。

```
#include <stdio.h>
void main()
{   int   i, n[4] = {1};
    for(i = 1;i <= 3;i++)
      {   n[i] = n[i - 1] * 2 + 1; printf(" %d ",n[i]); }
}
```

5.3 简答题

1. 简述运用数组进行程序设计的思想方法。
2. 简述常用数组的类型。
3. 如何定义数组、初始化数组、引用数组元素?
4. 如何避免数组下标越界?
5. 简述字符数组与字符串的处理方法。
6. 举例说明数组能解决生活中的哪些典型问题。

5.4 编程实战题

1. 某班级有 M 位学生,每位学生有 N 门课程成绩,编程求出每门课程的平均成绩和每位学生的平均成绩。

2. 编写程序:任意输入五个国家的英文名称,按字母顺序排列输出。

编程思路:应用二维字符数组处理五个国家的英文名称。可以把一个二维数组当成多个一维数组处理。本题可以按五个一维数组处理,每个一维数组存储的是一个国家名称的字符串。用字符串函数 strcmp()比较一维数组的大小,并排序输出结果。

3. 二维数组某一位置上的元素在该行中最大,且在该列中最小,称为鞍点。从键盘上输入一个二维数组的元素值,当鞍点存在时,编写程序找出所有的鞍点。

4. 回文是指字符串中的字符对称相等,例如,level、ab77ba 均为回文。输入一串长度不超过 10 的字符串,判断它是否为回文。

算法分析:判断一串字符对称位置上的字符是否相等,需要用循环语句控制。可设一维字符型数组 a,长度为 10,用来存放此字符串,再设循环变量 i、j,兼做数组下标,进行循环时 i 的值为 0,表示第 0 个元素,j 的值为数组长度减 1,表示最后一个元素,判断 a[i]和 a[j]是否相等,若不等,则退出循环;若相等,则进行下次循环,i 增 1,j 减 1,继续判断 a[i]和 a[j]的关系,直到 i≥j 时,都不曾出现不等的情况,则是回文。

如字符串长度为奇数,例如 level,当 i=2,j=2 时停止,故 i<j 为循环条件。

如字符串长度为偶数,例如 ab77ba,当 i=3,j=2 时停止。

实验 5 数组程序设计

本次实验内容涉及一维数组、二维数组和字符数组的定义、初始化、引用,使用数组结合循环语句解决数据操作问题。

【实验目的】

(1) 掌握数值型数组、字符型数组的本质与规律;

(2) 熟悉一维数组和二维数组的定义、赋值、输入和输出的方法；

(3) 掌握字符数组和常用字符串函数的使用方法；

(4) 掌握使用数组的常用算法，例如选择法、冒泡法排序，二维数组转置等；

(5) 学会使用数组解决日常生活实际问题的基本方法。

【实验内容】

一、基础题

1. 求一个5×5矩阵的所有行元素之和、列元素之和、两条对角线上元素之和。矩阵如下：

17	24	1	8	15
23	5	7	14	16
4	6	13	20	22
10	12	19	21	3
11	18	25	2	9

(1) 算法分析。

将矩阵中的元素存储到一个二维整型数组中，对每一行、每一列元素之和需定义两个一维整型数组，每一对角线上元素之和需定义两个变量。下面给出三个参考程序。

(2) 参考程序一：

```
#include "stdio.h"
void main()
{
    int array[5][5] = {{17,24,1,8,15},{23,5,7,14,16},
    {4,6,13,20,22},{10,12,19,21,3},{11,18,25,2,9}};
    int i,j,row_sum[5] = {0},colum_sum[5] = {0},diagonal_sum[2] = {0};
    for(i = 0;i <= 4;i++)
      for(j = 0;j <= 4;j++)
       {
          row_sum[i] = row_sum[i] + array[i][j];
          colum_sum[j] = colum_sum[j] + array[i][j];
          if(i == j)
              diagonal_sum[0] = diagonal_sum[0] + array[i][i];
          if(i + j == 4)
              diagonal_sum[1] = diagonal_sum[1] + array[i][4 - i];
       }
     printf("every row sum:\n");
     for(i = 0;i <= 4;i++)
          printf("% - 4d",row_sum[i]);
     printf("\n every colum sum:\n");
     for(i = 0;i <= 4;i++)
          printf("% - 4d",colum_sum[i]);
     printf("\n every diagonal sum:\n");
     for(i = 0;i <= 1;i++)
          printf("% - 4d",diagonal_sum[i]);
}
```

参考程序二:

```
#include <stdio.h>
#define N 5
void main( )
{  int  i, j;
   int  x[N][N] = {{17,24,1,8,15},{23,5,7,14,16}, {4,6,13,20,22},
                   {10,12,19,21,3},{11,18,25,2,9}};
   int  rowSum[N], colSum[N], diagSum1, diagSum2;
   int  flag = 1;
   for (i = 0; i < N; i++)        /* 行求和 */
   {  rowSum[i] = 0;
      for (j = 0; j < N; j++)
       { rowSum[i] = rowSum[i] + x[i][j]; }
   }
   for (j = 0; j < N; j++)        /* 列求和 */
   {  colSum[j] = 0;
      for (i = 0; i < N; i++)
       { colSum[j] = colSum[j] + x[i][j]; }
   }
  //主对角线求和
  diagSum1 = 0;
  for (j = 0; j < N; j++)
    { diagSum1 = diagSum1 + x[j][j]; }
  //次对角线求和
  diagSum2 = 0;
  for (j = 0; j < N; j++)
    { diagSum2 = diagSum2 + x[j][N - 1 - j]; }
  //输出行之和
  printf("各行之和分别为: ");
  for (i = 0; i < N; i++)
     printf(" %4d", rowSum[i]);
  printf("\n");
  //输出列之和
  printf("各列之和分别为: ");
  for (i = 0; i < N; i++)
    printf(" %4d", colSum[i]);
  printf("\n");
  //输出主对角线和次对角线之和
  printf("主对角线之和为: %4d,次对角线之和为: %4d\n", diagSum1, diagSum2);
}
```

参考程序三:

```
#include <stdio.h>
#define N 5
void main( )
{  int  i, j;
```

```
    int  x[N][N] = {{17,24,1,8,15},{23,5,7,14,16}, {4,6,13,20,22},
                    {10,12,19,21,3},{11,18,25,2,9}};
    int  rowSum[N] = {0},colSum[N] = {0},diagSum1 = 0,diagSum2 = 0;
    for(i = 0;i <= N - 1;i++)
    {  for(j = 0;j <= N - 1;j++)
       {  rowSum[i] = rowSum[i] + x[i][j];
          colSum[i] = colSum[i] + x[j][i];
       }
       diagSum1 =  diagSum1 + x[i][i];
       diagSum2 = diagSum2 + x[i][N - 1 - i];
    }
    for(i = 0;i < N;i++)
       printf("rowSum[%d] = %d,colSum[%d] = %d\n",i,rowSum[i],i,colSum[i]);
    printf("diagSum1 = %d, diagSum2 = %d\n", diagSum1, diagSum2);
 }
```

上机编译、运行,并分析运行结果。

2. 编写程序,用选择法对 10 个整数进行升序排序。要求用函数 scanf()输入 10 个整数,放入一维数组。

【提示】 选择法的排序思想:从一维数组所有元素中选择一个最小元素放入 a[0],第一轮,让最小元素 a[j]与 a[0]交换,j 变量用来记录最小数的下标值;第二轮,从 a[1]开始到最后的各元素中再选择一个最小元素,放在 a[1]中,…,以此类推。显然,n 个数要进行 n−1 轮,在第一轮中要比较 n−1 次,第二轮中比较 n−2 次,…,第 i 轮中比较 n−i 次。

3. 编写程序,打印杨辉三角形的前 10 行。

```
1
1  1
1  2  1
1  3  3   1
1  4  6   4   1
1  5  10  10  5  1
……
```

【提示】 算法流程如图 5-24 所示。

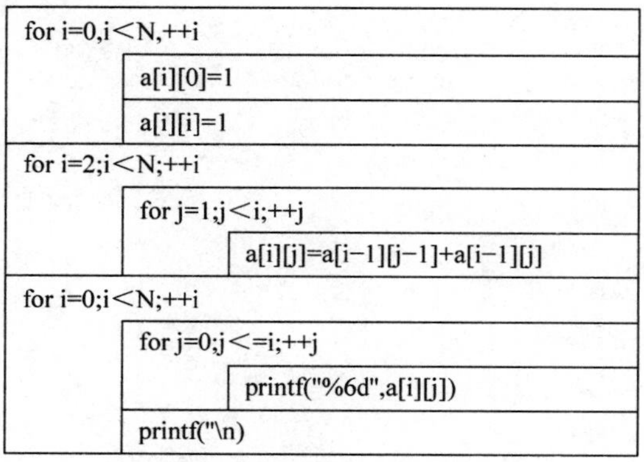

```
for i=0,i<N,++i
        a[i][0]=1
        a[i][i]=1
for i=2;i<N;++i
        for j=1;j<i;++j
                a[i][j]=a[i-1][j-1]+a[i-1][j]
for i=0;i<N;++i
        for j=0;j<=i;++j
                printf("%6d",a[i][j])
        printf("\n)
```

图 5-24 选择排序算法流程图

4. 比较两个字符串 s1 和 s2 的大小，s1＞s2，输出一个正数；s1＝s2，输出 0；s1＜s2，输出一个负数。要求：不使用 strcmp()函数，两个字符串用 gets()函数读入；输出的正数或负数的绝对值应是相比较的两个字符串对应字符 ASCII 码值的差。

【提示】 两个字符串从第一个字符开始一一对应比较，直到出现不相等的字符，求出它们 ASCII 码的差值。例如，'A'与'C'相比，由于'A'<'C'，应输出负数：－2。编写程序，完成表 5-3 中的测试结果。

表 5-3 比较字符串测试结果

s1	s2	结果
abcd	abcd	
abcdxyz	abdesds	
cdefsds	cd123evr	

二、提高题

1. 编写程序，将两个字符串连接起来。要求：不使用 strcat()函数。例如，输入 chinese 和 policeman 两个字符串，结果应为 chinesepoliceman。

2. 检验下列矩阵是否为魔方矩阵，并按如下格式打印。魔方矩阵是指每一行、每一列、每一对角线上的元素之和都相等。

```
17  24   1   8  15
23   5   7  14  16
 4   6  13  20  22
10  12  19  21   3
11  18  25   2   9
```

【提示】 编写程序将矩阵中的这些元素读到一个二维整型数组中，然后检验其每一行、每一列、每一对角线上的元素之和是否都相等。

函数

函数思维导图

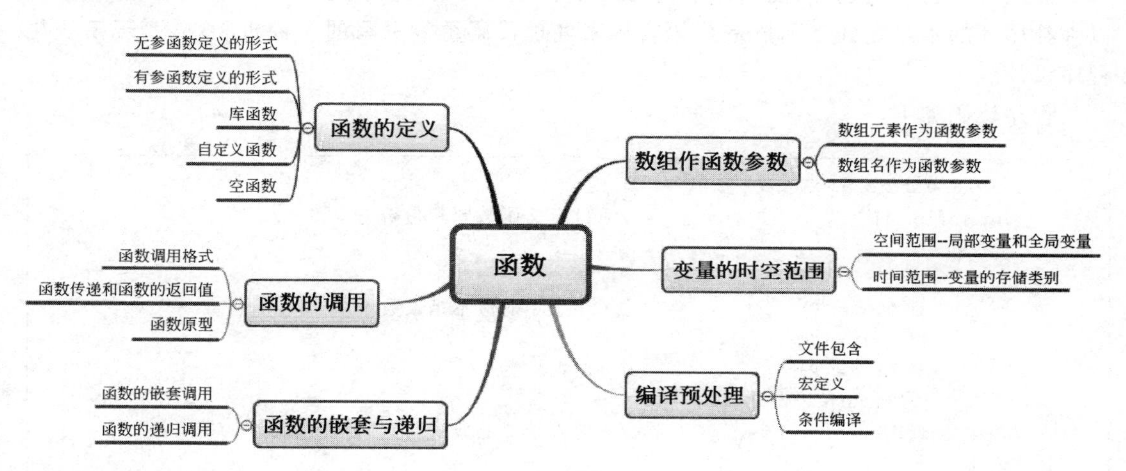

学习任务与目标

1. 了解函数的特点，认识函数在C程序设计中的重要作用；
2. 掌握函数的定义形式和调用方法；
3. 熟悉函数的形参、实参、类型、返回值；
4. 熟悉函数声明、函数间用参数和返回值进行数据传递的过程；
5. 掌握函数嵌套调用过程及优点；
6. 理解递归的特点，能用递归算法解决实际问题；
7. 掌握程序、函数的设计思路和方法；
8. 了解局部变量、全局变量的作用域；
9. 掌握变量的存储类别，auto型和static型局部变量的特点与用法。

6.1 为何要用函数编程

6.1.1 引例：验证哥德巴赫猜想

1. 描述问题

德国数学家哥德巴赫于1742年6月7日，给当时欧洲最伟大的数学家欧拉的信中提出以下猜想：任一充分大(例如，大于6)的偶数都可写成两个素数之和。现用C语言编程验证(不是证明)哥德巴赫猜想。

2. 分析问题

对于给定的偶数，先确定小于其值的一个素数，然后用该偶数减去这个素数，再判断其差值是否是素数，若是，则实现验证；否则，再确定另一素数。重复以上步骤，直到找到为止。令偶数从6开始。

3. 解决问题

显然解决这个问题，用前面已学过的循环语句无法应对重复但不连续的问题，而函数可以弥补循环的不足之处。函数是C语言用来处理代码重复书写的一种机制，能实现模块化程序设计。

程序代码如下：

```
#include <stdio.h>
   int ss(int i)                        /* 自定义函数判断是否为素数 */
     {
        int j;
        if (i <= 1)                     /* 小于1的数不是素数 */
           return 0;
        if (i == 2)                     /* 2是素数 */
           return 1;
        for (j = 2; j < i; j++)         /* 对大于2的数进行判断 */
        {
          if (i % j == 0)
            return 0;
          else if (i != j + 1)
                   continue;
               else
                   return 1;
        }
     }
void main()
      {
        int i, j, k, flag1, flag2, n = 0;
        for (i = 6; i < 100; i += 2)
        for (k = 2; k <= i / 2; k++)
        {
          j = i - k;
          flag1 = ss(k);                /* 判断拆分出的数是否是素数 */
          if (flag1)
          {
            flag2 = ss(j);
            if (flag2)                  /* 如果拆分出的两个数均是素数则输出 */
             {
```

```
                printf("%3d=%3d+%3d,", i, k, j);
                n++;
                if (n % 5 == 0)
                    printf("\n");
            }
        }
    printf("\n");
    }
}
```

6.1.2 模块化程序设计思路：函数

C语言是一种模块化程序设计语言，即采用模块化结构，自顶而下，逐步求精。首先把一个复杂的大问题分解为若干相对独立的小问题；然后对每个小问题编写出一个功能上相对独立的程序块(函数)；最后将各个程序块进行组装成为一个完整的程序。

C程序的组成结构如图6-1所示。

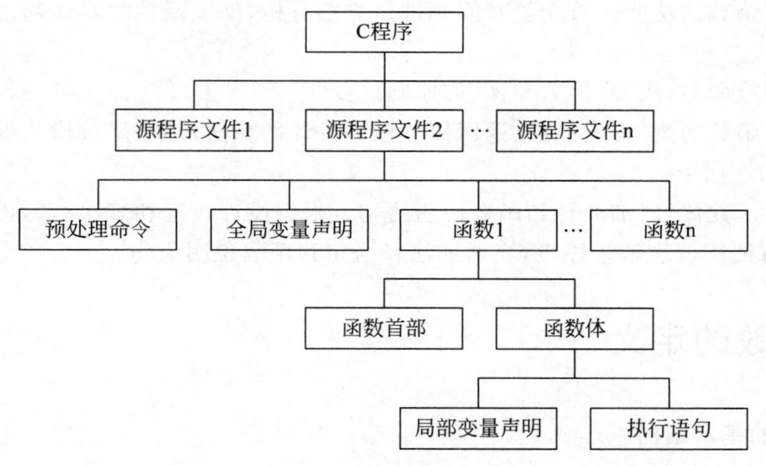

图6-1 C程序的组成结构

一个C程序可以由多个源程序文件构成，一个源程序文件由若干函数、预处理命令及全局变量声明部分构成。函数包括函数首部和函数体，函数体由局部变量声明和执行语句组成。

如果把所有的代码都编写在主函数中，使得主函数很臃肿，且结构不清晰，引入函数具有如下优点。

(1) 减少重复代码。把需要实现的功能编写成函数，在需要之处直接调用，不需要重复编写相同的代码，提高了程序的可重用性及开发效率。

(2) 实现模块化编程。将一个大的任务按功能分解为若干个功能模块，每个功能模块用一个函数实现，函数与函数之间是平行的、独立的，只需要通过提供的数据接口就可以进行数据交流，这样编写的程序结构清晰，可读性好，易于开发与维护，如图6-2所示。

C程序是由函数组成的，即C程序的基本组成单位是函数。编写C程序实际上就是编

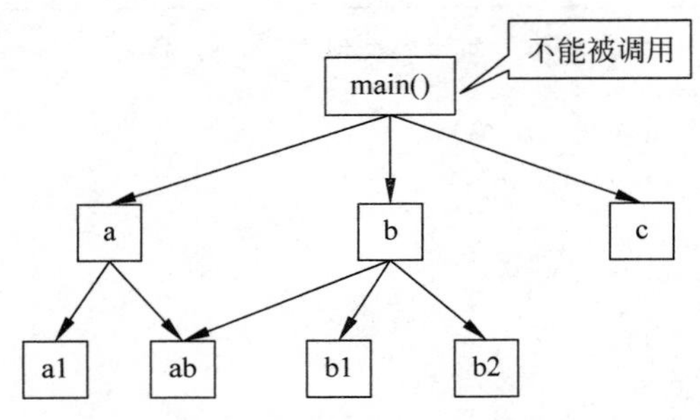

图 6-2 C 程序模块(函数)示意图

写一个个的函数,函数是一种简化程序结构的重要手段。

每个 C 程序有且只有一个主函数 main()和一个或若干个函数构成。主函数 main()可以调用其他函数,但其他函数不能调用主函数 main()。

函数的一个明显特征就是使用时带括号(),括号中可以包含数据或表达式,称为函数的参数(Parameter)。

设计函数的思路与步骤如下。

(1) 确定函数的功能。首先要对问题进行详细分析,确定函数的具体功能,设计求解问题的算法。

(2) 给函数命名,按照“见名知义”的原则。

(3) 确定函数类型、形式参数、返回值。根据设计的算法,确定函数形式参数的个数、类型以及函数的返回值。

(4) 编写函数体,附加注释和函数说明语句。根据设计流程和算法编写函数体,实现函数功能。为方便阅读理解程序,适当增加注释语句和函数说明语句。

6.2 函数的定义

1. 函数的基本结构

一个函数由两部分组成:函数首部,即函数的说明部分,包括函数类型、函数名、函数参数及参数的类型;函数体,一般包括变量定义和执行语句。

2. 函数分类

从函数定义的角色,可分为库函数和用户自定义函数两种。

从函数有无返回值的角度,可分为有返回值函数和无返回值函数两种。

从函数的有无参数形式,可分为无参函数和有参函数两种。

6.2.1 无参函数的定义形式

```
类型标识符 函数名( )
{
    声明部分
```

```
    语句部分
}
```

如果一个函数内有多个花括号{},则最外层的一对{}为函数体的范围。

“类型标识符 函数名( )”称为函数首部,花括号{}中的内容称为函数体。

注意:

(1) 函数首部中的“类型标识符”指明函数值的类型,函数值的类型实际上是函数返回值的类型,也就是该函数要传递给主调函数的数据类型。该类型标识符可以是基本类型,如char、int、float、double、void 等,也可以是后续章节将要介绍的指针等类型。函数可以有返回值,也可以无返回值。在很多情况下无参函数没有返回值,此时函数的类型标识符可以明确写为 void。

(2) 函数名是由用户定义的标识符,遵循“见名知义”的命名规则,调用函数使用函数名。

(3) 花括号{ }中的声明部分和语句部分称为函数体。声明部分可以是对函数体内所用到变量类型的声明,也可以是对函数体内所需调用函数的声明。

6.2.2 有参函数的定义形式

```
类型标识符 函数名(形式参数表列)
{
    声明部分
    语句部分
}
```

函数的参数分为形式参数和实际参数两种。

形式参数:定义函数时函数名后面圆括号()中的变量称为形式参数,简称形参。形参的个数可以是一个或多个,多个参数之间用逗号间隔。每个形参须给出类型说明。

实际参数:调用函数时函数名后面括号中的表达式称为实际参数,简称实参。实参出现在主调函数中,形参出现在被调函数的定义中。函数调用时,主调函数将赋予形参实际值。

C 语言规定所有函数都是平等的、独立的,函数在定义时不能嵌套,不允许一个函数从属于另一个函数,即不允许在一个函数中定义另一个函数。

【例 6-1】 函数的实参与形参的应用:编程求两个数中的大值。

```
#include<stdio.h>
int max(int a, int b)        /*a、b为形参*/
{  if (a>b) return a;
   else return b;
}
void main()
{   int m,n , result;
   printf("please input two integers:\n");
```

```
    scanf("%d%d",&m,&n);
    result = max(m,n);          /* 实参 m 的值传给形参 a,实参 n 的值传给 max()函数的形参 b */
    printf("max is %d",result);
 }
```

result＝max(m,n); 主函数 main( )首先调用函数 max( ),然后把 max()函数的返回值赋给 result。

注意：当形参为多个且它们的数据类型相同时,需要分别说明各自的类型。

例如：

```
int max(int a, int b)
{  if (a > b) return a;
   else return b;
 }
```

上述函数定义形式是在函数定义和函数声明时,给出形参及其类型,称为现代格式。采用现代格式的函数定义在编译时易于查错,从而保证了函数声明和定义的一致性。另一种函数定义格式称为传统格式,即有参函数在定义时对形参进行声明是放在函数首部的下一行。传统格式形式如下：

```
类型标识符   函数名(形参表)
形参类型说明
{
   声明部分
   语句部分
}
```

可将现代格式的 max()函数定义改为传统格式,例如：

```
int max(a, b)          /* 传统格式 */
int a,b;
{  if (a > b) return a;
  else return b;
}
```

6.2.3 库函数

库函数又称为标准函数,由 C 系统提供。例如 printf( )、scanf( )、getchar( )、putchar( )、gets( )、puts( )、strcat( )等均属库函数。

使用库函数需要包含相应库函数的头文件。头文件是包含库函数声明语句的扩展名为.h 的文件。定义库函数的代码被编译成目标代码(扩展名为.o),然后和源程序(扩展名为.c)编译成的目标代码一起连接为可执行程序(扩展名为.exe)。

例如要想使用输出输入函数 printf( )和 scanf( ),就必须在程序代码的最前面使用包含头文件 stdio.h,即 #include <stdio.h>。

注意：这一行不是 C 语言的语句,语句末不需要加分号“;”,包含头文件相当于将头文件中的所有代码插入当前的程序代码文件中。

库函数分以下几类。

(1) I/O 函数：例如 printf()、scanf()、getchar()、putchar()、read()，需包含头文件 stdio. h。

(2) 字符/字符串函数：例如 strcpy()、strcmp()、strcat()、toupper()，需包含头文件 string. h。

(3) 数学函数：例如 sqrt()、fabs ()、exp()、sin()、cos()，需包含头文件 math. h。

(4) 日期、时间函数：例如 time()、ctime()、clock()，需包含头文件 time. h。

(5) 动态分配、随机函数：例如 rand()、free ()、clock()，需包含头文件 stdlib. h。

更多的库函数可查阅本书附录 A。

6.2.4 自定义函数

用户根据需要自行设计的函数称为自定义函数。通过调用自定义函数可以实现复杂的程序功能。自定义函数可以无参数，也可以自带参数。

自定义函数也可以通过“文件包含”的方式引入到当前编写的代码中，书写格式如下：

```
#include"stdio.h"
```

包含库函数头文件与包含自定义函数头文件的格式区别是：将尖括号< >换成双引号" "，这是由于编译器搜索文件的方法决定的。

自定义函数的包含方式通常有以下三种。

1. 常规方法

各函数包含在一个文件中。

```
#include <stdio.h>
void main(  )
{  void printstar(  );
   void print_message(  );
   printstar(  );
   print_message(  );
   printstar(  );
}
void printstar(  )
{printf (" *********************** \n" ); }
void print_message(  )
{printf ("   How do you do!      \n") ;}
```

2. 工程的方法

若某程序由四个文件组成，其中，一个文件(file_1. c)包含主函数，另两个文件(file_2. c、file_3. c)包含两个被调用函数，还有一个为工程文件(file_4. prj)，包含这个程序的三个文件名。例如：

```
file_1.c
void main()
{ p1() ; p2() ; p1() ;
}

file_2.c
p1()
{ printf (" ********************** \ n");
}

file_3.c
p2()
{printf ("  How  do  you  do!\ n");
}

file_4.prj          /* Project  name */
file_1
file_2
file_3
```

一个C程序一般由一个或者多个源文件组成,一个源文件是一个编译单位,而一个源文件又可以由若干个函数组成。C程序总是从主函数main()开始执行,然后由主函数main()调用其他函数,其他函数从调用处再返回到主函数main(),最后由主函数main()结束整个程序。

3. 文件包含的方法

在主函数中使用文件包含预编译命令,将不在本文件而在其他文件中的函数进行预编译处理,并把各文件中的函数包含到本文件中,然后一起进行编译、连接、运行。例如:

```
file_5.c
#include"file_2.c"
#include"file_3.c"
void main()
{ p1(); p2() ; p1() ;
 }
```

函数的定义实际上就是描述一个函数所完成功能的具体过程。如果一个函数的功能尚不明确或未实现就需要用到空函数。

6.2.5 空函数

在程序设计中有时根据需要为待实现的功能函数预留一个位置,该函数尚未编写代码,没有参数,函数体也是空的,称为空函数。

空函数定义形式为:

```
类型标识符 函数名()
{ }
```

例如：

```
void dummy( )
{ }
```

若在主调函数中调用了 dummy()，实际上 dummy()什么工作也不做，只是表明“这里要调用一个函数”，而现在这个函数没有起作用，等以后扩充函数功能时补充代码。

6.3 函数的调用

在 C 语言中，主函数 main()可以调用其他函数，其他函数不能调用 main()。函数定义后只有通过调用才能实现其功能。将调用其他函数的函数称为主调函数，被调用的函数称为被调函数。

主函数 main()调用其他函数，其他函数可以嵌套调用且可以被调用多次。当所有被调函数执行结束，程序的执行流程回到主函数 main()的调用处，当主函数 main()执行结束时整个程序也就执行结束，如图 6-3 所示。

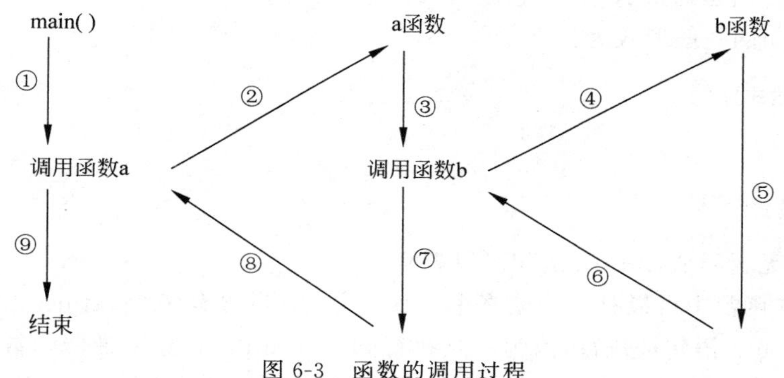

图 6-3 函数的调用过程

6.3.1 函数调用格式

函数调用格式一般为：

函数名([实参表列])

其中，实参表列中的参数可以是常量、变量、表达式或构造类型数据。

如果有多个实参，则各实参之间用逗号分隔，且实参的个数与形参的个数应相等，类型匹配，实参按先后顺序对应向形参传递数据，如图 6-4 所示。

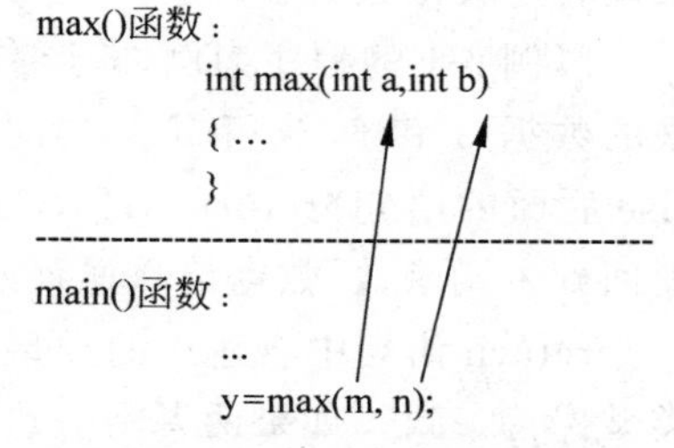

图 6-4 函数调用时实参应向形参传递数据

【想一想】 如果实参的个数大于或小于形参的个数，类型不匹配，怎么办？

以下程序的运行结果是________________。

```
#include< stdio.h>
int avg(int a, int  b )               /*a、b为形参*/
{  if ( a==b ) return a;
   else return (a+b)/2;
}
void main()
{  int x,y ,z ;
   x=5,y=6,z=7;
   printf("%d\n", avg(x,y));          /*x,y 为实参*/
   printf("%f\n", avg(y,z));          /*y ,z 为实参*/
}
```

6.3.2 参数传递和函数的返回值

函数的返回值又称函数的值，是指通过函数调用返回主调函数的值。函数返回值实现了数据从被调函数到主调函数的传递。

函数的返回值是通过return语句获得的。

return语句的一般形式为：

return(表达式);

或

return 表达式;

如果函数无返回值，return语句可以省略。

一般地，在函数中可以有一个或多个return语句，当含有多个return语句时每次调用只会有一个return语句被执行，因为一旦执行到return语句，除了带回函数值到主调函数中之外，被调函数的执行也就到此结束，因此通过函数调用只能返回一个函数值。既然函数有值，就应该有一个确定的类型，所以在定义函数时要求函数名前面有一个类型标识符，这个类型标识符用来说明这个值的类型。如果省略类型标识符，有的编译系统会自动按int类型处理，而有的编译系统在编译时却不能通过。建议读者定义函数时加以类型说明。

以例6-1的程序为例，若形参a和b分别接收实参传递来的数据3和5，执行if语句时，条件a>b不成立，执行else后面的语句"return b;"，将return语句表达式b的值返回到主调函数，数据传递过程如图6-5所示。

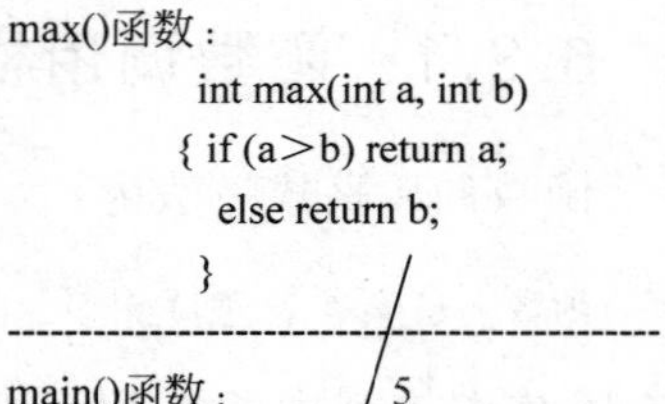

```
max()函数：
    int max(int a, int b)
    { if (a>b) return a;
      else return b;
    }
----------------------------------------
main()函数：            5
    ...
    y=max(m, n);
```

图6-5 被调函数向主调函数的数据传递过程

return语句中表达式的类型通常和函数定义中函数的类型保持一致。如果两者不一致，则以定义时说明的函数类型为准，自动转换类型。

例如，max()函数在定义时，函数值类型说明为整型，函数体内return语句中的表达式a(或b)也是整型，两者是一致的。但是，如果有如下函数定义：

```
int  compare(int x, int y)
```

```
{   if(x > y)  return(1.6);
    if(x == y)  return(0.7);
    return( - 1.9);
}
```

其中,三个 return 语句中的表达式分别是 1.6、0.7、－1.9,它们都是浮点类型,与定义整型不匹配,则系统自动把浮点类型的数据转换成整型 1、0、－1,然后作为函数的值。

说明：若无 return 语句,可能返回一个不确定或无用的值。

对比下列程序 1 和程序 2,无 return 语句,函数带回不确定值。

程序 1.c

```
#include < stdio.h >
printstar()
{    printf(" ********** ");
}
main()
{    int a;
     a = printstar();
     printf(" % d",a);
}
```

程序 1　输出：10

程序 2.c

```
#include < stdio.h >
void  printstar()
{    printf(" ********** ");
}
main()
{    int a;
     a = printstar();
     printf(" % d",a);
}
```

程序 2　编译错误！

【想一想】 函数的形参和实参的区别。

(1) 形参变量在未进行函数调用时,并不占用内存中的存储单元。只有在发生函数被调用时才为它们分配内存单元,调用结束时,立刻释放所分配的内存单元。因此,形参只有在函数内部才有效。函数调用结束返回主调函数后则不能再使用该形参变量。

(2) 实参可以是常量或变量,也可以是复杂的表达式。

(3) 函数调用发生前,所有实参表达式都会先被计算而得到一个最终结果,然后在调用时传递给形参变量。只是不同的编译器对这些实参表达式的计算顺序有可能不同。

(4) 如果实参是一个普通变量,则实参的变量名与形参的变量名可以相同,也可以不同,编译器能够区分它们,不会将它们作为同一个数据对象对待。

(5) 实参和形参在数量上、类型上、顺序上应严格一致,否则会发生错误。这里类型上的一致可以是类型完全相同,也可以是赋值兼容。例如,整型和字符型是赋值兼容。

(6) 函数调用时发生的参数传递是单向传递。即只能把实参的值传送给形参,而不能把形参的值反向地传送给实参。因此在函数调用过程中,形参的值发生改变,而实参中的值不会变化。

【例 6-2】 编程实现两个数的交换。

```
#include < stdio.h >
void exchange(int a,  int b)
{   int t;
    printf("函数调用中,交换前 a = % d,  b = % d\n",a,b);
    t = a;a = b;b = t;
    printf("函数调用中,交换后 a = % d,b = % d\n",a,b);
```

```
}
void main()
{   int m,n;
    printf("请输入两个整数:");
    scanf("%d%d",&m,&n);
    printf("函数调用前 m=%d, n=%d\n",m,n);
    exchange(m,n);
    printf("函数调用后 m=%d,n=%d\n",m,n);
}
```

具体执行流程如图 6-6 所示。

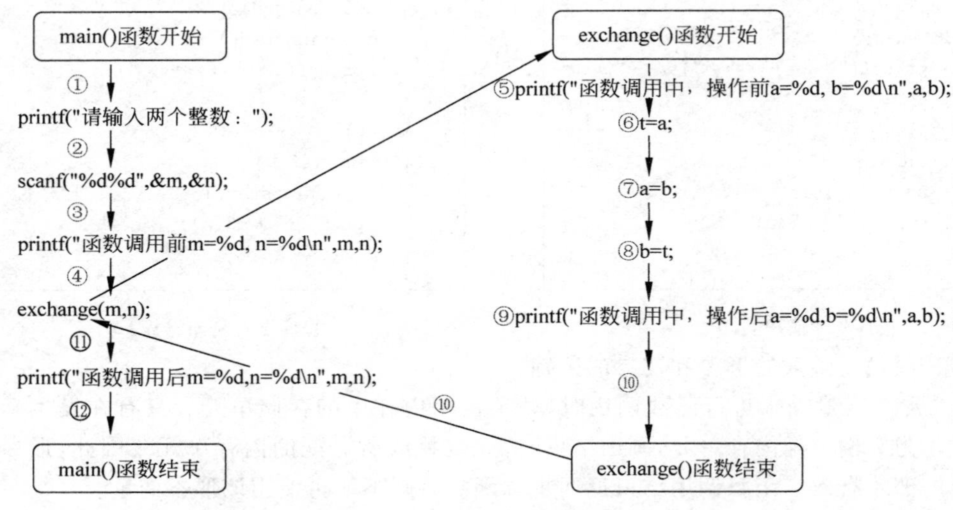

图 6-6 例 6-2 的程序执行流程

在程序的执行过程中,需要注意两个关键问题：一是执行流程的转移；二是参数的传递。

程序的执行开始于 main()函数,当执行到 exchange()函数调用处时,执行流程跳转到 exchange()函数的执行，exchange()函数执行结束后,执行流程返回主调函数的调用处,然后继续执行调用点后面的其他语句,直到 main()函数结束,当 main()函数被执行完毕,程序的执行也就结束了。

从 main()函数开始执行,直到 main()函数中的 scanf()函数调用前,主函数内的变量 m 和 n 都未被赋值,其值不确定,其存储情况如图 6-7 所示。

当执行 scanf()函数时,若用户输入 7 和 9,则主函数内的变量 m 的值是 7,n 的值是 9,其存储情况如图 6-8 所示。

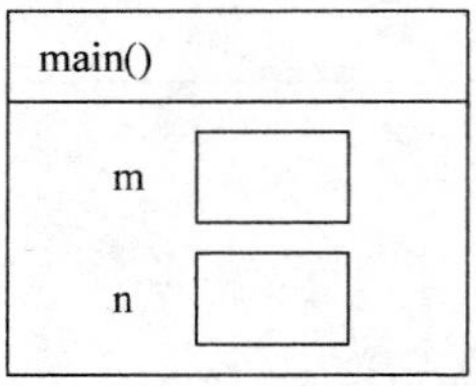

main()

m

n

图 6-7 调用 scanf()函数前

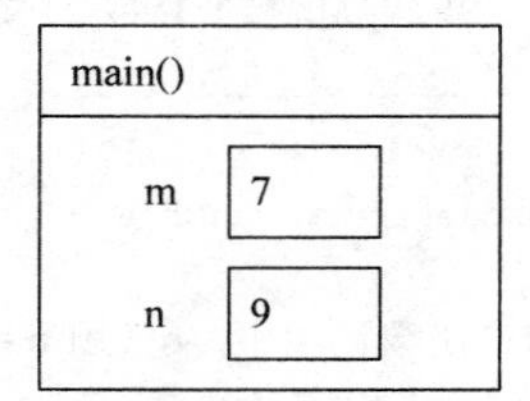

图 6-8 调用 scanf()函数后

当调用 exchange()函数时，会为 exchange()函数的形参变量 a 和 b 分配存储单元，并把实参 m 的值复制给形参变量 a，把实参 n 的值复制给形参变量 b，参数传递情况如图 6-9 所示。

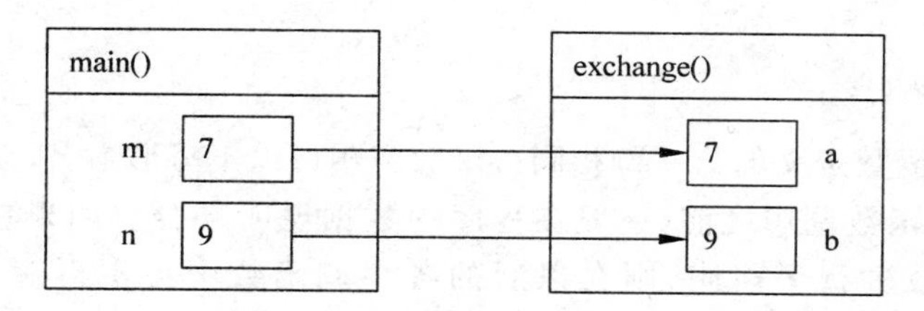

图 6-9　实参向形参的传递情况

执行 exchange()函数时，对形参 a 和 b 进行了交换，但形参和实参是不同的数据对象，它们占用的是不同的存储单元，所以形参交换后，不会影响到实参。形参交换后的存储情况如图 6-10 所示。

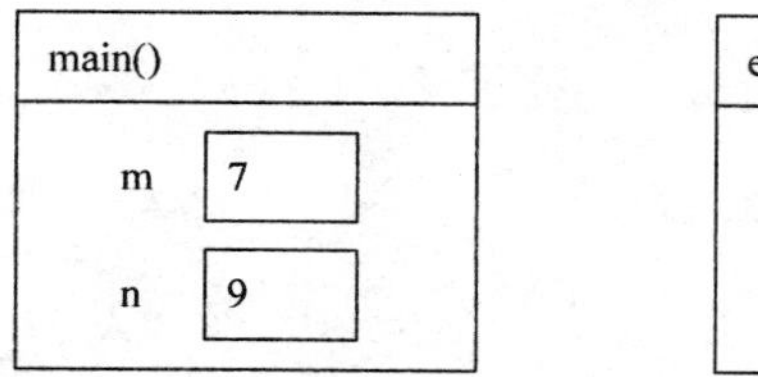

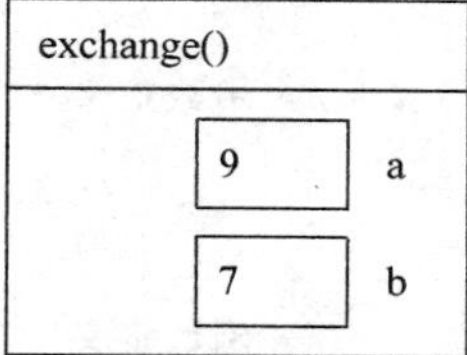

图 6-10　形参交换后的存储情况

当 exchange()函数执行完毕后，形参 a 和 b 的内存空间被释放。流程回归到 main()函数后，实参 m 还是原来的 7，实参 n 还是原来的 9。

可见实参的值不随形参的变化而变化，参数的传递只是单向传递，是从实参传递给形参，不会反过来再把形参的值传递给实参。

【随堂一练】　分析以下程序的运行结果。

```
#include <stdio.h>
int fun(int x, double y, char z)
{  printf("x = %d  y = %f  z = %c\n", x,y ,z);
   return 5.5;
}
void main()
{  double  m = fun(4.5,3, 66) ;
   printf("m = %f\n", m);
}
```

6.3.3　函数原型

函数原型又称函数的声明。如果被调函数定义在主调函数之后，那么在主调函数中对被调函数做声明。要求被调用函数必须是已存在的函数，如库函数和用户自定义函数。

函数声明一般格式为：

```
函数类型  函数名(形参类型  [形参名],…);
```

或

```
函数类型  函数名();
```

函数声明只与函数定义的第一行相同。函数声明可以不写形参名,只写形参类型。

函数声明位于函数调用之前,一般在程序的数据说明部分。如果在所有函数定义之前,预先对各个函数进行了声明,则在以后的各主调函数中可不再对被调函数做声明。例如：

```
char f1(int a );            /* 函数声明 */
float f2(float b);          /* 函数声明 */
void main()
{
    …
}
char f1(int a)              /* 函数定义 */
{
    …
}
float f2(float b)           /* 函数定义 */
{
    …
}
```

(1) 程序中,第一、二行对 f1()函数和 f2()函数预先做了声明。因此在以后各函数中无须对 f1()和 f2()函数再做声明就可直接调用。

(2) 如果被调函数的返回值是整型或字符型时,可以不对被调函数做说明,而直接调用。这时系统将自动对被调函数返回值按整型处理。

(3) 有的编译系统要求对所有被调函数都要进行声明,所以为了程序的清晰性、安全性和通用性,建议读者都加上函数原型声明。

【使用函数注意事项】

(1) 没有被定义的函数,不能被调用。被调函数可以是系统定义的库函数,也可以是用户自定义的函数。

(2) 如果被调函数是系统定义的库函数,则在调用之前应该用＃include 命令将含有被调函数相关信息的头文件包含到本文件中来。例如,stdio.h 文件中包含输入输出库函数被调用时所需要的信息；math.h 文件中包含数学函数被调用时所需用的信息；string.h 文件中包含字符串函数被调用时所需用的信息。

(3) 如果被调函数是用户自定义的函数,且定义的位置在调用之后,则应该在调用之前对该被调函数进行声明。对被调函数做声明的目的是使编译系统知道被调函数的函数名、函数参数的个数、参数的类型、参数的顺序及函数返回值的类型,以便在遇到函数调用时,编译系统能正确识别函数并检查调用是否合法。

对自定义的被调函数进行声明时，可采用函数原型，函数原型有两种形式，分别为：

(1) 类型标识符 被调函数名(类型 形参,类型 形参…);

(2) 类型标识符 被调函数名(类型,类型…);

第一种形式是比较便于阅读程序的形式，直接用函数首部再加一个分号即可。但实际上编译系统在做语法检查时，只需要函数类型、函数名、函数的参数个数及参数的类型、函数参数的顺序，并不需要检查参数的名称，所以参数的名称不管写成什么都没关系。

第二种形式是基本形式。由于编译系统在做语法检查时不需要检查参数的名字，所以可以在第一种形式的基础上把参数的名称去掉。

【例 6-3】 填空，完成测试编译系统对参数的求值顺序。

```
#include <stdio.h>
void main()
{ ________                          /* 此处填写函数的声明 */
    int y,i = 3;
    y = compare(i,++i);
    if(y == 0) printf("该系统按自右向左顺序求实参的值!\n");
    else if(y < 0) printf("该系统按自左向右顺序求实参的值!\n");
        else printf("出现异常!\n");
}
int  compare(int  x, int  y)       /* 函数的定义在函数调用之后 */
{  if(x > y)    return(1);
   if(x == y)   return(0);
   return( - 1);
}
```

则 compare()函数在进行声明时可以写成：

```
int compare (int x, int y);
```

或

```
int compare (int a, int b);
```

或

```
int compare (int , int );
```

【想一想】 函数的定义、函数的声明与函数的调用之区别。

函数的定义是指对函数功能的确立，包括指定函数值类型、函数名、形参及其类型，还包括函数体等；

函数的声明是把函数值的类型、函数的名字、形参类型、形参格式和顺序通知编译系统，以便在调用该函数时系统按此声明进行对照检查。

函数的调用是执行该函数的功能，调用的必须是已存在的函数。

函数的定义、函数的声明与函数的调用之区别如表 6-1 所示。

表 6-1 函数的定义、函数的声明与函数的调用之区别

区别之处	函数的定义	函数的声明	函数的调用
函数头部	函数头部后无“;”	函数头部后有“;”	调用时使用函数名,并给出实参,不写参数类型,不写返回值类型
有无{}和函数体	有{}和函数体,且要完整地写出函数体语句	无{},无函数体语句	无{},无函数体语句
出现的位置	只能在其他函数外定义,函数不能嵌套定义	出现在函数调用之前,既可以出现在函数外,也可以出现在函数内	只能在函数内部调用函数
出现的次数	只能出现一次	可以出现多次	可以出现多次,每次调用都会执行该函数一次

注意:调用库函数也需要提前声明。只不过系统库函数的函数声明已被事先写到头文件(.h)中,因此,通常用#include 命令在程序中包含对应的头文件,就是把对应函数的声明包含到用户写的程序中。这就是在调用库函数之前一定要包含对应头文件的原因。

6.4 函数的嵌套与递归

6.4.1 函数的嵌套调用

在C语言中,各函数的定义是平行的、平等的、独立的,不允许在一个函数的函数体内定义另一个函数,即不允许函数嵌套定义,但是允许在一个函数的定义中调用另外的函数。当调用第一个函数时,如果在执行第一个函数的函数体过程中又出现调用第二个函数,称为函数的嵌套调用,即在被调函数中又调用其他函数。

【例 6-4】 求三个数中最大数与最小数的差值。

```
#include <stdio.h>
int dif(int x, int y, int z);
int max(int x, int y, int z);
int min(int x, int y, int z);
void main()
  { int a,b,c,d;
    scanf("%d%d%d",&a,&b,&c);
    d = dif(a,b,c);
    printf("max - min = %d\n",d);
  }
  int dif(int x, int y, int z)
    { return max(x,y,z) - min(x,y,z); }
  int max(int x, int y, int z)
    { int r;
      r = x > y?x:y;
      return(r > z?r:z);
    }
```

```
int min(int x,int y,int z)
  { int r;
    r=x<y?x:y;
      return(r<z?r:z);
  }
```

程序执行流程如图 6-11 所示。

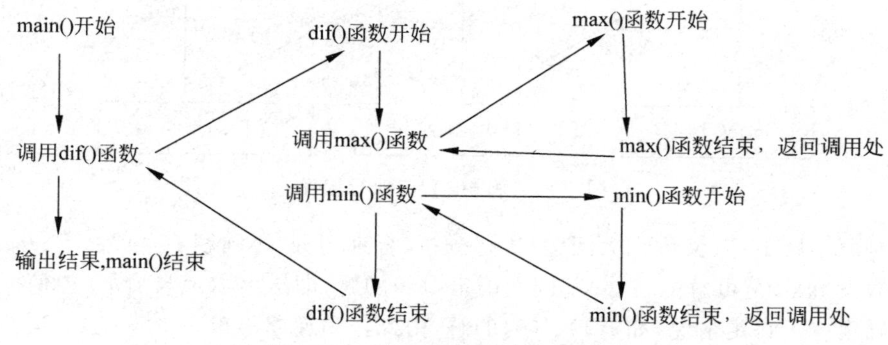

图 6-11 例 6-4 程序执行流程结束

【例 6-5】 编程实现从键盘输入两个整数,求其平方之和。要求使用函数计算两数的平方及平方和。

```
#include<stdio.h>
int fun1(int x,int y);
void main(void)
{  int a,b;
   scanf("%d%d",&a,&b);
   printf("The result is: %d\n",fun1(a,b) );
}
int fun1(int x,int y)
{  int fun2(int m);
   return ( fun2(x) + fun2(y) );
}
int fun2(int m)
{  return (m*m);
}
```

程序执行流程如图 6-12 所示,箭头方向表示了程序执行的流向。

【想一想】 将该例题改为从键盘输入两个相等的整数,求其平方和的平方。将“return (fun2(x)+fun2(y));”改为“return(fun2(x)+fun2(y))*(fun2(x)+fun2(y));”。其中,fun1()函数的功能与 fun2()函数的功能是否相同。

6.4.2 函数的递归调用

在函数调用过程中出现直接或间接地调用该函数自身,称为函数的递归调用。函数的递归调用是 C 语言程序中非常重要的一种设计思想。递归算法设计如下:

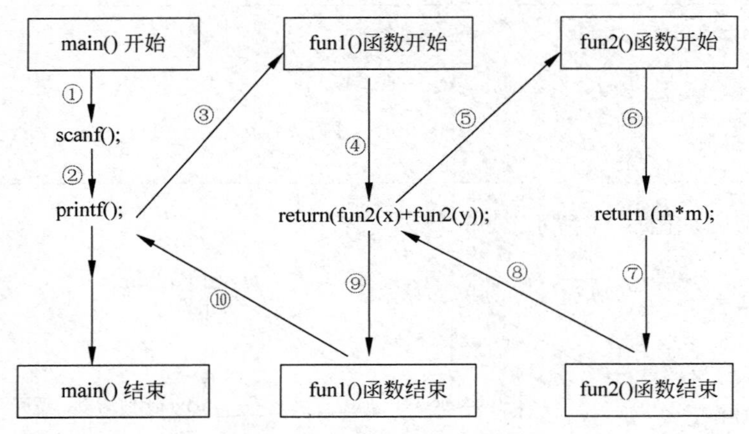

图 6-12 例 6-5 程序执行流程

(1) 对原问题 f(s)(又称为大问题)进行分析,合理划分"小问题 f(s')";

(2) 假设 f(s')是可解的,在此基础上确定 f(s)的解,即给出 f(s)与 f(s')之间的关系;

(3) 确定一个特定情况,如 f(1)、f(0)的解,由此作为递归出口。

例如:

程序段 1

```
int  f (int  a)
{
    …
    f (e);
    …
}
```

直接递归调用

程序段 2

```
int  f1(int  a)
{
    …
    f2 (x);
    …
}
int  f2 (int  y)
{
    …
    f1(w);
    …
}
```

间接递归调用

程序段 1 中,f()函数的函数体内直接有本函数的调用,这是直接递归调用。

程序段 2 中,f1()函数的函数体内调用了 f2()函数,f2()函数的函数体内又有对 f1()函数的调用,这种情形是 f1()函数对自己的间接递归调用。

根据算法有穷性的特点,对于上述两个例子,不能让它们无休止地调用自身,必须在函数内有终止递归调用的语句。常用的办法是加条件判断,满足某种条件后就不再递归调用,然后逐层返回。下面举例说明递归调用的执行过程。

【例 6-6】 用递归法编程实现 n!。

分析:求 n! 可用下述公式表示

$$n!=\begin{cases}1 & (n=0,1)\\ n\times(n-1)! & (n>1)\end{cases}$$

程序如下：

```
#include <stdio.h>
long  Fact(int n)
{  long f;
   if(n<0)  printf("n<0, error!");
   else if (n==0||n==1) f=1;
        else f=Fact(n-1)*n;          /*Fact()函数中又调用Fact()函数自己*/
   return(f);
}
void main()
{  int x;
   long m;
   printf("Please input a integer number:\n");
   scanf("%d",&x);
   m=Fact(x);
   printf("%d!=%ld\n",x,m);
}
```

分析执行过程：主函数调用 scanf()函数时，若输入 4，则 x 为 4，接着执行语句“m=Fact(x);”，求解赋值符号右边的表达式，即调用 Fact(4)，调用发生时，执行流程跳转到 Fact()函数，这时形参 n 接收到实参 x 的值 4，n 不满足条件 n<0，也不满足条件 n==0||n==1，则执行语句“f=Fact(n-1)*n;”，即“f=Fact(3)*4;”，这时出现了递归调用。

第二次调用 Fact()函数时，形参 n 接收到实参值 3，…。

第三次调用 Fact()函数时，形参 n 接收到实参值 2，…。

第四次调用 Fact()函数时，形参 n 接收到实参值 1，n 不满足条件 n<0，但满足条件 n==0||n==1，则执行语句“f=1;”，此时递归终止。继续向后执行 return 语句，此时第四次 Fact()函数调用结束，回到其主调函数的调用点，并带回函数 Fact(1)的值 1。

回到第三次 Fact()函数中的调用点后，即可求得 f 的值为 2，然后执行 return 语句，直到回归到 main()函数中的调用点，求得 m 的值为 24 并输出。

执行过程如图 6-13 所示。

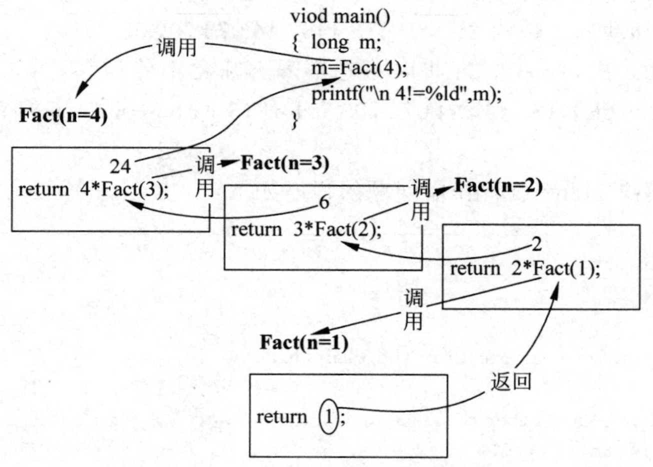

图 6-13 函数递归调用时的执行过程

【使用递归时注意事项】

(1) 用递归实现的情况：可以转化为与原问题解法相同的新问题，新问题与原问题的规模相比是递减的。

(2) 递归必须有一个出口：即有一个终止递归的语句。

有些问题可以用递推的方法解决，也可以用递归的方法解决。

递推：从一个已知的事实出发，按一定规律推出下一个事实，再从已知的新事实推出下一个新事实。

该例也可以不用递归的方法来完成，改用递推法，即在 1 的基础上，乘以 2，再乘以 3，…，直到 n，这个算法用循环即可实现，且递推法比递归法更容易理解。

用递推法求 n!，假设 n=5，编程如下：

```
#include <stdio.h>
void main( )
{ int  i, s=1;
   for(i=1;i<=5;i++)
      s=s* i;
   printf("s=%d\n",s);
}
```

【例 6-7】 汉诺塔游戏。

十九世纪末，欧洲珍奇商店出现一种汉诺(Hanoi)塔游戏，如图 6-14 所示，共有 A、B、C 三根针，其中 A 针上有 64 个大小都不一样的盘子，要求将这 64 个盘子从 A 针移到 C 针上，在移动的过程中规定：可以借助 B 针，每次只能移动一个盘子，且三根针上始终保持大盘在下，小盘在上。古代印度布拉玛庙里的僧侣们都在玩这种游戏，求出移动步骤。据说如果游戏结束，世界末日即来临。

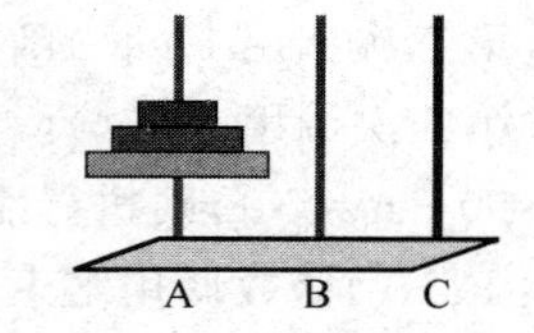

图 6-14 汉诺塔游戏示意图

分析：这是一个只能用递归方法解决的问题；将 A 上 n−1 个盘子借助 C 移到 B；把 A 上剩下的一个盘子移到 C；将 n−1 个盘子从 B 借助 A 移到 C；n 个盘子借助 B 由 A 移到 C，需移动的次数是 2^n-1。

则 64 个盘子移动的次数为 $2^{64}-1$=18 446 744 073 709 551 615。

如果每秒移动一次，且一天 24 小时不吃不喝不睡觉不停地移动，一年的秒数是 365×24×60×60=31 536 000，18 446 744 073 709 511 615÷31 536 000 =584 942 417 355(年)，即 5849 亿年。

用递归方法解决 Hanoi(汉诺)塔问题的程序如下：

```
#include <stdio.h>
void main()
{
    void hanoi(int n,char one,char two,char three);
    int m;
    printf("Input the number of diskes:");
    scanf("%d",&m);
```

```
    printf("The step to moving %3d diskes:\n",m);
    hanoi(m,'A','B','C');
}
  void hanoi(int n,char one,char two,char three)
  { void move(char x, char y);
    if(n==1)  move(one,three);
    else  { hanoi(n-1,one,three,two);
            move(one,three);
            hanoi(n-1,two,one,three);
          }
  }
void move(char  x, char  y)
{ printf("%c---->%c\n",x, y);
}
```

运行结果如下：

```
input number of diskes: 3
the step to  moving 3 diskes:
 A ---->C
 A ---->B
 C ---->B
 A ---->C
 B ---->A
 B ---->C
 A ---->C
```

【想一想】 如果不用递归，能求出汉诺塔移动的步骤吗？递归有哪些优点与缺点？

6.5 函数的参数

函数的参数分为形参和实参两种，形参和实参可以是各种类型的变量、表达式。数组也可以作为函数的参数。数组作为函数的参数有两种形式：一种是把数组元素作为函数实参；另一种是数组名作为参数，用来传递数组的首地址。

6.5.1 数组元素作为函数参数

数组元素作为函数参数，与变量作实参时一样，是单向值传递方式，接收实参值的形参应与数组元素具有相同类型。

【例 6-8】 一维数组 a 中有 10 个元素，求其最大值。

```
#include <stdio.h>
void main()
{  int max(int a,int b);
   int a[10] = {2,4,6,8,10,1,3,5,7,9},i,m;
```

```
    m = a[0];
    for(i = 1;i <= 9;i++)
        m = max(m,a[i]);
    printf("Max is %d\n",m);
}
int max(int a,int b)
{   return (a > b)?a:b;
}
```

6.5.2 数组名作为函数参数

数组名既可以作为函数实参,又可以作为函数形参。数组名作为函数实参时,对应的形参应该是数组名或指针变量(指针后续章节介绍)。

【例 6-9】 计算 10 个学生的平均成绩,要求用数组名作为函数参数。假设从键盘输入的 10 个分数为 78,89,93,65,72,90,77,81,76,63。

```
#include <stdio.h>
void main( )
{   int score[10], i ;
    float a, ave (int y[10]);
    for (i = 0;i < 10;i++)
        scanf("%d",&score[i]);
    a = ave(score);
    printf ("%.2f \n",a);
}
float ave( int y[10] )
{
    float r, s;
    int i;
    s = 0;
for (i = 0;i < 10;i++)
        s = s + y[i];
    r = s/10;
    return(r);
}
```

程序执行到语句“a=ave(score);”调用函数时,把实参的数据,即数组的首地址,传递给形参。这里形参是一个数组,则实参的地址传递给形参数组,形参数组 y 的首地址与实参的地址相同,如图 6-15 所示,score 数组与 y 数组是同一块内存空间。

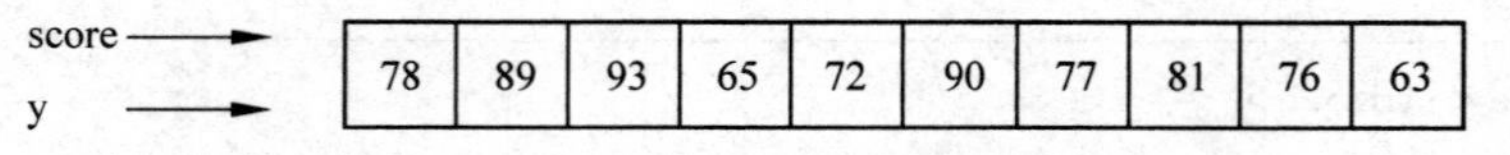

图 6-15 形参、实参的内存分配状况(1)

实际上,形参数组的长度可以不指定,因为编译时不对形参数组的长度进行检查,只是将实参的地址传递给形参数组,作为形参数组的首地址。因此 ave()函数首部可以改写为

```
float ave( int y[] )
```

同时把 main()函数中对 ave()函数的声明改写为

```
float ave( int y[] );
```

ave()函数的功能比较固定，只能求 10 个学生的平均成绩，不具有通用性，可稍做修改，把学生成绩的个数即 for 循环的终值由 10 改为变量 n 作为形参，值从主调函数的实参传递过来，代码如下：

```
float ave( int y[ ], int n)
{   float r,s;
    int i;
    s = 0;
    for (i = 0;i < n;i++)
        s = s + y[i];
    r = s/n;
    return(r);
}
```

如果实参传来的是 5，则是求 5 个学生的平均成绩；如果实参传来的是 8，则是求 8 个学生的平均成绩。主调函数 main()中就可以这样来调用：

```
a = ave(score,10);              /* 求 score 数组中 10 个元素的平均成绩 */
a = ave(score,8);               /* 求 score 数组中前 8 个元素的平均成绩 */
```

其实，数组名作为形参时，实参不一定是数组名，可以是一个基类型相同的地址，例如数组元素的地址或者指针变量。

例如，若有函数定义：

```
float ave( int y[ ], int n)
```

则可以这样调用：

```
a = ave(&score[5],5);
```

这实际求的是从 score[5]元素开始的 5 个元素的平均值。因为实参是 &score[5]，传递给形参的就是 score[5]的地址，形参数组的首地址就是 &score[5]，如图 6-16 所示。

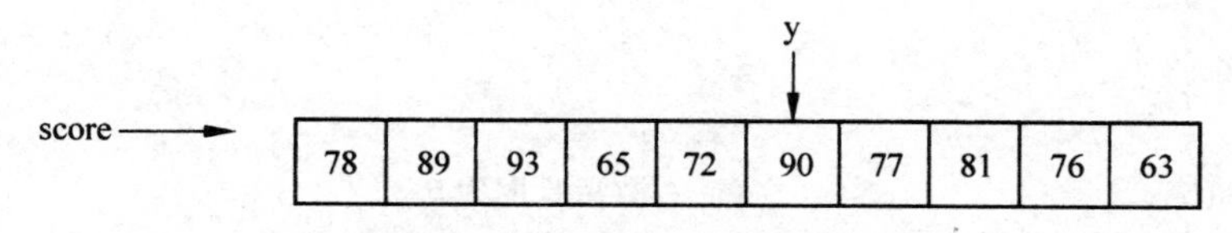

图 6-16 形参、实参的内存分配状况(2)

y[0]实际上就是 score[5]，y[1]实际上就是 score[6]，…，y[4]实际上就是 score[9]，实际求的是 90，77，81，76，63 这 5 个数的平均值。

注意：形参数组实际和实参数组共占同一内存空间，所以当在被调函数中对形参数组元素的值进行修改时，实参数组元素的值也被修改。

例如,若在 ave()函数中进行如下修改:

```
float ave( int y[ ], int n)
{  float r,s;
   int i;
   s = 0;
   for (i = 0;i < n;i++)
      s = s + y[i];
   r = s/n;
   y[3] = 0;                          /* 在被调函数中对形参数组元素进行修改 */
   return(r);
}
```

然后,在 main()函数中有以下语句:

```
a = ave(score,10);
printf(" %d\n",score[3]);        /* 实参数组元素的值也被修改了,这里输出为 0 */
```

这时,printf()函数输出 score[3]的值就不再是 65,而是 0。

小结:

(1) 形参为数组名时,对应的实参应为地址,如数组名、元素的地址、指针变量,但要注意类型必须相同。

(2) 形参数组的大小可以不指定,但所用形参数组中的元素必须有确定值。

(3) 形参数组中元素值的变化,会导致对应实参数组中元素值的变化。

【例 6-10】 用冒泡法将 n 个数由小到大排序。

```
#include < stdio.h >
void sort(int  a[ ],int  n )            //对数组 a 中的 n 个元素进行排序
{
   int i,j,t;
   for(i = 0;i < n - 1;i++)
      for(j = 0;j < n - 1 - i;j++)
         if(a[j]> a[j + 1])
         {
           t = a[j];
            a[j] = a[j + 1];
            a[j + 1] = t;
          }
}
void main( )
{
   int  a[5],i;                         //数组长度为 5
   void sort(int a[ ],int  n);
   for(i = 0;i < 5;i++)
      scanf(" %d",&a[i]);
   sort(a,5);                           //对数组 a 中的 5 个元素进行排序
   for (i = 0;i < 5;i++)
      printf(" %5d",a[i]);
   printf("\n");
}
```

主函数中的语句"sort(a,5);"是对从地址 a 开始的 5 个元素进行排序，即对数组 a 中的 5 个元素进行排序。

主函数若改成：

```
void main( )
{   int a[1000],i,n;                    /* 数组长度为 1000 */
    void sort(int a[ ],int n);
    scanf(" % d",&n);
    for (i = 0;i < n;i++)
       scanf (" % d",&a[i]);
    sort(a,n);                          /* 对数组 a 中的前 n 个元素进行排序 */
    for (i = 0;i < n;i++)
       printf (" % 5d",a[i]);
    printf ("\n");
}
```

主函数中的语句"sort(a,n);"是对从地址 a 开始的 n 个元素进行排序，即对数组 a 中的前 n 个元素进行排序。

主函数若改成：

```
void main( )
{   int a[3][4], i, j;                  /* 数组 a 是一个二维数组 */
    void sort(int a[ ],int n);
    for(i = 0;i < 3;i++)
       for(j = 0;j < 4;j++)
          scanf (" % d",&a[i][j]);
    sort(&a[0][0],3 * 4);               /* 对二维数组 a 中的 12 个元素进行排序 */
    for(i = 0;i < 3;i++)
       {  for(j = 0;j < 4;j++)
             printf (" % 5d",a[i][j]);
          printf ("\n");
       }
}
```

主函数中的语句"sort(&a[0][0],3 * 4);"是对从地址 &a[0][0]开始的 12 个元素进行排序，由于二维数组在内存中是线性存放的，所以该语句正确，是对二维数组 a 中的 12 个元素进行排序。

主函数若改成：

```
void main( )
{   int a[3][4], i, j;                  /* 数组 a 是一个二维数组 */
    void sort(int a[ ],int n);
    printf("请输入 3 行 4 列的矩阵: \n");
    for(i = 0;i < 3;i++)
       for(j = 0;j < 4;j++)
          scanf (" % d",&a[i][j]);
    for(i = 0;i < 3;i++)
       sort(a[i],4);                    /* 对二维数组 a 中每一行进行排序 */
    printf("每行排序后的矩阵是: \n");
    for(i = 0;i < 3;i++)
```

```
    {   for(j = 0;j < 4;j++)
          printf (" % 5d",a[i][j]);
        printf ("\n");
    }
}
```

主函数中的语句“sort(a[i],4);”是对从地址 a[i]开始的 4 个元素进行排序。当 i=0 时,是对第一行的 4 个元素进行排序;当 i=1 时,是对第二行的 4 个元素进行排序;当 i=2 时,是对第三行的 4 个元素进行排序。

程序运行完后,行内是有序的,但行间不一定有序。程序运行结果如图 6-17 所示。

```
C:\JMSOFT\CYuYan\bin\wwtemp.exe
请输入3行4列的矩阵:
2 9 8 6
5 7 3 8
8 2 1 7
每行排序后的矩阵是:
    2    6    8    9
    3    5    7    8
    1    2    7    8
```

图 6-17 对数组的每行进行排序的运行结果

从这个例子中可以看到:

(1) 形参数组与主调函数中的数组维数可以相同,也可以不同,只要实参的地址与形参的地址类型一致(主调函数中的数组是二维时,实参的地址涉及行地址和列地址的问题,这部分内容将在指针部分介绍)。

(2) 若主调函数中需要得到多个值,可将这多个值组织为一个或几个形参数组。

【例 6-11】 求一个 3×4 矩阵中的最大值。

```
#include < stdio.h >
int arrmax(int y[ ][4])                 /* 求 3 行 4 列的二维数组中的最大值 */
{   int i, j,max;
    max = y[0][0];
    for (i = 0;i < 3;i++)
       for (j = 0;j < 4;j++)
          if (y[i][j]> max)   max = y[i][j];
    return(max);
}
void main( )
{   int  a[3][4] = {{1,3,25,17},{22,4,6,18},{15,17,36,12}};
    printf ("矩阵中的最大值是: % d\n",arrmax(a));
                                        /* 调用后返回 3 行 4 列的数组 a 中的最大值 */
}
```

arrmax( )函数只能在具有 4 列的二维数组的连续 3 行中找最大值,功能固定,通用性差,可修改如下:

```
int arrmax(int y[ ])
{  int i,max;
   max = y[0];
   for(i = 1;i < 12;i++)
      if(y[i]> max) max = y[i];
   return(max);
}
```

arrmax( )函数修改后，就可以求连续的 12 个数据中的最大值，而不一定是具有 4 列的二维数组，主调函数中的数组可以是 3 行 4 列，也可以是 4 行 3 列或 2 行 6 列等。

例如：

```
void main( )
{  int  a[3][4] = {{1,3,25,17},{22,4,6,18},{15,17,36,12}};
   printf (" % d\n",arrmax(a[0]));      /* 调用后返回三行四列的数组 a 中的最大值 */
}
```

这里最好把实参由 a 修改为 a[0]，与形参的类型匹配，都是列地址(元素的地址)。如果不修改，形参是列地址，实参是行地址，虽然有的系统仍然会执行并输出正确的结果，但是也会有警告。

也可以是：

```
void main( )
{  int  a[3][5] = {{1,3,25,17,20},{22,4,6,18,19},{15,17,36,12,26}};
   printf (" % d\n",arrmax(&a[0][2]));  /* 调用后返回从 a[0][2]开始的 12 个数据中的最大值 */
}
```

不过上面的 arrmax( )函数的通用性不是很好，还可以进一步修改为：

```
int arrmax(int y[ ], int n)
{  int i,max;
   max = y[0];
   for(i = 1;i < n;i++)
      if(y[i]> max) max = y[i];
   return(max);
}
```

被调函数中数组的个数不是固定值 12，而是变量 n，n 的值从主调函数中的实参传递过来。

例如：

```
void main( )
{  int a[3][4] = {{1,3,25,17},{22,4,6,18},{15,17,36,12}};
   printf (" % d\n",arrmax(a,12));
}
```

或

```
void main( )
{  int a[3][4] = {{1,3,25,17},{22,4,6,18},{15,17,36,12}};
   printf (" % d\n",arrmax(&a[0][2],5)); /* 调用后返回从 a[0][2]开始的 5 个数据中的最大值 */
}
```

【想一想】 数组名作为函数参数与用数组元素作为实参的不同点。

(1) 用数组元素作为实参时,由于数组元素的处理和普通变量一样,所以只要数组元素的类型和函数形参变量的类型是一致的,即数组类型和函数的形参变量的类型一致就可以了。

用数组名作为函数参数时,则要求形参和相对应的实参都必须是类型相同的数组,都必须有明确的数组说明。当形参和实参二者数据类型不一致时,则会发生错误。

(2) 在普通变量或数组元素作为函数参数时,形参变量和实参变量占用的是两个不同的内存单元。在函数调用时是把实参变量的数值赋给形参变量,是单向"值传递"。

在用数组名作为函数参数时,不是进行"值传递",即不是把实参数组的每一个元素值都赋给形参数组的各个元素。因为实际上形参数组并不存在,编译系统不为形参数组分配内存,而是把实参即数组的首地址赋给形参数组名,进行的是"地址传递",则形参数组和实参数组的首地址相同,即是同一个数组,是共同拥有同一段内存空间。

(3) 当变量作为函数参数时,所进行的值传送是单向的。即只能从实参传向形参,不能从形参传回实参。参数传递后,形参的初值和实参相同,而形参的值发生改变后,实参并不变化,两者的终值是不同的。

而当用数组名作为函数参数时,由于实际上形参和实参为同一数组,因此当形参数组发生变化时,实参数组也随之变化。当然这种情况不能理解为发生了"双向"的值传递。但从实际情况看,调用函数之后实参数组的值将随形参数组值的变化而变化。

用数组名作函数参数时还应注意以下 4 点。

(1) 形参数组和实参数组的类型必须一致,否则将引起错误。

(2) 形参数组和实参数组的长度可以不相同,因为在调用时,只传送首地址而不检查形参数组的长度。当形参数组的长度与实参数组不一致时,虽不至于出现语法错误(编译能通过),但程序执行结果将与实际不符,应予以注意。

【例 6-12】 形参数组和实参数组的长度不相同的情况。

```
#include <stdio.h>
int arrmax(int y[12])
{   int i,max;
    max = y[0];
    for(i = 1;i < 12;i++)
        if(y[i]> max) max = y[i];
    return(max);
}
void main()
{   int a[10] = {2,4,6,8,10,1,3,5,7,9};
    printf(" %d\n",arrmax(a));
}
```

形参数组 y 和实参数组 a 的长度不一致。编译能够通过,但从结果来看,数组 y 的元素 y[10]、y[11]显然是无意义的。

(3) 在函数形参表中,允许不给出形参数组的长度,或用一个变量来表示数组元素的个数。

(4) 多维数组也可以作为函数的参数。在函数定义时对形参数组可以指定每一维的长度,也可省去第一维的长度。因此,以下写法都是合法的。

```
int arrmax(int a[3][4])
```

或

```
int arrmax(int a[][4])
```

6.6 变量的时空范围

世间万物都有时间和空间两大属性，变量也不例外。C语言中变量的时空范围分别是指变量的生存期和变量的作用域。变量的生存期和作用域这两者既有联系又有区别。

变量的生存期是从变量空间被开辟到该空间被释放所经历的时间。有的变量在程序整个运行期间都存在，有的变量则在调用其所在函数时才被分配空间，调用结束后空间被收回，不复存在。变量的生存期反映了变量的时间属性。

变量的作用域是指变量在程序中可见的区域范围。

6.6.1 空间属性——局部变量和全局变量

变量从空间属性可分为局部变量和全局变量。

1. 局部变量

局部变量也称为内部变量，是指在函数内定义的变量。局部变量的作用域仅限于本函数内，即只能在本函数内使用它们，离开该函数后再使用这种变量是非法的。就像中国各省份的高考招生计划人数及分数线在本省内有效，到外省无效一样。

若在f1()函数内定义了三个变量，i为形参，j、k为普通变量，则i、j、k在f1()函数范围内有效，或者说i、j、k变量的作用域仅限于f1()函数内。同理，x、y、z的作用域仅限于f2()函数内。a、b的作用域仅限于主函数main()内，如图6-18所示。

```
int  f1(int i) /*函数f1()*/
{
      int j,k;                  } i、j、k的作用域
      …
}

int f2(char x) /*函数f2()*/
{
      float  y,z;               } x、y、z的作用域
      …
}

void  main()
{  int a,b;
      …                         } a、b的作用域
}
```

图6-18 局部变量的作用域

说明:

(1) 主函数 main()中定义的变量 a、b 只能在主函数中使用,不能在其他函数中使用。同时,主函数中也不能使用其他函数中定义的变量。因为在 C 语言中主函数也是一个函数,它与其他函数是平行关系。

(2) 形参变量是属于被调函数的局部变量,实参变量是属于主调函数的局部变量。

(3) 允许在不同的函数中使用相同的变量名,例如:

```
float f1(int i)
{ int j,k;
   …
}
char f2(int x, int y)
{ int  j, k;
   …
}
```

f1()函数中变量 j、k 只在 f1()函数内有效,f2()函数中变量 j、k 只在 f2()函数内有效,它们是不同的对象,占用不同的内存单元,不会发生混淆。

(4) 在复合语句中也可定义变量,其作用域只在复合语句范围内,如图 6-19 所示。

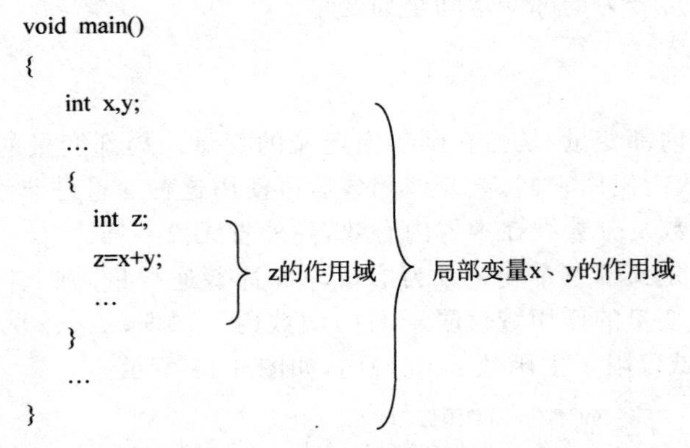

图 6-19 复合语句内局部变量的作用域

(5) 同一层函数体内或同一层的复合语句内先做所有的声明,然后写执行语句,不能交叉;变量不可以重名。

例如,下面两个程序都是错误的。

```
#include<stdio.h>
void main()
{
  int x;
  x=3;
  int y;
  y=6;
  printf("%d\n",x);
  printf("%d\n",y);
}
```

```
#include<stdio.h>
void main()
{
  int x;
  int x;
  x=3;
  x=6;
  printf("%d\n",x);
  printf("%d\n",x);
}
```

(6) 不同层的复合语句间变量可以重名,且执行到内层时,内层的同名变量起作用,外层同名变量被屏蔽。

例如:

```
#include<stdio.h>
void  main()
{  int  x;
   x=3;
   printf("%d\n",x);
   {  int x=5;
      printf("%d\n",x);
   }
   printf("%d\n",x);
}
```

请读者分析输出结果。

2. 全局变量

全局变量也称外部变量,是在函数外部定义的变量。它不属于哪一个函数,而是属于一个源程序文件。如果没有特殊说明,则其作用域是从定义变量的位置开始到本源文件结束。

由图 6-20 可以看出 a、b、x、y 都是在函数外部定义的变量,都是全局变量。但 x、y 定义在函数 fx()之后,而在 fx()内又没有对 x、y 进行说明,所以它们在 fx()内无效。a、b 定义在源程序最前面,因此在 fx()、fy()及 main()内不加说明也可使用。

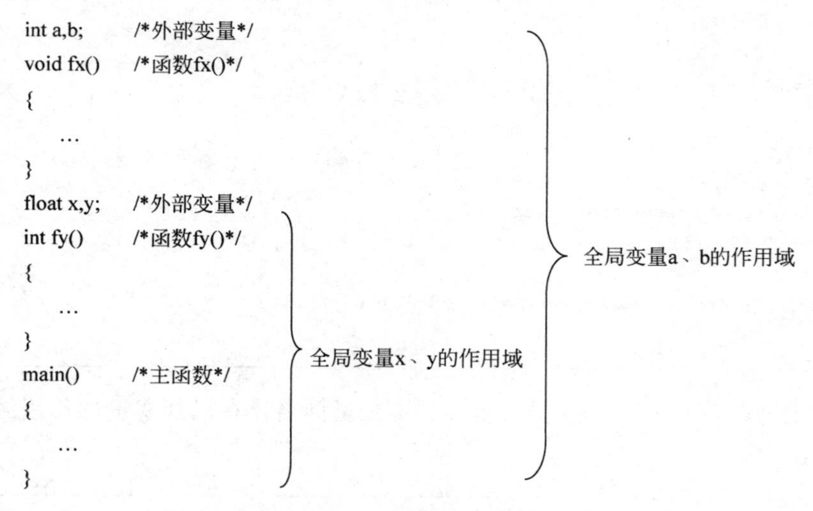

图 6-20 全局变量的作用域

【例 6-13】 输入圆的半径 r 的值,求圆的周长和面积。

分析:本题需要求两个值带回到主调函数,前面讨论过,通过函数值只能返回一个值到主调函数,所以需要用其他的方法带回一个以上的返回值,利用全局变量就是方法之一。

程序代码如下:

```
#define PI 3.14
#include <stdio.h>
float c,s;
void f(float r)
{  c = 2 * PI * r;
   s = PI * r * r;
}
void main()
{  float r;
   printf("Please input the radius:r = ");
   scanf(" %f",&r);
   f(r);
   printf("\nC = %.2f\nS = %.2f\n",c,s);
}
```

全局变量说明如下。

(1) 全局变量可加强函数模块之间的数据联系,但是又使函数依赖这些变量,因而使函数的独立性降低。从模块化程序设计的观点来看这是不利的,应尽可能少用全局变量。

可以把主调函数中需要得到的多个值组成一个数组,即可用数组名作为函数参数来实现返回多个值。

例 6-13 可以改为:

```
#define PI 3.14
#include <stdio.h>
void f(float r, float a[])
{  a[0] = 2 * PI * r;
   a[1] = PI * r * r;
}
void main()
{  float r,b[2];
   printf("please input the radius:");
   scanf(" %f",&r);
   f(r,b);
   printf("\ncircle = %.2f\narea = %.2f\n",b[0],b[1]);
}
```

(2) 在同一源文件中,允许全局变量和局部变量同名。在局部变量的作用域内,全局变量不起作用。

```
int  x = 1;
void main( )
{  void func( int  y );
   func(x);
   printf ("x = %d\n",x);
```

```
}
void func(int y )
{   int x;
    x = y + 3;
}
```

上述程序定义一个全局变量 x，它的作用域是从定义处开始到本文件结束。然而在 func()函数中又定义了一个同名的局部变量 x，则在 func()函数内，全局变量 x 不起作用。程序从 main( )开始执行，先调用“func(x);”，这里的 x 是全局变量 x，即调用“func(1);”，执行流程转向 func()函数，执行“x=y+3;”，这里的 x 是局部变量，x=4，func()执行完毕，返回 main()函数的调用点，然后继续执行 printf()输出 x 的值，显然，这个 x 是全局变量，在 func()函数中修改的是局部变量 x 的值，全局变量 x 的值并没有被修改，还是原来的 1，所以输出结果是 x=1。

6.6.2 时间属性——变量的存储类别

变量的生存期与变量的存储方式相关。变量的存储方式分为两种：静态存储和动态存储。

静态存储变量是在程序开始执行时，就在静态存储区为其分配存储单元，并一直占用这个固定的空间，直至整个程序结束。

动态存储变量是在其所在函数被调用时，才在动态存储区为其分配存储单元，函数调用结束立即释放，如函数的形式参数。如果多次调用该函数，则其中的动态存储变量多次被分配空间，多次被释放，每次被分配的空间不一定都是同一块空间。

一个变量究竟属于哪一种存储方式，并不能仅从其作用域来判断，还应该有明确的存储类别说明。因此，在 C 语言中，变量定义的一般格式为：

```
存储类型  数据类型  变量名表;
```

变量按存储时分配的不同空间可分为四种存储类别：auto(自动变量)、register(寄存器变量)、extern(外部变量)、static(静态变量)。

1. 自动变量

自动变量是 C 语言程序中使用最广泛的一种类型。

自动变量的定义格式为：

```
auto  数据类型  变量名;
```

C 语言规定，函数内凡未加存储类别说明的变量均视为自动变量，auto 类型说明符用来声明自动变量。前面各章程序中定义的变量未加存储类别说明符的局部变量都是自动变量。例如：

```
int a,b;
```

```
char c,d;
```

等价于

```
auto int a,b;
auto char c,d;
```

说明:

(1) 自动变量在定义时不会自动初始化,如果编程人员未初始化自动变量的值,则它的值是不确定的。

(2) auto只能用来说明函数体内(包括复合语句内)的局部变量,使之成为动态存储的局部变量,不能用来说明形参、全局变量。函数中的形参虽然不可以用auto来说明,但是也默认是自动变量。

(3) 自动变量属于动态存储方式,只有在使用它时,即定义该变量的函数被调用时才给它分配存储单元,开始它的生存期。函数调用结束,释放存储单元,结束生存期。因此函数调用结束之后,自动变量的值不能保留。

(4) 由于自动变量的作用域和生存期都局限于定义它的个体内(函数或复合语句内),因此不同的个体中允许使用同名的变量而不会混淆。即使在函数内定义的自动变量也可与该函数内部的复合语句中定义的自动变量同名。

2. 寄存器变量

寄存器是计算机CPU内部的一种容量较小、运算速度极快的存储器。它与一般存储器的区别是:寄存器是按名访问的,存储器是按地址访问的。寄存器放置于CPU芯片内部,空间是有限和宝贵的,不能任意存放大容量数据。若有一些数据的读写比较频繁,例如循环次数比较多的循环中使用的变量,则可以把数据存放在寄存器中。

寄存器变量的定义格式为:

```
register 数据类型  变量名;
```

现代计算机的编译系统能自动优化程序,能自动把频繁使用的普通变量优化为寄存器变量,因此,一般不需要将变量声明为register类型。目前声明register变量已经没有多少意义,这里仅供读者了解。

3. 外部变量

外部变量的定义格式为:

```
extern  数据类型  变量名;
```

extern类型说明符可以用来扩展外部变量的作用域。

在不加任何声明时,全局变量的作用域只是从定义处开始,直到本源文件结束,如果要把作用范围扩展到本文件的其他区域或扩展到其他文件中,就要用到extern。例如:

(1) 如果是在本文件内声明,从定义处可以扩展其在本文件内的作用范围。

(2) 如果是在其他文件内声明,作用范围可以扩展到其他文件内。

【例 6-14】 在本文件中扩展范围。

```
#include <stdio.h>
extern A,B;                    /* 外部变量声明 */
void main()
{  void f();
   printf("%d\n",max(A,B));
   f();
}
void f()
{  printf("%d, %d\n",A,B);
}
int A = 13,B = -8;             /* 定义外部变量 */
int max(int x,int y)
{  int z;
   z = x > y?x:y;
   return(z);
}
```

范围1

范围2

运行结果为：

```
13
13, -8
```

全局变量 A、B 是在 f( )函数后、max( )函数前定义的，如果程序没有第二行的声明，则它们的作用范围只是在例 6-14 的范围 1 内，有了第二行的声明后，A、B 的作用范围就扩展到范围 2。

【例 6-15】 把作用范围扩展到其他文件内。

文件 file1.c 中的内容为：

```
#include <stdio.h>
#include "file2.c"
int A;                        /* 定义外部变量 */
void main()
{  int power(int );           /* 函数声明 */
   int b = 3,c,d,m;
   scanf("%d, %d",&A,&m);
   c = A * b;
   printf("%d* %d= %d\n",A,b,c);
   d = power(m);
   printf("%d^ %d = %d\n",A,m,d);
}
```

文件 file2.c 中的内容为：

```
/* 对已定义的外部变量 A 进行声明,把 A 的作用范围扩展到文件 file2.c 中 */
 extern  A;
 int power(int n)
{  int i,y = 1;
   for(i = 1;i <= n;i++)
```

```
      y * = A;
   return(y);
 }
```

若输入:

```
2,3↙↙
```

则输出:

```
2 * 3 = 6
2^3 = 8
```

多个文件组成的程序,每个文件都是单独编译的。如果文件中没有第一行对 A 的声明,则对 file2. c 编译时报错,编译系统认为在 file2. c 文件中 A 是未定义的变量。

4. 静态变量

静态变量的定义格式为:

```
static 数据类型  变量名;
```

类型说明符 static 有如下两个作用。

(1) 把未用 auto 说明的局部变量的存储方式由动态存储方式改为静态存储方式,即改变了其生存期。

若函数内的局部变量明确用 static 说明,则该变量即为静态存储方式的局部变量,即静态局部变量,它在变量定义时就被分配存储单元,并一直占用存储单元,直到整个程序结束。

注意: 静态局部变量虽然在整个程序执行过程中都一直存在,但是其作用域仍与动态局部变量相同,即只能在定义该变量的函数内使用。退出该函数后,尽管这个变量还继续存在,但不能使用它。如果再次调用其所在函数,则又可以使用它,并且保留上次调用结束时的值。

如果变量明确用 static 说明为静态局部变量后,若未被赋初值,则系统会自动为其赋予 0 值。

【例 6-16】 动态局部变量与静态局部变量的比较。

程序 1(动态局部变量)

```
#include <stdio.h>
int fun();
void main()
{   int i,s = 1;
    for(i = 1;i <= 5;i++)
        s += fun();
    printf("%d\n",s);
}
int fun()
{   int x = 1;
    x++;
    return x;
}
```

程序 2(静态局部变量)

```
#include <stdio.h>
int fun();
void main()
{   int i,s = 1;
    for(i = 1;i <= 5;i++)
        s += fun();
    printf("%d\n",s);
}
int fun()
{   static int x = 1;
    x++;
    return x;
}
```

程序 1 的运行结果如图 6-21 所示，程序 2 的运行结果如图 6-22 所示。

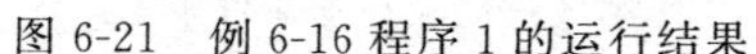

图 6-21 例 6-16 程序 1 的运行结果

图 6-22 例 6-16 程序 2 的运行结果

程序 1 中的 x 是动态局部变量，每次函数调用结束时空间被收回，每次函数调用时被重新分配空间，其值都会被赋为初值 1，fun( )函数每次都带回 2。所以主函数中 s=1+2+2+2+2+2，最后为 11。

程序 2 中的 x 是静态局部变量，定义后空间一直保留，某次函数调用结束后，其值也被保留，并会被用于下次调用。第一次调用 fun( )函数后 x 为 2，fun( )函数返回 2；由于初值只被赋一次，所以第二次调用时 x 不会再被赋初值 1，此时 x 还是 2，然后自增为 3，fun( )函数返回 3，…，以此类推。所以主函数中 s=1+2+3+4+5+6，最后为 21。

(2) 使全局变量的作用域无法扩展到其他文件中。

通常在一个大型程序中，每个程序员只是完成其中的部分模块，为了保持自己程序具有一定的独立性，程序之间不会互相干扰，所以程序员并不希望自己的变量被其他程序员使用，这样就可以使用 static 来完成。即在声明全局变量时，加上 static 修饰符，那么该变量就只在当前文件内使用，可以用 extern 把一个文件中的作用域扩展到其他文件中。

【例 6-17】 用 static 改变 extern 的作用域。

若有三个文件构成的程序如下：

file.c

```
#include <stdio.h>
#include "file1.c"
#include "file2.c"
void a();
void b();
void main()
{   extern int num;          /*只能扩展 file1.c 中的全局变量*/
    num = 7;                 /*这个 num 实际是 file1.c 中的全局变量*/
    a();
    b();
}
```

file1.c

```
/*file1.c*/
#include <stdio.h>
int num;                      /*本文件中的全局变量 num 的作用域可以扩展到其他文件中*/
void a()
{   printf("file1 中: %d\n",num);
}
```

file2. c

```
/*file2.c*/
#include<stdio.h>
void b()
{   static int num;        /*本文件中的全局变量num的作用域只局限在本文件中*/
    printf("file2中: %d\n",num);
}
```

程序运行结果如图 6-23 所示。

若把 file2. c 中的语句“static int num;”去掉,则输出结果如图 6-24 所示。

C:\JMSOFT\CYuYan\bin\wwtemp.exe
file1中：7
file2中：0

图 6-23 有 static 的程序运行结果

C:\JMSOFT\CYuYan\bin\wwtemp.exe
file1中：7
file2中：7

图 6-24 无 static 的程序运行结果

可以看出,static 说明符在不同的地方所起的作用不同,应予以注意。

【想一想】 C 语言中的四种变量存储类别各有哪些特点?

四种变量存储类别的特点如表 6-2 所示。

表 6-2 四种变量存储类别的特点

存储类别	存储方式	存储位置	作用域	生存期	初值
auto	动态	内存动态存储区	所在函数内或复合语句内有效	离开函数或{}消失	随机数、不确定的值,每次函数调用时重新初始化
register	动态	CPU 寄存器	所在函数内或复合语句内有效	离开函数或{}消失	与 auto 相同
extern	静态	内存静态存储区	函数外或复合语句外,其他文件	从定义处开始,到本程序文件的末尾	未赋初值自动赋初值 0 或空字符;编译时赋初值,只赋一次
static	静态	内存静态存储区	所在函数内,或复合语句内有效	永久保留	与 extern 相同

6.7 编译预处理

编译预处理也称预编译处理,是在编译之前由编译系统中的预处理程序对源程序的预处理命令进行加工。编译预处理是 C 语言编译系统的一个重要组成部分。

预处理命令以符号“#”开头,结尾不使用分号“;”,以区别 C 源程序中的语句、其他定义和说明语句。这个命令的语法与 C 语言中其他部分的语法无关,可以写在程序中的任何位置,习惯写在文件的开头处,一般写在函数的花括号外边,作用域为其后的程序。

编译预处理命令主要有如下三类。

(1) 文件包含命令：#include。

(2) 宏定义或宏替换命令：#define 和 #undef。

(3) 条件编译命令：# if -- #endif 和 # if -- #else -- #endif。

下面分别介绍文件包含、宏定义和条件编译命令的格式及用法。

6.7.1 文件包含

文件包含是指一个源文件可以将另一个源文件的内容全部包含到本文件中，文件包含允许嵌套。

C 语言用#include 命令实现文件包含的操作。

其一般形式有两种格式：

```
#include<文件名>
#include"文件名"
```

说明：

(1) 两种书写格式的区别。

使用尖括号表示在包含文件目录中查找(包含目录是由用户在设置环境时设置的)，而不在源文件目录查找；使用双引号表示先在当前的源文件目录中查找，若未找到，再到包含目录中去查找。

(2) 被包含的文件与其所在的文件在预编译后已成为同一个文件。

(3) 一个#include 命令只能指定一个被包含文件，如果要包含 n 个文件，则要用 n 个包含命令。

(4) 文件包含允许嵌套。例如，文件 file1. c 包含 file2. c，file2. c 又包含 file3. c，则可在 file1. c 中分别用两条命令包含 file2. c 和 file3. c，而且 file2. c 应该出现在 file3. c 之前，文件 file1. c 包含 file2. c 和 file3. c 的内容。

【例 6-18】 对三个源程序文件的包含处理。

源程序如下：

```
//file1.c
#include<stdio.h>
#include "file2.c"
#include "file3.c"
int main()
{
  int x,y, m,n;
  scanf("%d%d",&x,&y);
  m=max(x,y);
  n=min(x,y);
  printf("max=%d,min=%d\n",m,n);
  return 0;
}
```

```
 //file2.c
int max(int a,int b)
{ return (a>b?a:b); }
 //file3.c
int min(int a,int b)
{ return (a<b?a:b);}
```

对程序的功能及执行过程进行分析：本程序的功能是计算输入两个数的最大值和最小值。main()函数存放于文件 file1.c 中，在 main()函数中除调用 scanf()、printf()进行输入输出处理外，还要调用 max()函数计算最大值，调用 min()函数计算最小值。max()函数存放于文件 file2.c 中，min()函数存放于文件 file3.c 中。

在编译文件 file1.c 时，系统根据#include "file2.c"和#include "file3.c"命令将 file2.c 和 file3.c 的内容复制到当前位置。

6.7.2 宏定义

宏定义的功能是用一个标识符来表示一个字符串，标识符称为宏名。

宏定义的格式为：

```
#define 宏名 替换文本
```

其中，#表示这是一条预处理命令，define 为宏定义命令。

例如：

```
#define PI 3.1415926
```

在编译预处理时，对程序中所出现的宏名(PI)都用宏定义中的替换文本(3.1415926)来代换，也称为宏代换、宏替换，简称宏。在 C 语言中，宏分为无参和有参两种。

1. 无参宏定义

无参宏定义的一般形式为：

```
#define 标识符 字符串
```

其中，标识符就是所谓的符号常量，又称为宏名；字符串可以是常数、表达式、格式串等。对程序中反复使用的表达式进行宏定义，会给程序的书写带来方便。

无参宏定义也称简单宏替换，无参宏定义经常用于定义常量。例如：

```
#define COUNT 100
#define TRUE  1
#define SEX   男
```

说明：

(1) 宏名虽然没有特殊规定，但一般用大写，最好能“见名知义”。

(2) 使用宏可提高程序的通用性和易读性，便于修改，减少输入错误。

(3) 预处理不做语法检查。

（4）宏定义可以嵌套。

（5）宏定义不分配内存，变量定义分配内存。

（6）字符串双引号" "中的内容不进行宏替换。例如，有宏定义：

```
#define  PRICE  100
```

请分析这一条语句：printf ("PRICE = %d\n", PRICE);

这条语句将替换成：printf ("PRICE = %d\n",100) ;

其中"PRICE＝%d\n"中的 PRICE 不会被替换。

（7）宏定义可以包含不止一个常量值，也可以包含表达式。例如，有以下两段程序代码：

程序段 1：

```
#define  QSY  1967 + 822
#define  HCH  1970 + 401
 hq =  QSY/HCH
```

程序段 2：

```
#define  QSY (1967 + 822)
#define  HCH  (1970 + 401)
 hq =  QSY/HCH
```

则程序段 1 中 hq＝1967＋822/1970＋401，程序段 2 中 hq＝(1967＋822)/(1970＋401)。

两者的计算结果是截然不同的。因此，在宏定义的表达式中适当使用括号是十分必要的。

另外，C 语言中的一些符号容易被用错，例如，一个常见的错误把“＝＝”写成“＝”。可以巧妙利用下面的宏定义减少这类书写错误，并且增强程序的可读性。

```
#define EQUALS    ==
#define AND       &&
#define OR         ||
#define NOT_ EQUALS  !=
#define STAR            int main( ) {
#define END             return 0; }
#define BLANK_LINE      printf("\n")
```

【例 6-19】 宏定义在输出格式中的应用。

参考程序如下：

```
#include < stdio.h >
#define P printf
#define F "%d, %f, %c"
#define STAR int main( )  {
#define END return 0;     }
STAR
    int a ,sum;
    float b;
    char c;
    P("input a(int) ,b(float) ,c(char)\n ");
    scanf(F,&a,&b,&c);
    P("a = %d,b = %f,c = %d\n",a,b,c);
    sum = a + (int)b + c;
```

```
    P("a + b + c = %d\n",sum);
END
```

程序运行结果如图 6-25 所示。

```
C:\JMSOFT\CYuYan\bin\wwtemp.exe
input a(int) ,b(float) ,c(char)
 10,3.45， a
a=10,b=3.450000,c=3
a+b+c=16
```

图 6-25　宏定义在输出格式中的应用运行结果

一个经#define 定义的宏名，也可以用#undef 命令终止宏定义的作用域。例如：

```
#define P printf
void main()
 {    …
  }
#undef P
fun()                                    /*P只在main()函数中有效,而在fun()中无效*/
```

2. 有参宏定义

有参数的宏定义一般形式是：

#define 宏名(参数表) 字符串

其中，参数表中的参数类似于函数的形参，字符串中包含括号内所指定的参数。例如：

```
#define  S(a,b)  a*b
area = S(3,2);
```

定义矩形面积 S，a 和 b 是边长。在程序中用了(3,2)，即用 3、2 分别代替宏定义中的形参 a 和 b，即用 3*2 代替 S(3,2)。

因此该赋值语句展开为：

```
area = 3 * 2;
```

在程序中如果有带参的宏，则按#define 命令行中指定的字符串从左到右进行置换。

如果字符串中包含宏中的形参，则将程序语句中相应的实参代替形参，如果宏定义中的字符不是参数字符，则保留。这样就形成了置换的字符串。

常用带参数的宏定义如下：

```
#define  MAX ( a,b)  (( (a)>(b) ) ? (a): (b) )
#define  MIN( a,b)  (( (a)<(b) ) ? (a): (b) )
#define  ABS(x)  (( (x)> 0 ) ? (x): ( - x) )
#define  STREQ(s1,s2)  (strcmp((s1), (s2)) == 0 )
#define  STRGT(s1,s2)  (strcmp((s1) , (s2))> 0 )
```

说明：

(1) 在宏定义中的形参最好用圆括号()括起来，以避免出错。

(2) 对带参宏的展开只是将语句中的宏名后面括号内的实参字符串代替#define命令行中的形参，需要注意宏展开后的正确性。

(3) 带参宏定义与函数相似但不同。

(4) 宏定义时，宏名与带参的圆括号之间不能有空格。

【例6-20】 下列程序使用带参宏定义，分析输出结果。

程序如下：

```
#include <stdio.h>
#define MU(x,y)  (x)*(y)
int main()
{
   int a,b;
   a = MU(5,2);
   b = 6/MU(a+3,a);
   printf("a = %d,b = %d\n",a,b);
   return 0;
}
```

若把

```
#define  MU(x,y)  (x)*(y)
```

改为：

```
#define MU(x,y)  x*y
```

则输出结果为a=10，b=30。请读者对比分析。

3. 宏嵌套

在一个宏定义中使用另一个宏称为宏嵌套。例如：

```
#define M  5
#define N  M+1
#define SQUARE(q)  ((q)*(q))
#define CUBE(q)    (SQUARE(q) * (q))
#define STXTH(q)   (CUBE(q) * CUBE(q))
```

预处理将扩展每个#define宏，直到文本中不再有宏为止。上例最后一个宏定义的第一次展开为：

```
((SQUARE(q) * (q)) * (SQUARE(q) * (q)))
```

由于SQUARE(q)仍是一个宏，因而进一步展开为：

```
((((q) * (q)) * (q)) * (((q) * (q)) * (q)))
```

最后的计算结果是q^6。

宏扩展(Macro Expansion)是将宏调用替换为其含义的过程。

一个宏还可以用作另一个宏的参数。例如,给 MAX 定义,用以下宏定义来计算两个数中者的最大值:

```
#define  MAX ( a,b)  (( (a)>(b) ) ? (a): (b) )
```

同样,给定 MAX (a,b)的定义,使用以下嵌套调用得出 x、y 和 z 三者的最大值:

```
MAX (x,MAX(y,z))
```

【想一想】 带参宏与函数的区别。

大多数初学者经常将带参宏与函数混淆,虽然两者确实具有相似之处(例如,都具有实参和形参,使用方式很类似,都要求实参与形参数目一致等),但其主要差别在于:

(1) 带参宏的参数仅是替换文本,没有类型上的任何要求;而函数的形参与实参都具有固定类型,并且必须保持一致。

(2) 宏替换是在编译前进行的,宏替换前并不会计算实际参数的值,在其替换过程中也不会发生存储空间分配的现象,更不会进行实参与形参的值传递,也不存在返回值。而函数调用是在程序执行时处理的,系统会为形式参数分配存储空间,并且在调用前计算所有实际参数的值后传递给形参。

(3) 宏替换仅占用编译时间,而函数调用需要占用程序运行空间。

(4) 多次使用宏替换会导致代码膨胀,而多次使用函数会导致代码收缩。

6.7.3 条件编译

通常源程序对其中一部分内容只有在满足一定的条件下才进行编译,也就是对一部分内容指定编译条件,这对于程序的移植性和调试是很有用的。条件编译的主要目的是解决软件兼容性和跨平台移植问题。例如,部分软件需要为某种特定类型的数据对象采用固定长度的存储表示,而直接依赖计算机硬件、操作系统和编译器提供的 int 类型不能完成这样的任务,因为 int 类型的长度与具体的计算机硬件、操作系统和编译器有关。此时可以用条件编译来解决。

如果没有条件编译,则在 64 位 Windows 操作系统下,计算机硬件和操作系统已完全变成 64 位,却因编译器只支持 32 位整数的问题不能将数据对象定义为与计算机硬件同长度的类型是十分令人遗憾的。

用条件编译可以使目标程序变小,运行时间变短。预编译使问题或算法的解决方案增多,有助于人们选择合适的解决方案。

条件编译有如下三种形式。

第一种形式:

```
#ifdef 标识符
      程序段 1
#else
      程序段 2
#endif
```

这种形式的作用是：当标识符已被＃define 定义过，则对程序段 1 进行编译，否则编译程序段 2。和 if-else 语句类似，＃else 部分也可以省略，即可以写为：

```
＃ifdef  标识符
         程序段
＃endif
```

程序段可以是语句组，也可以是命令行。条件编译对于提高 C 源程序的通用性是很有好处的。

第二种形式：

```
＃ifndef 标识符
       程序段 1
＃else
       程序段 2
＃endif
```

这种形式与第一种的区别是把＃ ifdef 改为＃ ifndef，其作用是：如果标识符未被定义则编译程序段 1，否则编译程序段 2。这与第一种情况的作用正好相反。

第三种形式：

```
＃if 常量表达式
     程序段 1
＃else
     程序段 2
＃endif
```

这种形式的功能是：当指定的常量表达式的值为真（非 0）时，则编译程序段 1，否则编译程序段 2。可以事先设置一定条件，使程序在不同条件下执行不同的功能。

6.8 函数应用案例——寻找黑色星期五

在西方，黑色星期五是指星期五和当月 13 号重合。输入某年年份和该年的元旦是星期几（1～7），求出该年所有的“黑色星期五”的日期（年/月/日）。

题目分析：根据某年的元旦是星期几，先求出该年第一个星期五是这一年中的第几天（假设为 x）。根据年份，判断该年是否是闰年，确定每个月的固定天数，然后计算该年每个月的 13 号是这一年中的第几天（假设为 y）。若黑色星期五在这一年中是第 z 天，则 z 一定满足 z＝x＋7＊n（当 n＝1 时，说明是该年的第二个星期五；n＝2 时，说明是该年的第三个星期五；以此类推）。所以，如果 y 满足（y－x）％7＝0，则该月的 13 号即为黑色星期五。

程序代码如下：

```
//黑色星期五是指星期五与当月 13 号重合
//输入某年年份和该年的元旦是星期几(1～7)
```

```
//输出该年所有的"黑色星期五"的日期(年/月/日)
#include <stdio.h>
void main()
{ void blackfriday(int,int);
  int year,weekday;
  printf("请输入年份: ");
  scanf("%d",&year);
  printf("\n该年的元旦是星期几?请输入1~7的数字: ");
  scanf("%d",&weekday);
  blackfriday(year,weekday);
}
//输出某年的所有黑色星期五的函数
void blackfriday(int year,int weekday)
{ int leap(int year);
  int monthdays[13] = {0,31,0,31,30,31,30,31,31,30,31,30,31};
                                          /*该数组用来存储每个月的总天数*/
  int i,day = 13,firstfridate;
  if (leap(year) == 1) monthdays[2] = 29;    /*闰年的二月是29天,非闰年的二月是28天*/
  else monthdays[2] = 28;
  /*求一年中第一个星期五的日期,即这一年的第一个星期五是这一年中的第几天*/
  if (weekday <= 5) firstfridate = 1 + (5 - weekday);
  else  firstfridate = 1 + (7 - weekday) + 5;
  /*计算每个月的13号是这一年中的第几天,然后判断该天是不是黑色星期五*/
  printf("\n%d年中所有的黑色星期五的日期是: \n",year);
  for(i = 1;i <= 12;i++)
     {day = day + monthdays[i - 1];           /*第i个月的13号在该年中是第day天*/
      if((day - firstfridate) % 7 == 0)      /*是黑色星期五*/
         printf("%d--%d--13\n",year,i);
     }
}
//判断某年是否是闰年的函数
int leap(int year)
{
  if(year % 4 == 0&&year % 100!= 0||year % 400 == 0)
    return 1;
  else return 0;
}
```

运行结果如图 6-26 所示。

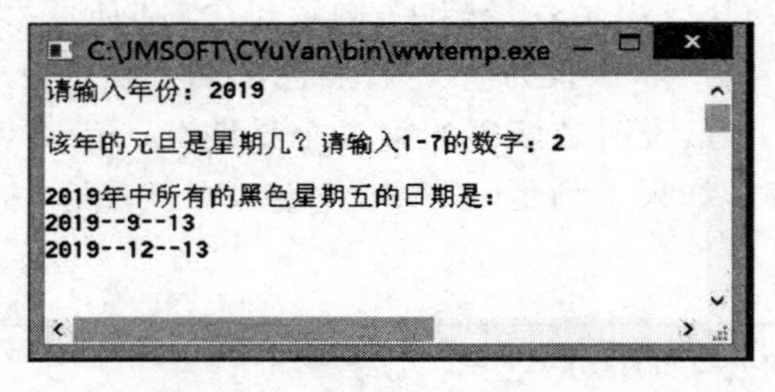

图 6-26 黑色星期五运行结果

该例中，代码相对长些，但采用函数后，结构依然显得很清晰，很方便阅读，体现了使用函数的优点。

6.9 答疑解惑

6.9.1 为何要声明函数

疑问：调用函数为何要对函数声明？

解惑：在C程序中进行函数调用时，被调用的函数必须先被“介绍”，才能被主调函数调用。所以对于库函数，在调用之前需要把相应的头文件包含进来，因为相应的头文件内含有相应库函数的信息“介绍”。而对于自定义函数，可以在调用前进行函数的定义，这相当于一个非常正式的、详细的“介绍”，如果调用在函数的定义之前出现，则必须在调用之前进行一个简单“介绍”，这个简单“介绍”就是函数的声明。

函数声明的作用是把函数的类型、函数名、函数参数个数和参数类型等信息告诉编译系统，以便在遇到函数调用时，编译系统能正确识别函数并检查调用是否合法。

函数声明中的参数名称可以和函数定义中的参数名称相同，也可以不同，甚至可以没有，因为编译系统检查参数时，只检查参数个数和参数的类型，并不检查参数名称。

6.9.2 函数之间数据传递的方式

疑问：函数调用时，函数之间如何进行数据传递？

解惑：C程序中函数与函数之间是相互独立的，但它们之间仍然需要有数据传递，必须提供相应的方式进行数据传递。

主调函数向被调函数进行数据传递的方式为参数传递，可以把主调函数中表达式的值或变量的地址传递给被调函数。

被调函数向主调函数进行数据传递的方式有：

(1) 地址传递。使用地址传递时，实参与形参指向同一个存储空间，所以被调函数中形参变量的值发生变化会影响主调函数中实参的值。地址传递可以实现一次调用传递多个数据。

(2) return语句。return语句使主调函数中的函数调用表达式的返回值，这是最常用的传递方式。但return语句一次调用只能传递一个数据。

(3) 存在或不存在调用关系的两函数间都可以通过全局变量的方式进行数据传递。因为全局变量是在函数外定义的，其作用范围是从定义处开始到本源文件结束，另外还可以使用extern扩展其作用范围，所以其作用范围内的多个函数都可以使用它。若fun1()函数改变了全局变量A的值，紧接着fun2()函数中又使用了全局变量A，这样就实现了fun1()函数向fun2()函数的数据传递。

6.9.3 递归的条件

疑问：使用递归的条件是什么？

解惑：采用递归解决问题，必须符合下列两个条件。

(1) 需要解决的问题可以转化为与原问题解法相同的新问题,只是新问题较原问题的规模可能是递增的或递减的(通常为递减),即存在递归公式。

(2) 必须有一个终止递归的条件。

若满足上述两个条件,就可以采用下面形式的语句来实现:

```
if(递归结束条件)  return(递归终止值)
else  return(递归公式)
```

疑问:递归算法有什么优缺点?

解惑:递归在解决问题时,往往思路清晰,算法简单明了,即编写代码的效率高。但程序在调用函数时,系统会自动将主调函数中的当前变量、形参、断点信息和返回地址保存起来,这样在递归调用的每一次递推时,系统都需要分配相应的内存空间保存这些信息,递归调用的层次越多,所占用的空间就越多,所以递归执行时比较占用时间和空间。

实际上,递归和循环有时可以相互转换,循环执行时不存在递归的上述问题,所以执行效率较高,但循环理解起来不如递归简单易懂。

6.9.4 预处理命令的特点

疑问:什么是预处理?预处理命令为何不是C语言本身的组成部分?

解惑:C语言提供了一些预处理命令用于改善编程环境,提高编程效率。预处理是在编译之前对这些命令进行处理。预处理命令不是C语言本身的组成部分,而是由ANSI C标准规定的,编译器无法识别,不能对它们直接进行编译,必须在编译前由编译预处理程序对这些命令进行处理。经过预处理后的程序不再包含预处理命令,之后再由编译程序对预处理后的源程序进行通常的编译处理,得到可执行代码。

现在很多C编译系统都包含了预处理、编译和连接部分。有些读者因此误认为预处理命令是C语言的组成部分,这一点一定要注意。正确合理地使用预处理功能,可使程序书写更加简练清晰,便于阅读、修改、移植和调试,也有利于模块化程序设计。

在C语言中,凡是以"#"号开头的行,都称为预编译处理命令行,主要有宏定义、文件包含、条件编译。例如#define、#undef、#include、#if、#else、#elif、#endif、#ifdef、#ifndef、#line、#program、#error等。注意,预处理命令和语句不同,结尾处没有分号";"。

根据需要,预处理命令行可以出现在程序的任何位置,作用域从命令行开始处到源文件结束,或遇到#undef时结束。

疑问:为什么要用头文件?

解惑:C语言提供的函数以库的形式存放在系统中,它们不是C语言本身的组成部分。为了使用库函数,通常在程序中包含相应的头文件。要用编译预处理命令#include将有关的头文件包含到用户源文件中,#include命令一般放在程序的开头,例如使用标准输入输出库函数时,要用到stdio.h文件。按照惯例,所有C标准库头文件都应该位于编译器安装目录的"include"子目录下。

6.9.5 宏定义的特点

疑问:宏定义有哪些特点?

解惑：宏定义的特点主要有以下 8 点。

(1) 宏定义中的＃与 define 之间一般不留空格。例如，＃　define 是错误的。应改正为＃define。

(2) 宏名是用户自定义的标识符，必须满足标识符的命名规则。习惯上，宏名大多采用大写字母表示，以区分于变量，也可以使用小写字母。

(3) 与变量定义不同，宏定义只作字符替换，不分配内存空间。

(4) 宏定义是用宏名代替一个字符串，是一种机械的置换，不做任何语法检查。例如，将宏定义为：

```
#define  PI  3.14AL5926
```

即使把数字 3.1415926 误写为“3.14AL5926;”，预处理时也原样替换，不做任何正确性检查。只有当进入编译阶段时，已被展开的宏才被发现错误并报告。

(5) 在宏定义的字符串中可以使用已经定义的宏名，当宏展开时预处理程序会自动层层替换。例如：

```
#define  PI  3.1415926
#define  R  3
#define  S  PI * R * R
```

(6) 可以用＃undef 命令提前终止宏替换的作用域，宏的作用域从＃define 开始到＃undef 结束。

(7) 若宏名出现在一对双引号中，将不会产生宏替换。例如执行以下程序段：

```
#define  HELLO  qsy
printf("HELLO!");
```

程序运行结果为：

```
HELLO
```

(8) 宏定义可以定义运算符、表达式，甚至可以把输出格式语句作为宏定义。例如：

```
#define  PI  3.1415926
#define  R  3
#define  S  PI * R * R
#define  P  printf
#define  F "%f\n"
void  main( )
{P(F,S);
}
```

程序运行结果为：

```
28.2725334
```

6.9.6　带参数的宏定义与函数的区别

疑问 1：带参数的宏定义与函数有何区别？

解惑 1：带参数的宏替换看起来与函数非常相似，但两者有本质的区别。

(1) 宏替换中没有对参数类型的限制。对同一个宏定义，使用时实参可以是任何实型。而在函数中，不同类型的参数就不能调用同一函数。

(2) 宏替换不占用运行时间，只占用编译时间；而函数调用时要分配内存单元，保留现场，参数值传递有时还有“返回值”，因此宏的执行效率比函数高。但是宏每使用一次就会将代码写入源程序一次，使用 n 次，则复制 n 次到源程序中；如果调用函数 m 次，只需要函数的一个副本，因此函数比宏节省空间。

可以看出，宏与函数的选择实际上是时间与空间上的权衡。在应用时，要根据实际情况权衡。一般地，应该用宏去替代行数小、可重复的代码，这样可以使程序执行速度快。对于比较复杂、需要多行代码才能实现的任务，则应该使用函数。

疑问 2：以下程序 A、程序 B 输出的结果分别是什么？

程序 A

```
#include <stdio.h>
#define MUL(a,b)   a * b
void main()
{   int f = MUL(1 + 2,3 + 4);
    printf("%d",f);
}
```

程序 B

```
#include <stdio.h>
#define MUL(a,b)   (a) * (b)
void main()
{   int f = MUL(1 + 2,3 + 4);
    printf("%d",f);
}
```

解惑 2：在编译之前，预处理程序先对宏进行展开。对程序 A 先用实参 1+2、3+4 替换形参 a、b，得 1+2 * 3+4，再用它替换“MUL(1+2,3+4)”，即得 int f=1+2 * 3+4。至此，预处理工作完成。程序运行时，再对展开的表达式进行计算，最终结果为 11。程序 B 的输出结果是 21，请读者自行分析。

由此可知，在宏展开时并不进行任何的计算，它只是用实参对形参进行原样替换，而不是像函数调用那样先计算实参，再使用它的值去替换形参。

疑问 3：如何写一个“标准”宏？要求这个宏输入两个参数并返回较小者。

解惑 3：`#define MIN(a,b)   (a)>(b)?(b):(a)`

注意：上句结尾不能有“;”。

6.10 典型题解

1. 有以下程序：

```
#include <stdio.h>
int f(int x)
{   int y;
    if(x == 0||x == 1)
        return (3);
    y = x * x - f(x - 2);
    return y;
}
void main()
```

```
{   int z;
    z = f(3);
    printf(" % d\n",z);
}
```

程序的运行结果是(　　)。

A. 0　　B. 9　　C. 6　　D. 8

知识链接：该题考查的是递归调用。程序总是从 main()函数开始执行，当执行到“z=f(3);”时，开始调用 f()函数，即 f(3)，参数 x 值为 3，if 语句条件不成立，执行“y=x * x-f(x-2);”，即“y=3 * 3-f(1);”，这时又需要调用 f()函数，这时，参数 x 值为 1，if 语句条件成立，执行“return (3);”，f(1)函数调用结束，回到其主调函数 f(3)的调用处，继续执行“y=3 * 3-f(1);”，计算后，y 值为 6，然后执行语句“return y;”，f(3)函数调用结束，回到其主调函数 main()的断点处，继续执行赋值语句“z=f(3);”，然后输出 z 的值 6，执行过程如图 6-27 所示。

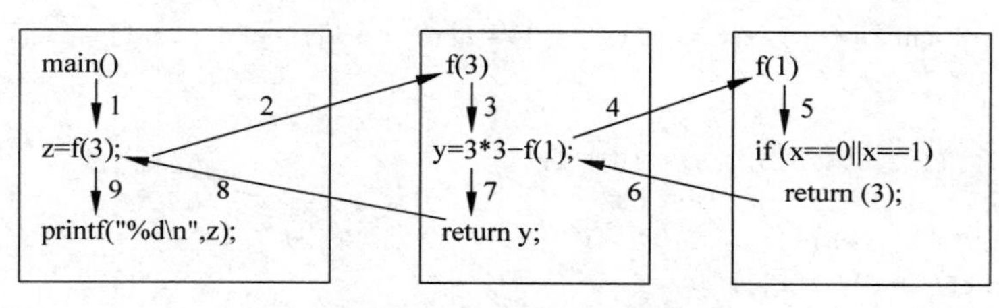

图 6-27　递归调用过程

答案：C。

2. 下面的函数调用语句中 func()函数的实参个数是(　　)。

```
func(f2(v1, v2), (v3, v4, v5), (v6, max(v7, v8)));
```

A. 3　　B. 4　　C. 5　　D. 8

知识链接：函数的实参是多个时，需要用逗号隔开，每个实参只要是与形参类型兼容的表达式都可以。该题中第一个参数是 f2(v1,v2)，这是一个由函数调用构成的表达式；第二个参数是(v3,v4,v5)，这是一个逗号表达式；第三个参数是(v6,max(v7,v8))，这依然是一个逗号表达式，该逗号表达式的第二项又是一个函数调用构成的表达式。

答案：A。

3. 有以下程序：

```
#include < stdio.h >
void fun(int a,   int b)
{   int t;
    t = a; a = b; b = t;
}
void main()
{   int c[10] = {1,2,3,4,5,6,7,8,9,0}, i;
    for (i = 0; i < 10; i += 2)
       fun(c[i], c[i + 1]);
    for (i = 0; i < 10; i++)
       printf(" % d,", c[i]);
```

```
    printf("\n");
}
```

程序的运行结果是(　　)。

A. 1,2,3,4,5,6,7,8,9,0,　　B. 2,1,4,3,6,5,8,7,0,9,

C. 0,9,8,7,6,5,4,3,2,1,　　D. 0,1,2,3,4,5,6,7,8,9,

知识链接:该题考查的是参数传递问题。题中fun()函数的实参是数组元素,所以传递的是数值,fun()函数中对形参进行了值的交换,但不会影响主调函数中的数据。所以循环5次,调用fun()函数5次后,数组c中的数据顺序不会发生变化。

答案:A。

4. 有以下程序:

```
#include <stdio.h>
void fun(int a[], int n)
{   int    i, t;
    for(i = 0; i < n/2; i++)  {t = a[i];  a[i] = a[n - 1 - i];  a[n - 1 - i] = t;}
}
void main()
{   int k[10] = {1,2,3,4,5,6,7,8,9,10}, i;
    fun(k,5);
    for(i = 2; i < 8; i++)
        printf(" %d", k[i]);
    printf("\n");
}
```

程序的运行结果是(　　)。

A. 345678　　B. 876543　　C. 1098765　　D. 321678

知识链接:该题考查的是参数传递。fun()函数的功能是对长度为n的数组a进行逆序。main()函数中调用fun()函数时的第一个实参是数组名k,数组名作为函数参数,传递的是地址,即形参数组a的首地址与实参数组k的首地址相同,对数组a进行逆序,也就是对数组k进行逆序。fun()函数的第二个实参5传递给形参n,即数组a的长度为5。分析后得知,函数调用fun(k,5)实际就是对从首地址k开始的长度为5的数组进行逆序,即把k[0]、k[1]、k[2]、k[3]、k[4]进行逆序,最后数组k中k[0]~k[9]的数据分别是5,4,3,2,1,6,7,8,9,10,fun()函数调用后,用for循环输出k[2]－k[7],则结果应该是321678。

答案:D。

5. 有以下程序:

```
#include <stdio.h>
#include <stdio.h>
#define N  4
void fun(int a[][N], int b[])
{   int   i;
    for(i = 0; i < N; i++)
        b[i] = a[i][i];
}
void main()
```

```
{   int  x[][N] = {{1,2,3},{4},{5,6,7,8},{9,10}},y[N], i;
    fun(x,y);
    for (i = 0; i < N; i++)
        printf(" %d,", y[i]);
    printf("\n");
}
```

程序的运行结果是(　　)。

A. 1,2,3,4,　　B. 1,0,7,0,　　C. 1,4,5,9,　　D. 3,4,8,10,

知识链接：该题考查的是参数传递。fun()函数的功能是把 a 数组主对角线的值赋给 b 数组。在 main()函数中调用 fun()时，实参分别是二维数组 x 的首地址和一维数组 y 的首地址，数组名作为函数参数，传递的是地址，则形参数组 a 与实参数组 x 是同一块内存空间，形参数组 b 与实参数组 y 是同一块内存空间，调用 fun()函数实际就是把 x 数组的主对角线的值分别赋给 y 数组的每个元素。所以 for 循环输出 y 数组时，结果为“1,0,7,0,”。

答案：B。

6. 有以下程序：

```
#include <stdio.h>
int f(int x,int y)
{   return((y - x) * x);   }
void main()
{   int a = 3,b = 4,c = 5,d;
    d = f(f(a,b),f(a,c));
    printf(" %d\n",d);
}
```

程序运行后的输出结果是(　　)。

A. 10　　B. 9　　C. 8　　D. 7

知识链接：该题是一个把函数调用又作为函数实参的题目。语句“d=f(f(a,b),f(a,c));”中调用 f()函数时，实参分别是 f(a,b)、f(a,c)，即又是一个函数调用。分别计算实参 f(a,b)、f(a,c)。函数 f(a,b)即是返回表达式(y-x) * x 的值，这里形参 y 等于实参 b 的值，为 4，形参 x 等于实参 a 的值，为 3，则 f(a,b)的返回值为 3。同样计算出 f(a,c)的值为 6，则语句“d=f(f(a,b),f(a,c));”实际是 d=f(3,6)，函数 f(3,6)的返回值为 9，所以输出 d 时，结果为 9。

答案：B。

7. 有以下程序：

```
#include <stdio.h>
void fun(int p)
{  int d = 2;
   p = d++;
   printf(" %d",p);
}
void main()
{  int a = 1;
```

```
    fun(a);
    printf("%d\n",a);
}
```

程序运行后的输出结果是(　　)。

A. 32　　B. 12　　C. 1　　D. 22

知识链接：该题应注意函数调用时各语句执行的先后次序。实参 a 先把值 1 传递给形参 p,然后执行“p=d++;”,++在 d 变量后,所以把 2 赋给 p,然后 d 再自增为 3,紧接着执行 fun()函数中的输出语句,即输出 p 的值 2,到此 fun()函数执行完毕。然后回到其主调函数 main()的调用处,这时需要继续执行调用后的语句,即输出变量 a 的输出语句,fun()函数的实参和形参都是普通变量,是值传递,所以形参 p 由 1 变为 2,并不会影响实参 a 的值,实参 a 还是原来的值 1,所以 main()函数中输出的是值 1。

答案：C。

8. 有以下程序：

```
#include  <stdio.h>
int fun()
{  static int x = 1;
   x* = 2;
   return  x;
}
void main()
{  int i,s = 1;
   for(i = 1;i <= 2;i++)
        s = fun();
   printf("%d\n",s);
}
```

程序运行后的输出结果是(　　)。

A. 0　　B. 1　　C. 4　　D. 8

知识链接：该题考查的是静态局部变量的特点。静态局部变量在编译时,在静态存储区被分配空间,且一直占用这块空间,直到程序执行完毕。如果在定义时未对静态局部变量赋初值,则其初值为 0(数值型变量)或空字符(字符型变量)；如果在定义时对其赋初值,即使是多次调用其所在函数,初值也只被赋一次。

main()函数中 for 循环的循环体被执行两次。当 i=1 时,执行循环体第一次：第一次调用 fun()函数,fun()函数中静态局部变量 x 在编译时被赋予初值 1,执行 x*=2 后,静态局部变量变成 2,并把 2 作为 fun()函数的返回值,赋给 s。当 i=2 时,执行循环体第二次：再次调用 fun()函数,这次执行 fun()函数时,x 具有上次调用后的结果 2,然后执行 x*=2,x 变为 4,然后通过 return 语句把 4 作为 fun()函数的返回值,赋给 s,现在变量 s 的值为 4。当 i 再自增时,for 循环条件不满足,for 循环结束。最后输出 s 的值为 4,所以应选择 C。

答案：C。

知识点小结

本章介绍函数实现模块化程序设计的方法、函数的概念及功能、有参函数和无参函数定义形式、函数声明、函数调用方式、变量的时空范围及分类、局部变量和全局变量的作用域和生存期、编译预处理命令、宏定义；重点讲解函数的实参向形参传递数据的过程，函数的返回值，变量的四种存储类别，宏（无参数的宏、有参数的宏）的用法，文件包含的含义及用法，条件编译及应用。本章的难点是函数的嵌套调用、递归调用和数组作为函数的参数。

习题 6

6.1 单选题

1. 设 fun()函数的定义形式为

```
void fun(char ch,float x){ … }
```

则下列对函数 fun()的调用语句中，正确的是（　　）。

A. fun("abc",3.0)；　　B. t=fun('D',16.5)；

C. fun('65',2.8)；　　D. fun(32,32)；

2. 若各选项中所用变量已正确定义，fun()函数中通过 return 语句返回一个函数值，下列选项中错误的是（　　）。

A. void main( )
{…x =fun (2,10)；…}
float fun(int a,int b){…}

B. float fun(int a,int b){…}
void main( )
{…x =fun(i,j)；…}

C. float fun(int,int)；
void main( )
{…x =fun(2,10)；…}
float fun(int a,int b){…}

D. void main( )
{float fun(int i,int j)；
…x =fun(i,j)；　…}
float fun(int a,int b){…}

3. 有下列程序：

```
int fun1(double a){return a * = a;}
int fun2(double x,double y)
{   double a = 0,b = 0;
    a = fun1(x);b = fun1(y);return(int)(a + b);
}
void main( )
{   double w;w = fun2(1.1,2.0); … … }
```

程序执行后变量 w 的值是（　　）。

A. 5.21　　B. 5　　C. 5.0　　D. 0.0

4. 有下列程序：

```
fun(int x,int y){return (x + y);}
```

```
void main( )
{   int a = 1,b = 2,c = 3,sum;
    sum = fun((a++,b++,a + b),c++);
    printf(" %d\n",sum);
}
```

执行后的输出结果是(　　)。

A. 6　　B. 7　　C. 8　　D. 9

5. 若函数调用时的实参为变量时,以下关于函数形参和实参的叙述中正确的是(　　)。

A. 函数的实参和其对应的形参共同占用同一存储单元

B. 形参只是形式上的存在,不占用具体存储单元

C. 同名的实参和形参占用同一存储单元

D. 函数的形参和实参分别占用不同的存储单元

6. 下列程序的输出结果是(　　)。

```
int f1(int x,int y){return x > y?x : y;}
int f2(int x,int y){return x > y?y : x;}
void main( )
{   int a = 4,b = 3,c = 5,d = 2,e,f,g;
    e = f2(f1(a,b),f1(c,d));
    f = f1(f2(a,b),f2(c,d));
    g = a + b + c + d - e - f;
    printf(" %d, %d, %d\n",e,f,g);
}
```

A. 4,3,7　　B. 3,4,7　　C. 5,2,7　　D. 2,5,7

7. 有下列程序:

```
void sort(int a[ ],int n)
{   int i,j,t;
    for(i = 0;i<n - 1;i++)
    for(j = i + 1;j<n;j++)
      if(a[i]<a[j])  { t = a[i]; a[i] = a[j]; a[j] = t;}
}
void main( )
{   int aa[10] = {1,2,3,4,5,6,7,8,9,10},i;
    sort(aa + 2,5);
    for(i = 0;i < 10;i++)  printf(" %d,",aa[i]);
    printf("\n");
}
```

程序运行后的输出结果是(　　)。

A. 1,2,3,4,5,6,7,8,9,10,　　B. 1,2,7,6,3,4,5,8,9,10,

C. 1,2,7,6,5,4,3,8,9,10,　　D. 1,2,9,8,7,6,5,4,3,10,

8. 有下列程序:

```
fun (int x,int y)
{   static int m = 0,i = 2;
    i += m + 1; m = i + x + y; return m;
```

```
}
void main ( )
{   int j = 1, m = 1, k;
    k = fun(j,m); printf(" %d, ",k);
    k = fun(j,m); printf(" %d\n",k);
}
```

程序运行后的输出结果是(　　)。

A. 5,5　　B. 5,11　　C. 11,11　　D. 11,5

9. 有下列程序：

```
fun(int x)
{   int p;
    if(x == 0 ||x == 1) return(3);
    p = x - fun(x - 2);
    return p;
}
void main( )
{   printf(" %d\n",fun(7));}
```

程序运行后的输出结果是(　　)。

A. 7　　B. 3　　C. 2　　D. 0

10. 有下列程序：

```
void change (int k[ ] ){k[0] = k[5];}
void main( )
{   int x[10] = {1,2,3,4,5,6,7,8,9,10},n = 0;
    while (n <= 4) {change(&x[n]);n++;}
    for(n = 0;n < 5;n++) printf(" %d",x[n]);
    printf("\n");
}
```

程序运行后的输出结果是(　　)。

A. 6 7 8 9 10　　B. 1 3 5 7 9　　C. 1 2 3 4 5　　D. 6 2 3 4 5

11. 有下列程序：

```
void fun2(char a, char b)   {printf(" %c %c",a,b); }
char a = 'A',b = 'B';
void fun1( ){a = 'C'; b = 'D' ; }
void main( )
{   fun1( );
    printf(" %c %c",a,b);
    fun2('E','F');
}
```

程序运行后的输出结果是(　　)。

A. C D E F　　B. A B E F　　C. A B C D　　D. C D A B

12. C 语言对宏命令的编译是(　　)。

A. 在程序运行的时候进行处理的

B. 在程序链接的时候进行处理的

C. 和源程序中的其他代码同时进行编译的

D. 在对源程序中的其他代码正式编译之前进行处理的

13. 以下叙述不正确的是(　　)。

A. 宏替换不占用运行时间　　B. 宏名无类型

C. 宏名必须用大写字母　　D. 宏替换只是字符替换

14. 宏命令不可以放在(　　)。

A. 文件的开头　　B. 函数内部

C. 函数外部　　D. 源程序文件的末尾

15. 从计算机所占用资源(时间和空间)角度分析,宏与函数的主要区别是(　　)。

A. 宏的使用耗费了存储空间,函数耗费了时间

B. 宏的使用节省了存储空间,函数耗费了时间

C. 宏的使用耗费了存储空间,函数节省了时间

D. 宏的使用节省了存储空间,函数节省了时间

16. 下列预处理命令正确的是(　　)。

A. define　M　6　　B. #define m(int x)　x+2

C. #include <stdio.h>,<math.h>　　D. #include <stdio.h>

6.2　填空题

1. 下列程序运行后的输出结果是________。

```
#include <stdio.h>
void swap(int x,int y)
{   int t;
    t = x;x = y;y = t;printf(" %d %d ",x,y); }
void main( )
{   int a = 3,b = 4;
    swap(a,b); printf(" %d %d\n",a,b);
}
```

2. 下列程序运行后的输出结果是________。

```
#include <stdio.h>
int fun(int a)
{   int b = 0; static int c = 3;
    b++; c++;
    return(a + b + c);
}
void main( )
{   int i, a = 5;
    for(i = 0;i < 3;i++)printf(" %d%d",i,fun(a));
    printf("\n");
}
```

3. 有下列程序,若运行时输入“1234 <CR>”,则程序的输出结果是________。

```
#include <stdio.h>
```

```
int sub(int n) { return(n/10 + n % 10);}
void main( )
{   int x,y;
    scanf(" % d",&x);
    y = sub(sub(sub(x)));
    printf(" % d\n",y);
}
```

4. 下列程序运行后的输出结果是________。

```
# include < stdio.h >
int f(int a[ ],int n)
{   if(n >= 1)  return  f(a,n - 1) + a[n - 1];
    else   return   0;
}
void main( )
{   int aa[5] = {1,2,3,4,5},s;
    s = f(aa,5);   printf(" % d\n",s);
}
```

5. 下列程序的运行结果是________。

```
# include < stdio.h >
fun(int t[ ],int n)
{   int i,m;
    if(n == 1)return t[0];
    else
        if(n >= 2){m = fun(t,n - 1);   return m;}
}
void main( )
{   int a[ ] = {11,4,6,3,8,2,3,5,9,2};
    printf(" % d\n",fun(a,10));
}
```

6. 下列程序运行后的输出结果是________。

```
# define Power2(x)   x * x
void main()
{ int i = 5,j = 6;
  printf(" % d\n",Power2(i + j));
}
```

7. 若有宏定义“# define HELLO www.xzit.edu.cn”,则执行以下语句,输出的结果是________。

```
# ifdef  HELLO
    printf("hello\n");
# else
    printf("world\n");
# endif
```

8. 下列程序运行后的输出结果是________。

```
#include <stdio.h>
#define f(x)   x*x*x
void main()
{   int a=3,s,t;
  s=f(a+1);t=f((a+1));
  printf("%d,%d\n",s,t);
}
```

9. 有一个名为 init.txt 的文件内容如下,输出的结果是________。

```
#define HDY(A,B)   A/B
#define PRINT(Y)   printf("y=%d\n",Y)
```

程序如下:

```
#include <stdio.h>
#include   "init.txt"
void main( )
 {
     int a=1,b=2,c=3,d=4,k;
     k=HDY(a+c,b+d);
     PRINT(k);
 }
```

10. 下列程序运行后的输出结果是________。

```
#include <stdio.h>
#define   P(a)   printf("%d ",a)
void main()
{
    int j,a[]={1,2,3,4,5,6,7},i=5;
    for (j=3;j>1;j--)
        {
            switch(j)
               {   case 1:
                   case 2: P(a[i++]); break;
                   case 3: P(a[--i]);
               }
        }
}
```

6.3 简答题

1. 简述设计函数的思想方法。
2. 函数形参变量的内存单元是如何分配的?
3. 自定义一个函数,实现重复输出给定的字符 n 次。
4. 举例说明递归函数的特点及应用场合。
5. 在同一个源文件中,如果外部变量与局部变量同名,哪个有效?
6. 简述静态局部变量的特点。
7. 举例说明文件包含、宏定义和条件编译的具体应用。

6.4 编程实战题

1. 编写一个函数 f(),实现下列分段函数的功能。

$$y=\begin{cases}x & (x<1)\\ 2x-1 & (1\leqslant x<10)\\ 3x-11 & (x\geqslant 10)\end{cases}$$

在主函数中输入 x 的值,调用 f()函数,输出 f(x)的值。

2. 编写一个函数 fac(),它的功能是求 n!。在主函数中调用 fac(),求 5!,3!+5!+7!+9!,3!+7!+2!+15!+10!。

3. 输入 10 个学生的姓名和学号,然后按学号从小到大的顺序进行排序,要求姓名顺序也随之调整。

4. 分别用函数和带参的宏编写程序,实现求 a,b 两个整数相除的余数。

5. 用条件编译实现以下功能。输入一行电报文字,可任选两种输出方式:一种为原文输出;另一种为将字母变成下一个字母(如 a 变成 b,…,z 变成 a,其他字符不变)输出。用 #define 命令控制是否要译成密码。

例如:

```
#define CHANGE 1
    则输出密码
若#define CHANGE 0
    则不输出密码,按原码输出。
```

实验 6 函数程序设计

本次实验主要涉及函数的定义、声明及调用。

【实验目的】

(1) 掌握函数的定义方法;

(2) 掌握函数的调用及函数声明;

(3) 掌握函数实参与形参的对应关系及"值传递"的方式;

(4) 掌握函数实参与形参的对应关系及"地址传递"的方式;

(5) 掌握函数的嵌套调用和递归调用方法;

(6) 掌握全局变量和局部变量、动态变量和静态变量的概念和使用方法;

(7) 学习对多文件程序的编译和运行;

(8) 掌握宏定义、文件包含、条件编译的使用方法。

【实验内容】

一、基础题

1. 编写一个函数 narcissisticNumber(),其功能是判断一个三位数是不是水仙花数。水仙花数又称自恋数、自幂数,是指一个 n(n≥3)位数,它的每位数字的 3 次幂之和等于该数本身。例如,153、370、371 都是水仙花数(验证:1×1×1+5×5×5+3×3×3=153,则153 是水仙花数)。要求主函数 main()调用 narcissisticNumber (),输出 100～1000 内所有水仙花数。

2. 输入 m 个学生 n 门课的成绩(例如 10 个学生 5 门课的成绩),分别用函数求:

(1) 每个学生的平均分;

(2) 每门课的平均分;

(3) 最高的分数所对应的学生和成绩(要求用数组名作为函数参数)。

二、提高题

1. 用递归算法处理 Fibonacci 数列问题,计算 Fibonacci 数列第 9 项即 f(9)的值。

递归公式:

$$f(n)=\begin{cases}1 & (n=1)\\ 1 & (n=2)\\ f(n-1)+f(n-2) & (n>2)\end{cases}$$

【注意】 函数 f(n)是一个有返回值的函数;在主函数中提供参数 n 的值。

2. 编写带参的宏,实现 $y=x^2+6x+1$。在主函数中输入 x,输出对应的 y 值。

3. 用递归法将一个整数 n 转换成字符串。例如输入整数 789,应输出字符序列'7','8','9'。n 的位数不固定,可以是任意位数的整数。

【提示】 将一个整数 n 分解成字符序列,首先将问题划分成两个部分:一部分是终止递归的条件;另一部分是继续更深层次递归的条件:

- 当 n/10!=0 时,将 n /10 作为参数继续更深层次递归。
- 否则,当 n/10=0 时(一位数可以直接转换),把整数 n 转换成单个字符并输出,c=n%10+'0',打印 c。

注意:函数 convert(int n)完成输出功能,它是一个 void 函数;在主函数中提供参数 n 的值。

4. 用递归法求 n 阶勒让德多项式的值,递归公式为:

$$P_n(x)=\begin{cases}1 & (n=0)\\ x & (n=1)\\ [(2n-1)xP_{n-1}(x)-(n-1)P_{n-2}(x)]/n & (n>1)\end{cases}$$

5. 求两个整数的最大公约数和最小公倍数。

(1) 要求不使用全局变量的方法实现。分别用两个函数求最大公约数和最小公倍数。两个整数在主函数中输入,并传送给函数 f1(),求出的最大公约数返回主函数,然后再与两个整数一起作为实参传递给函数 f2(),以求出最小公倍数,再返回主函数输出最大公约数和最小公倍数。(函数调用形式的表达式作为函数参数)

(2) 要求不使用全局变量的方法实现。分别编写两个函数,函数 f1()求最大公约数,f2()求最小公倍数。在函数 f2()中调用 f1()函数来实现求最小公倍数。(嵌套调用)

(3) 使用全局变量的方法,分别用两个函数求最大公约数和最小公倍数,但其值不由函数带回。将最大公约数和最小公倍数都设为全局变量,在主函数中输出它们的值。

(4) 将两个函数单独存放在 file1. c 中，主函数存放在 file2. c 中，对它们进行编译和运行。(多文件程序的编译和运行)

6. 从键盘输入一串字符，将其中的小写字母全部转换为大写字母后再输出到屏幕上。要求小写字母转换为大写字母用自定义函数完成。(数组名作为函数参数)

【想一想】 调用库函数时应在程序开头添加什么命令？什么是 void 函数？void 函数和有返回值函数的调用形式有什么不同？

指针

指针思维导图

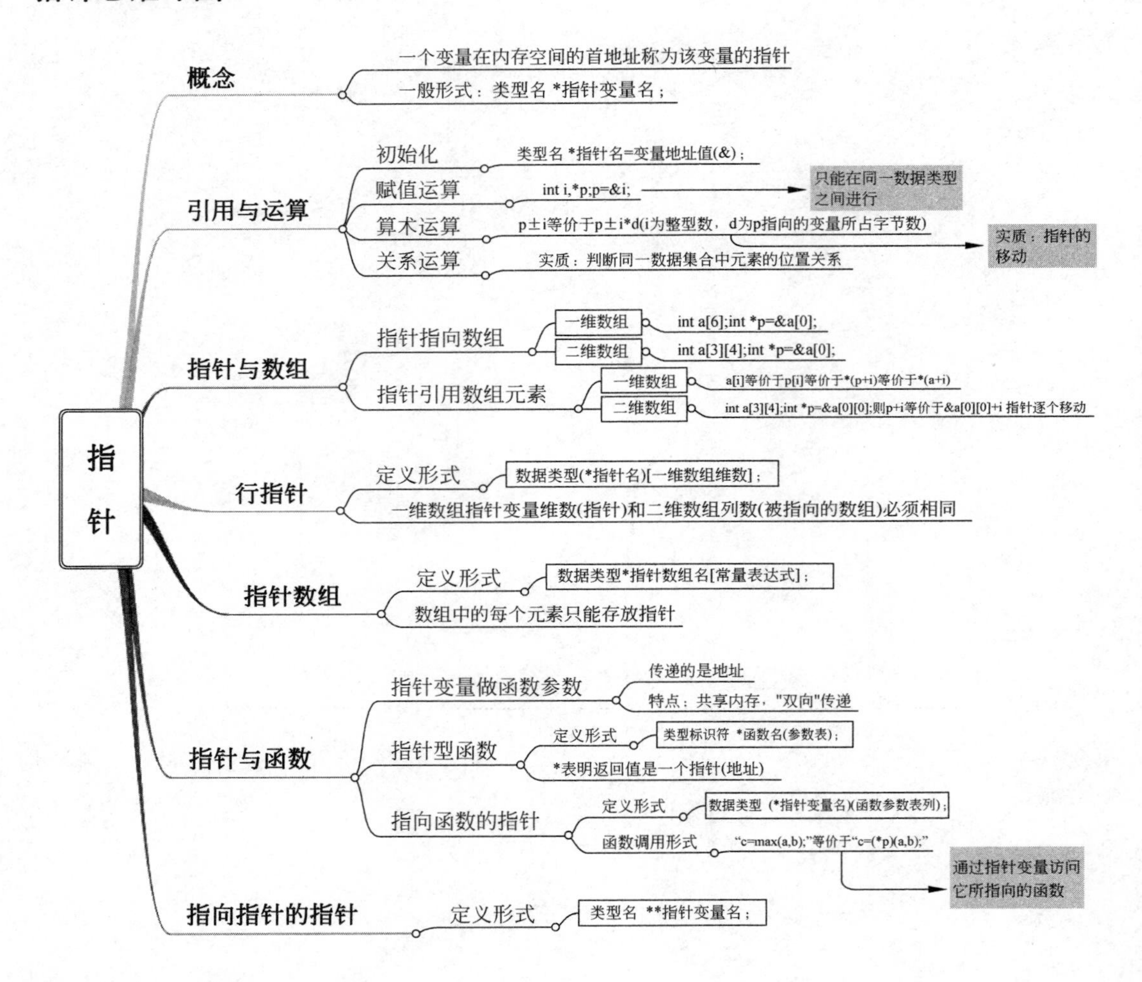

学习任务与目标

1. 掌握地址、指针、指针变量、二级指针的概念；
2. 掌握指针的基本运算：取地址运算、取值运算；
3. 掌握指针作为函数参数的使用方法；

4. 理解指针与数组、字符串的关系；
5. 熟练使用指针操作数组的方法。

7.1 为何要用指针

7.1.1 引例：密室逃脱游戏

1. 描述问题

密室逃脱游戏是一种益智游戏。有一位智者被困在一间门被密码锁锁上的密室里，要想逃脱，需找到能打开密室的密码。

假设密码由四位数按大数字在前、小数字在后的顺序组成，例如 9731，根据线索顺藤摸瓜，输入正确的密码(9731)，门开了，智者成功逃脱密室。

2. 分析问题

密码箱相当于存放密码的地址，通过获取地址找到密码值。可以定义两个变量：整型变量 passwordx 用来存放密码；指针变量 pointer 用来存放整型变量 passwordx 的地址，在密码值未知的情况下，通过指针变量 pointer 所存放的 passwordx 地址，间接找到密码值。

3. 解决问题

利用指针模拟密码开锁的程序如下：

```
#include <stdio.h>
void main (void)
{
    int *pointer = NULL;          /*定义整型指针变量 pointer,初值为空,用于寻找密码*/
    int  passwordx = 9731;        /*定义整型变量 passwordx,用于存储密码值*/
    pointer = &passwordx;
            /*指针 pointer 存放整型变量 passwordx 的地址,只有找到该地址才能获取密码*/
    printf ("要找的密码: %d\n", passwordx);      /*通过变量名 passwordx 输出密码值*/
    printf ("找到地址编号 %x 存放的密码: %d\n", pointer, *pointer);
            /*通过变量 passwordx 的地址取出密码,即指针 pointer 的值*/
    printf ("\n输入正确的密码,门开了,智者成功逃脱!\n");
}
```

获取密码有两种方法：①直接获取法，通过变量名 passwordx 直接得到密码值；②间接获取法，在不知道变量名的情况下，通过指针变量 pointer 所存放的 passwordx 地址，间接找到密码值。

7.1.2 创建数据类型：指针

指针(Pointer)是C程序设计的一个强大工具，是C语言最有特色、最为精华的内容。指针不仅可以表示很多复杂的数据结构、高效地使用数组、便捷地处理字符串、灵活地调用函数，而且可以动态分配内存，甚至直接访问内存，带给编程人员“至高无上”的权利和自由。学会使用指针首先要了解地址的含义。

1. 地址——内存存储单元的编号

日常生活中购买的高铁票、电影票上显示的座次号是实体座位对应的编号，同样，计算机内存的存储单元也有“编号”，人们把计算机内存的存储单元编号称为地址，这个地址通常用指针表示，也就是说，指针描述的是计算机内存的地址。

2. 指针——管理计算机内存的地址

计算机内存中的每个存储单元占一个字节，每个字节(B)占8位(b)，即1B=8b。若有一台8GB内存的计算机，则具有8×1024×1024×1024B=8 589 934 592B，如何井井有条地管理这些存储单元，必须有一个合理的方法。人们把社会生活中为事物编号的方法迁移到计算机中，给计算机内存的每个字节编号：第一个字节的编号为0，第二个字节的编号为1，…，以此类推，最后一个字节的编号为8 589 934 592－1，并用指针管理这些编号对应的内存地址。

说明：变量所占的储存单元由具体的C编译系统自行分配，不是由编程人员决定的。例如，一个int型变量在TC环境下占2字节，而在VC2010环境下占4字节。

计算机内的所有数据都以二进制形式存放。设整型变量j的值为7(转换成二进制，前面补足0，占满4字节，即为00000000 00000000 0000 0000 00000111)，占用的地址编号假设为1000、1001、1002、1003，如图7-1所示。该图揭示了变量的变量名、变量值和变量地址之间的关系。

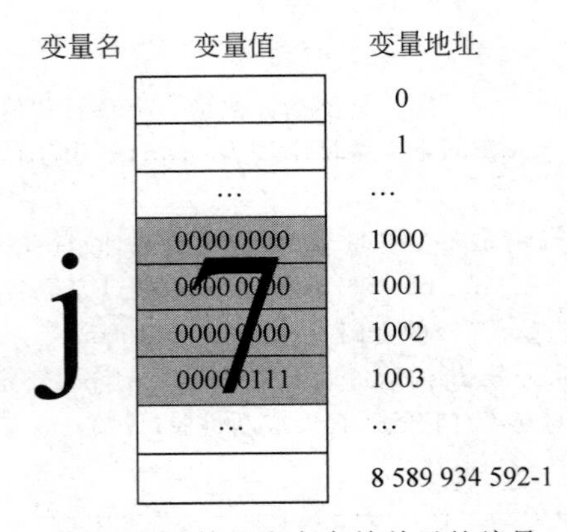

图7-1 计算机内存存储单元的编号

地址的字节编号对应的二进制数太长，可把二进制转换为十六进制，通常用十六进制表示内存地址。为了方便分析程序，本书用十进制表示地址，例如，地址编号为1000、1001、1002、1003等都是十进制数。

3. 变量地址

若有语句：

```
double x = 3.1415926;
```

则系统随机分配给双精度实型变量 x 的存储空间是 8 个字节，对应的字节编号若为 2000、2001、……、2007，在这 8 个字节中存放的值是 3.1415926。取第一个字节编号（即首地址 2000）作为变量 x 的地址，称首地址是变量 x 在内存中的地址，用指针保存这个地址。

4. 变量值

变量值是指变量在计算机存储单元中存放的数据。程序在运行期间，变量值可以变化，即指针指向的内容可更新，而变量地址保持不变，即指针不变。变量地址可类比大学生住宿大楼的宿舍编号，且这个编号是固定的；变量值可以想象为宿舍居住的学生。例如，某高校大龙湖校区 2019 级新生宿舍楼每个房间住 4 个人。四年后 4 名大学生毕业了，但是，这座大楼房间的编号不变，入住的却是 2023 级新生。

5. 存取变量值

系统存取变量值称为访问。访问内存中的数据有两种方式：一是通过变量名直接访问；二是通过变量地址（指针）间接访问。

1）通过变量名直接访问

有以下语句：

```
int h ;
scanf (" %d ", &h);
printf ("h =  %d\n ", h);
```

执行语句“scanf (" %d ", &h);”的过程：通过变量名 h 找到 h 的起始地址（假设是 6700）；从键盘输入值（假设为 403）保存到存储单元 6700、6701、6702 和 6703 四个字节中。

执行语句“printf (" h = %d\n ", h);”的过程：通过变量名 h 找到 h 的起始地址 6700，从地址 6700、6701、6702 和 6703 中取出其值 403，再输出。

直接访问可比作窦同学大学毕业十年返母校拜访新校长，如果窦同学认识新校长，直接到校长办公室去拜访。

2）通过指针间接访问

如果窦同学不认识新校长，但是张同学（可以把张同学类比为指针变量 zh_pointer）认识且知道办公室地址，那么窦同学先找到张同学，获取新校长的办公室地址（指针变量 zh_pointer 用来存放该地址），再去拜访。

有以下语句：

```
int newm, * zh_pointer;
printf("输入新校长办公室编号");
scanf (" %d",&newm);          /* 从键盘输入值若为 707,则等价于 newm = 707; */
zh_pointer = &newm;
printf("根据张同学提供的地址 %x 找到新校长办公室 %d \n ",zh_pointer, * zh_pointer);
```

设整型变量 newm 在内存中的首地址是 9900,定义指针变量 zh_pointer 指向 newm 在内存中的起始地址。指针变量 zh_pointer 本身在内存中也占用地址,假设其起始地址是 180728,zh_pointer 的值就是变量 newm 在内存中的首地址 9900,如图 7-2 所示。

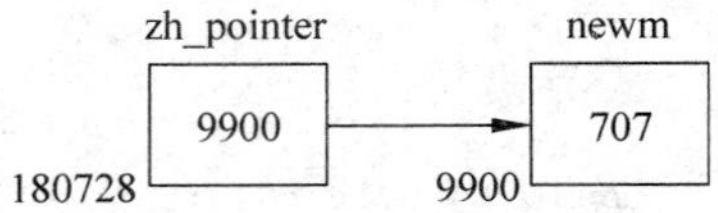

图 7-2 间接访问

指针变量 zh_pointer 存取变量 newm 值的过程:首先找到指针变量 zh_pointer 的地址(180728),取出存储单元内的值 9900(变量 newm 的首地址),再从以 9900 为首地址的存储单元中取出变量 newm 的值 707。

7.2 指针概述

7.2.1 指针的定义形式

1. 指针预备知识

了解计算机是如何从内存寻址、取址的。

计算机的总线可分三类:地址总线、数据总线和控制总线。

地址总线专门用于寻址(类似快递员送快递时寻找客户地址),CPU 通过地址进行数据访问,位于该地址中的数据由数据总线传送,一次传送的长度就是数据总线的位数。地址总线的位数决定了 CPU 可直接寻址的内存空间大小。例如,CPU 总线长 32 位(即字长为 32),最大的直接寻址空间为 2^{32}B(4GB)。这就是人们常说的 32 位 CPU 最大支持的内存为 4GB。(实际上达不到这个值,因为一部分寻址空间会被映射到外部的一些 IO 设备和虚拟内存上。目前,通过新技术,可以使 32 位机支持 4GB 以上内存,但不属本书的讨论范围)。想一想,64 位、128 位的 CPU 最大支持的内存空间分别为多少。

数据总线用于传送数据信息,数据总线的位数与 CPU 的字长一致。一般而言,数据总线的位数与当前机器 int 值的长度相等。例如,在 32 位机器上,int 的长度是 32b(4B),表示该台计算机一条指令最多能够读取或存取的数据长度是 32 位。若大于这个值,则要进行多次访问。类似一辆 32 座的校车要从老校区运送 64 名学生到新校区参加话剧排练,需要分两批运送。这就是 64 位机在进行 64 位数据运算时的效率比 32 位高的原因。

计算机访问某个数据时,首先,通过地址总线传送该数据存取或读取的位置,然后,通过数据总线传送需要存取或读取的数据。在基本数据类型中,char 的位数最小,占 8 位即 1B,可以认为计算机以 8 位为基本访问单元。对于小于 1B 的数据,必须通过位操作进行访问。

存放数据的地址称为指针。指针是 C 语言的灵魂,因为需要指针能够指向内存中的任意一个位置。指针的长度与 CPU 的位数相等,目前大多数 CPU 是 64 位,因此,指针的长度也是 64b(8B)。控制总线的内容请读者自学,本书不介绍。

2. 指针的定义格式

根据数据类型可以定义对应类型的变量,由"整型"定义的变量称为整型变量,例如"int sum ;",由"指针类型"定义的变量称为指针变量。但是 C 语言没有规定某一个标识符专门用来表示指针类型,而是用“ * ”作为定义指针的一个标志,与其说这是一种缺失,不如说C语言更加具有灵性且干练。

指针变量遵守“先定义后使用”的原则。在不引起混淆的情况下,通常把指针变量简称为指针,或一级指针(以区别后面介绍的二级指针)。

指针的定义格式有两种形式:

```
数据类型 *指针变量名;
```

或

```
数据类型* 指针变量名;
```

说明:

(1) 这两种定义格式中“ * ”的位置不同,可以靠近“数据类型”,也可以靠近“指针变量名”。一般习惯上采用第一种定义方式。例如:

```
int *p;     /* 定义指针变量 p,用于存储整型变量的地址,即 p 指向整型变量 */
char *q;    /* 定义指针变量 q,用于存储字符型变量的地址,即 q 指向字符型变量 */
```

定义的指针变量名是 p、q,而不是 * p、* q,指针变量名应符合标识符命名规则,标识符命名规则中不包括“ * ”;至于 p 究竟指向哪一个整型变量、q 究竟指向哪一个字符型变量,是在赋初值时决定的。

(2) 指针变量具有专一性,因为在定义一个指针变量时就规定了该指针只能指向它定义变量的数据类型,不能再指向其他类型的变量。例如:

```
int *point;
float x;
point = &x; /* 错误原因: 指针变量 point 定义时只能指向整型变量的地址,不能指向浮点型变量 x
               的地址 */
```

(3) 数据类型标识符表示该指针所指向目标变量的数据类型。

(4) 指针变量的类型是它所指向的目标变量的类型,并不是它本身的类型。因指针变量本身的值是它所指向变量所占存储单元的首地址。如:

```
double y, *py;
py = &y;
```

py 为指向 double 类型的指针变量,py 的值是 y 所占存储单元的首地址,是一个整数。如果指针有指向的类型,但还未初始化,那么它所指向的内存地址是不确定的,或者说是无意义的。所以必须为指针变量初始化。

7.2.2 指针变量的初始化

指针变量使用之前不仅要定义,而且必须赋予具体的地址值,因为在C语言中,用户不知道变量的具体地址,变量的地址是由编译系统随机分配的,未经赋值的指针变量的值是不确定、不能使用的。如果一个指针变量赋予非地址数据或未经赋值,那么这个指针变量指向哪个存储单元是不确定的,称为悬空指针。对悬空指针变量的操作会引起严重的后果,甚至会导致系统崩溃。因此,使用指针应养成良好的习惯:在定义指针变量的同时,赋予指针变量一个初始值。

1. 指针变量的初始化方法

指针变量初始化的一般形式为:

数据类型 指针变量名 =&变量名;

例如:

```
int n;
int *p = &n;          /*在定义指针变量的同时,赋予指针变量一个初始值。*/
```

等价于

```
int n, *p ;           /*指针变量定义时暂不赋初值,随后用赋值语句予以赋值。*/
p = &n;
```

2. 指针变量的初始化举例

【例 7-1】 若有定义“int x = 10, *p = &x;”,则语句“printf (" %d\n ", *p);”的输出结果是( )。

解析:例题中“*”出现两次,“*”在不同的语句场合具有不同的含义。

(1) 指针变量说明语句“int x =10, *p = &x;”中的“*”是指针类型标识符,表示其后的变量 p 是一个指针类型的变量而不是一个普通的整型变量。“*p = &x;”表示指针变量 p 取得整型变量 x 的地址。

(2) 在语句“printf (" %d\n ", *p) ;”中的“*”是一个指针运算符,表示获取指针变量 p 所指向的变量 x 的值。因此,*p 访问的是 x 所占用存储区域的内容,输出变量 x 的值 10。

在 C 语言中,一个符号有多种用法,称为运算符重载。本例中的“*”是典型的一个符号多用。

【想一想】 C 语言中的“*”符号还有哪些含义?举例说明。

7.2.3 指针变量的引用方法

C 语言中的变量具有定义、初始化、引用三部曲。

指针变量的引用方法:使用取地址运算符“&”与指针运算符“*”,通过指针变量访问变量。

1. 取地址运算符&

C 语言提供的地址运算符“&”是单目运算符,其结合性为自右至左,功能是取变量的地址。

其一般形式为:

&变量名;

例如,&n 表示变量 n 的地址,变量 n 本身必须预先说明。

2. 指针运算符 *

取指针内容运算符"*"简称指针运算符。"*"是单目运算符,其结合性为自右至左,表示获取指针变量所指向的变量值。"*"运算符后面紧跟的变量必须是指针变量。

例如:

```
int a = 10;
int *p = &a;          /* 定义指针变量 p,赋初值 a 的地址 */
```

指针变量 p 和它所指的变量 a 之间的关系如图 7-3 所示。

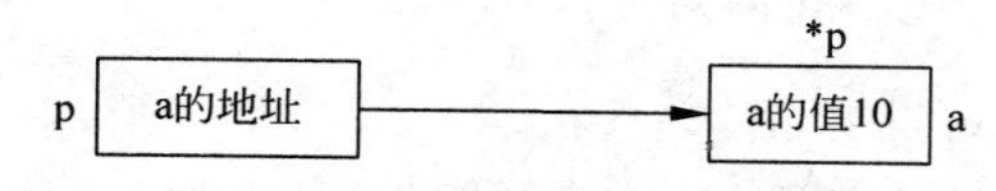

图 7-3 指针变量 p 和它所指的变量 a 之间的关系

分析:若指针变量 p 的值是它所指变量 a 的地址,等价写法为"p=&a;",即通过指针变量 p 可以找到变量 a 的地址,如果要得到变量 a 的值 10,既可用 *p 实现,又可用变量名 a 实现,相当于 a 的别名是 *p。与现实生活中一个人既有真实的姓名(例如"李思"),又在网上注册一个网名(QQ 或微信名"十八子士")类似。由此可见,引入指针变量后,对变量的访问方法除用原有用变量名直接访问外又多了一种方法:用指针变量间接访问。

【想一想】 &*p 与 *&p 的区别。

3. 指针变量的引用举例

【例 7-2】 设有定义"int n1 = 5, n2, *p = &n2, *q = &n1;",则与语句"n2 = n1;"等价的赋值语句是(　　),如有语句 p=q,解释其含义。

解析:初始化之后,变量 n2、n1 与指针变量 p、q 存储情况及其之间的关系如图 7-4 (a) 所示。

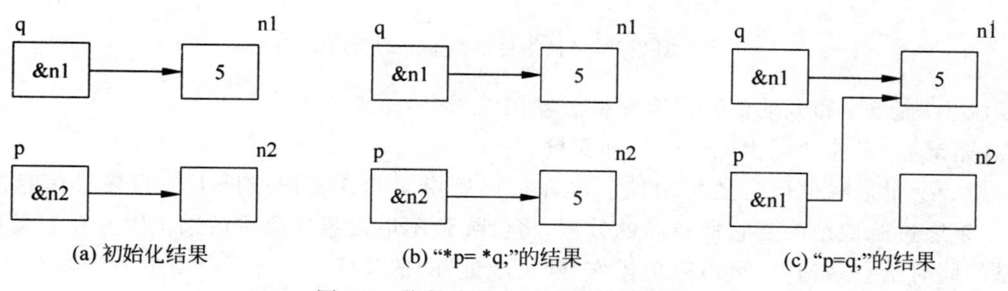

图 7-4 指针变量 p、q 的初始化过程

指针变量 p 指向整型变量 n2,则 *p 与 n2 等价,即 *p 在表达式中可以和 n2 互换使用,*p 可出现在 n2 能出现的任何地方。"*p = *q;"等价于"n2 = n1;",如图 7-4 (b) 所示。

指针变量和普通变量一样,存放在它们之中的值是可以改变的,也就是说可以改变它们的指向。

语句“p = q;”把 q 的值赋给 p,q 的值即是 n1 的地址。实际是把 n1 的地址赋给 p,则 p 指向 n1(原来指向 n2),如图 7-4 (c)所示。

通过指针访问它所指向的一个变量是以间接访问的形式进行的,所以比直接访问一个变量要费时间,而且不直观。因为通过指针要访问哪一个变量,取决于指针的值(即指向),例如“ * p= * q;”实际上就是“n2=n1;”。由于指针是变量,所以可以通过改变它的指向以间接访问不同的变量,这给程序员编程带来灵活性,也使程序代码编写更为简洁和高效。

【例 7-3】 分析以下程序,运行后的输出结果是(　　)。

```
#include <stdio.h>
void main ( )
{  int a = 7, b = 8, *p, *q, *r;
   p = &a; q = &b;
   r = p;  p = q; q = r;
  printf ("%d, %d, %d, %d\n", *p, *q, a, b);
}
```

解析:程序中三条语句“ r = p; p = q; q = r;”交换了指针变量 p、q 的指向。交换前如图 7-5(a)所示。

r 是中间变量,在语句“r = p;”执行之前保留 p 的值,在执行语句“p = q;”之后再通过“q = r;”把 r 之前保留的 p 的值赋给 q,从而完成指针变量 p、q 值的交换,实际上是交换两个指针的指向,如图 7-5(b)所示。

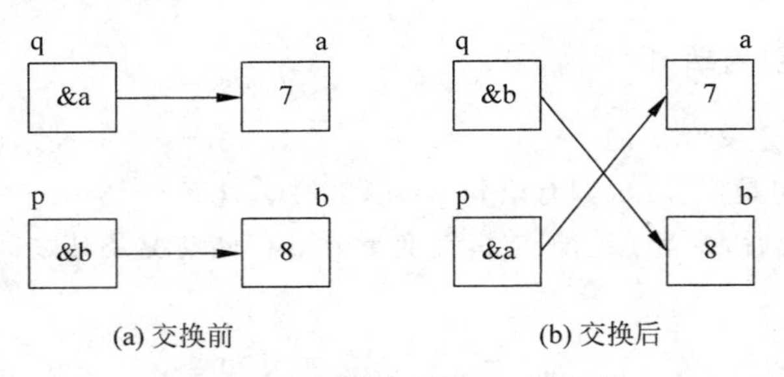

图 7-5　交换指针变量 p、q 的指向

注意,变量 a 和 b 的值并没有交换。输出结果是:8,7,7,8。

【谨记】 不能使用未赋值的指针变量。

指针变量未赋值前是随机地址。也许它正巧指向 QQ 密码或网上银行账号信息的地址,如果通过此地址改变它所指向的数据,将会导致不堪设想的严重后果。因此在定义指针变量的同时给它赋初值,可以避免操作“随机地址”的危险状态。

在指针数据对象初始化时,所提供的目标数据必须已定义,并与指针所指向的目标数据类型一致,否则会导致程序错误。例如:

```
int n, a[4];
float *p = &n;          /* 错误,类型不匹配,应改为: int *p = &n; */
int *p = &a;            /* 错误,a 是数组名,不需要加 &.应改为: int *p = a; */
```

7.2.4 指针运算

指针运算是以指针变量所具有的地址值为运算量的运算，它和普通变量的运算有很大区别。指针变量运算的种类是有限的，它只能进行赋值运算、部分算术运算、关系运算。

1. 赋值运算

指针变量的赋值运算有以下几种形式。

(1) 初始化赋值，前面已介绍，此处不重复。

(2) 把一个变量的地址赋予一个指向相同数据类型的指针变量。例如：

```
int a, * pa;              /* 定义指针变量 pa,是未初始化的指针 */
pa = &a;                  /* 为指针变量 pa 赋值,此时 pa 指向变量 a 的首地址 */
```

(3) 把一个指针变量的值赋予指向相同类型变量的另一个指针变量。如例 7-2，由于 p、q 均为指向整型变量的指针变量，因此可以相互赋值："p = q;"。

(4) 把字符串的首地址赋予指向字符类型的指针变量。如：

```
char * p; p = " Hello" " ;
```

或用初始化赋值的方法：

```
char * p = "Hello" ;
```

注意：不是把整个字符串装入指针变量，而是把存放该字符串存储区的首地址赋予指针变量。

(5) 把数组的首地址赋予指向数组的指针变量。如：

```
int a[5], * p;  p = a;
```

也可采取初始化赋值的方法：

```
int a[5], * p = a;
```

数组中每个元素的地址都可以用指针变量保存。

(6) 把函数的入口地址赋予指向函数的指针变量。如：

```
int ( * pf)(), fun() ; /* pf 是指向函数的指针变量 */
pf = fun;              /* fun 是函数名 */
```

2. 算术运算

指针的算术运算仅适用指向数组的指针变量，对指向其他类型变量的指针进行算术运算毫无意义。

1) 指针变量加(减)整数

合福高铁被誉为"中国颜值最高的高铁"，从历史文化深厚的合肥市到古朴悠闲的福州市，沿途经过 21 个站，每一个站都有美景。可以把这列高铁抽象为指针 p，假设 p 可以指向这 21 个站并且在站点之间可以前进或后退，如图 7-6 所示的示意图。

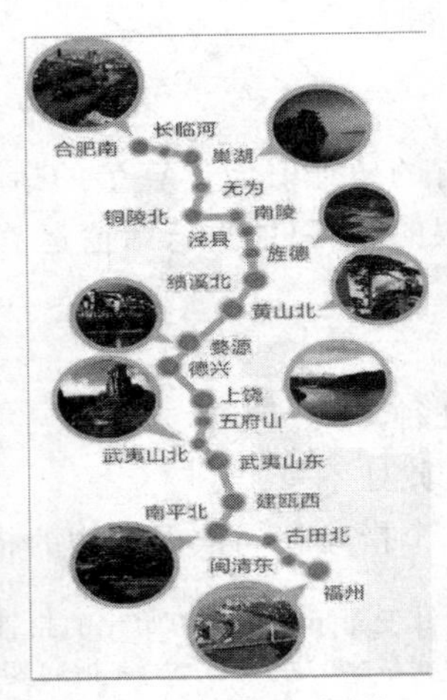

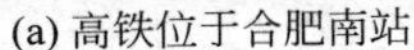

(a) 高铁位于合肥南站　　(b) 合福高铁21站的站名　　(c) 高铁从合肥南开往福州站

图 7-6　中国合福高铁线路示意图

若把21个站的站名用数组gt[21]来管理,则gt[0]表示列车位于合肥南站,如图7-6(a)所示；数组gt[21]中的各个元素相当于沿途线路中的各个站名,如图7-6(b)所示；gt[20]表示列车进入福州站,如图7-6(c)所示。有如下定义：

```
int gt[21], * p;
p= gt;                    /* 把数组 gt 的首地址赋给指针 p,相当于列车位于起始站,即合肥南站 */
```

列车从合肥南站(第0站)行驶到婺源站(第11站),相当于指针变量p指向gt[10],即可描述为“p=>[10];”p保存的是gt[10]的地址。

如果执行以下语句：

```
p = p+1;                  /* 等价于  p ++;或++p; */
```

表示p指向列车前进方向的下一站(即德兴站)。

如果未执行“p = p+1;”语句,而是执行以下语句：

```
p = p-1;                  /* 等价于 p --;或-- p; */
```

则表示p指向上一站(即黄山北站)。

假设高铁位于绩溪北站,如果执行以下语句：

```
p = p+n;                  /* n 的取值范围是从当前站到福州站之间的站数 */
```

则表示p从当前站指向前n站(即绩溪北到福州之间的任意站)。

假设高铁行驶至武夷山东站,如果执行以下语句：

```
p= p-m;                   /* m 的取值范围是从当前站到合肥南站之间的站数 */
```

则表示p从当前站台指向后m站(即从武夷山东到合肥南之间的任意站)。

对于指向数组的指针变量加上或减去一个整数n的含义是：指针从指向当前位置(指向某数组元素)向前或向后移动n个位置,移动的字节数是n*每个元素所占的字节数；类似地,高铁从A站移动到B站,移动的距离是A与B之间的公里数。但要注意,指针移动时不能越界，不能指向该数组之外的存储单元，即该列高铁不能越过合肥南到福州之外的站点距离。

2）两指针变量相减

只有指向同一数组的两个指针变量之间才能进行相减运算，否则毫无意义。

两指针变量相减所得之差是两个指针所指向的数组元素之间相差的元素个数，实际上是两个指针值（地址）相减之差再除以该数组元素的长度（字节数）。例如 pf1 和 pf2 是指向同一浮点数组的两个指针变量，设 pf1 的值为 2032，pf2 的值为 2000，而浮点数组中每个元素占 8B，所以 pf1－pf2 的结果为（2032－2000）/8＝4，表示 pf1 和 pf2 之间相差 4 个元素。

两个指针变量不能进行加法运算。即，pf1＋pf2 无实际意义。

常见的指针变量 p、q 对数组进行算术运算如表 7-1 所示。

表 7-1 指针变量对数组进行算术运算的意义

运算形式	意义	运算形式	意义
p＋＋	指针地址值前移一个数组元素位置	p－n	指针地址值后移 n 个数组元素位置
p－－	指针地址值后移一个数组元素位置	p－q	两指针间的数组元素个数（p＞q）
p＋n	指针地址值前移 n 个数组元素位置		

【例 7-4】 运用指针逆序输出数组 x[6]中的各个元素值，可用以下两种方法。

方法一代码

```
#define M 6
#include <stdio.h>
int main()
{   int x[M] = {2, 4, 6, 8, 5, 7}, i,t ;
    int *p = &x[0], *q = &x[M-1];
    while(p<q)
    {   t= *p; *p= *q; *q=t;
        p++;q--;
    }
    for (i = 0;  i<M;  i ++)
        printf(" %2d ", x[i] );
    printf ("\n ");
    return 0;
}
```

方法二代码

```
#define M 6
#include <stdio.h>
int main()
{   int x[M] = {2, 4, 6, 8, 5, 7}, i,t ;
    int *p = &x[0], *q = &x[M-1];
    while(p<q)
    {   t= *p; *p= *q; *q=t;
        p++;q--;
    }
    for (p = &x[0], i = 0; i<M; i ++)
        printf ( " %2d ", *(p++));
    printf( "\n ");
    return 0;
}
```

“for (i = 0; i＜M; i ＋＋) printf (" %2d" , * (p ＋＋));”语句每循环一次，输出当前元素后，指针指向下一个元素。等价于下列三条语句：

```
printf (" %2d ", * (p + i) );
printf ( " %2d ", *p ++);
printf ( " %2d ", p[i]);
```

注意：数组指针变量向前或向后移动一个位置和地址加 1 或减 1 在概念上是不同的。因为数组可以有不同的类型，各种类型的数组元素所占的字节长度是不同的。如指针变量加 1，表示指针变量指向下一个数据元素的首地址，不是在原地址基础上加 1。

一般来说,指针变量向前或向后移动的实际地址数要受指针变量类型的约束,如表 7-2 所示。

表 7-2 指针算术运算的规则

运算形式	意义	运算形式	意义
p−−	p 的地址− sizeof (p)	p−n	p 的地址− n * sizeof (p)
p++	p 的地址+ sizeof (p)	p−q	(p 的地址−q 的地址)/sizeof(p)
p+n	p 的地址+ n * sizeof (p)		

注:**p** 与 **q** 为指向某类型的指针变量,**n** 为整数。

3. 关系运算

两指针变量指向同一数组可进行关系运算,表示它们所指数组元素之间的关系。

关系运算符共有 6 种:>、<、==、!=、>=、<=。

例如:

```
p1 == p2                    /* 判断 pf1 和 pf2 指向同一数组元素 */
p1 > p2                     /* p1 处于数组高地址位置 */
```

说明:(1) 一般而言,参加关系运算的两指针变量必须是同一类型,否则无意义。

(2) 关系运算的结果根据关系表达式是否成立来确定,若关系表达式成立则该表达式的值为非零,否则,值为零。

(3) 指针一般不能和整常数进行关系运算,唯一例外的是指针变量可以和 0 或常量 NULL 进行等于或不等于的关系运算。例如:

```
p == 0;                     /* 指针 p 为空,即未分配存储单元,此时指针指向的地址不确定 */
p!= 0;  或 p!= NULL;        /* 指针 p 非空,即已经分配存储单元 */
```

4. sizeof 运算

不同的计算机或不同的编译系统可以采用各自不同的数据类型。如 int 类型数据在 Turbo C 中占用存储单元 2B,而在 VC2010 中占用 4B。如果把数据类型的大小作为常数写在程序中,则会引起兼容性问题,为解决这一问题 C 语言提供了 sizeof 运算。

sizeof 是一种单目操作符,类似于++、−−等操作符,它不是函数。sizeof 运算是用来求某个类型的变量所占的字节数,通常用来查看变量、数组或结构体等操作数所占的字节个数。

sizeof 操作数可以是一个表达式或括号内的类型名。操作数的存储大小由操作数的类型决定。

1) sizeof 的两种使用方法

(1) 用于数据类型。

sizeof 使用形式:

```
sizeof(type)
```

数据类型必须加括号，例如：

```
sizeof(int)
```

(2) 用于变量。

sizeof 使用形式：

```
sizeof(var_name)
```

或

```
sizeof  var_name
```

变量名可以用括号，也可以不用括号。带括号的用法更普遍，建议读者采用这种形式。

2) sizeof 运算举例

ANSI C 规定字符类型为 1B：sizeof(char)=1；其他类型没有具体规定，其大小依赖于编译系统实现。例如，在 VC2010 环境下有：

```
sizeof(int) = 4;
sizeof(unsigned int) = 4;
sizeof(short int) = 4;
sizeof(unsigned short) = 4;
sizeof(long int) = 4;
sizeof(unsigned long) = 4;
sizeof(float) = 4;
sizeof(double) = 8;
```

5. 指针运算的优先级问题

指针运算一些表达式的等价形式如表 7-3 所示，据此，可以得出指针运算的优先级。由于 *、++、-- 优先级相同，应服从右结合原则。赋值运算优先级最低，最后运算。

表 7-3 指针运算一些表达式的等价形式

表达式	等价表达式	表达式	等价表达式
y = *p++	y = *(p++)	y = (*p)++	y = (*p)++
y = *++p	y = *(++p)	y = --*p++	y = --(*(p++))

7.2.5 特殊指针

C 语言有一些很有个性的指针，例如空指针、void 型指针和悬空指针，这些指针称为特殊指针。

1. 空指针

系统在 stdio.h 头文件中定义一个常量 NULL(宏)，其值为 0，即 #define NULL 0，其中文意思是空，表明不指向任何方向。给指针变量赋值为 NULL，称为空指针。空指针不指向任何目标变量或可访问的存储单元，也不指向存储器的 0 地址单元，而是一种特殊状态。

C 语言规定：所有指针变量，不论其类型为何种类型，均可置为空指针。指针可以指向任何地方，但不是任何地方都能通过这个指针变量访问。

计算机中的 0 在不同的场合有 4 种含义：

(1) 数值 0；

(2) 字符串结束标志'\0'；

(3) 指针变量赋 0 值或空值 NULL；

例如：

```
#define NULL 0
int *p = NULL;   /* 等价于"int *p = 0;",为指针变量 p 赋 0 值,表示它可以使用,但它不指向具体
                    的变量 */
```

(4) 内存中编号为 0 的地址。

计算机规定：内存以 0 为编号的存储单元的内容不可读也不可写，对系统来说极其特殊、极其重要，专门用于捕获指针错误。任何程序都不能读写其中的内容。

2. void 型指针

void 型指针也叫无指定类型指针，是指向任意类型的指针。任意类型的指针可以直接赋给 void 指针，而不需要强制类型转换。反之，将 void 指针值赋给另一变量时要进行强制类型转换。例如：

```
int *p;
void *q;
p = (int *)q;
```

void 型指针最常用于内存管理，典型的是标准库中的 free()函数。它的原型如下：

```
void free(void *ptr);
```

free()函数的参数可以是任意类型的指针。

3. 悬空指针

悬空指针又称为野指针，是没有初始化或者赋值的指针。野指针没有自己的内存。

野指针的成因主要有如下两种。

(1) 指针变量没有被初始化。任何指针变量创建时不会自动成为 NULL 指针，它的值是随机的。

(2) 指针操作超越变量的作用域范围。

如果程序含有野指针，调试程序时并不警告，if 语句对它不起作用。这样的问题就难以被发现，从而可能为程序留下 Bug(含义为隐藏的错误或缺陷)。因此，要养成良好的编程习惯，在定义指针变量的同时给它赋一个初始值，如“int *p=NULL;”。

【例 7-5】 有“int i, a[10], *p;”，下列合法的赋值语句是(　　)。

A. p = 100;　　B. p = a[5];　　C. p = a[2] + 2;　　D. p = a + 2;

解析：例题中有声明“int * p;”但没有给 p 赋初值，导致 p 的指向不确定，即程序中出现野指针。选项 A 的赋值是危险的，因为指针变量只能赋予地址值而不能赋予任何其他数据，不允许把一个数字(0 除外)赋予指针变量。

a 是数组名也是数组的首地址，a+2 是第三个元素的地址，B 和 C 选项都不是地址值而是数组的元素值，故答案选 D。

4. 指向指针的指针

如果要存放一个地址的地址，则需要一个二级指针(又称二重指针)，也就是说，二级指针存放的是一级指针的地址，以此类推，三级指针存放的是二级指针的地址。二级以上的指针称为多级指针。

二级指针的定义形式如下：

数据类型 ** 指针名；

其与定义一级指针不同之处在于要用两个“*”。例如：

```
int  ** p;
char ** q;
```

通过指针访问变量称为间接访问。如果指针直接指向变量，则称为“单级间址”。如果通过指向指针的指针访问变量则构成“二级间址”，如图 7-7 所示。

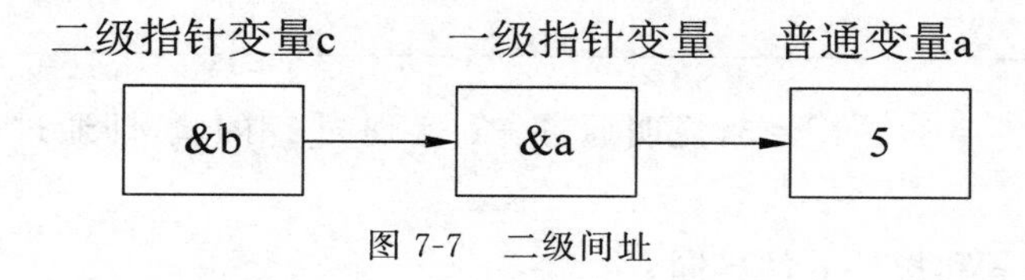

图 7-7 二级间址

图 1-7 中，要存取普通变量 a 的值，首先取出二级指针变量 c 的值即指针变量 b 的地址(c = &b)，然后取出指针变量 b 的值即普通变量 a 的地址(b = &a)，最后从 a 的地址所在的存储单元中取出 a 的值 5(a=5)。

7.3 指针与数组

C 语言中的数据类型除了基本数据类型外，还有构造数据类型，如数组类型、结构体类型、共用体类型。

在定义指针时，如果指针指向基本数据类型(例如，整型：int、short int、long int；字符型：char；浮点型：float、double)的变量，称为指向普通变量。

例如：

```
int a, * pa = &a;          /* 定义指针变量 pa,使它指向整型变量 a 的地址 */
char b, * pb = &b,         /* 定义指针变量 pb,使它指向字符型变量 b 的地址 */
float c, * pc = &c,        /* 定义指针变量 pc,使它指向单精度型变量 c 的地址 */
double d, * pd = &d,       /* 定义指针变量 pd,使它指向双精度型变量 d 的地址 */
```

【想一想】 在定义指针时，如果指针指向数组，将会是何种情境？

7.3.1 指针指向一维数组

在定义一维数组时，数组名相当于一个指针，它指向这个一维数组的首地址；数组中的每一个元素占用内存的存储单元，这些存储单元可以保存在指针变量中。因此，指针既可以指向整个数组，也可以指向数组元素。要使指针变量指向数组的第 n 个元素，可以把第 n 个元素的首地址赋予它，或把数组名加下标 n 赋予它。使用指针访问数组使程序的结构精练，求解问题时具有更大的灵活性。

阅读下列程序：

```
#include <stdio.h>
void main()
{
    int a[4] = {3,5,7,9};
    int *p;
    p = a;   /* 等价于"p = &a[0];",指针指向数组的第 0 个元素，数组名代表数组的首地址 */
    p ++;    /* 修改 p 的指向,即修改 p 所指向元素的值 */
    printf("a[0] = %d,a[1] = %d\n", a[0], *p);
             /* 输出第一个元素 a[0]的值、第二个元素 a[1]的值 */
}
```

输出结果：a[0]=3,a[1]=5，说明通过 * p 实现 a[1]的值，即通过指针可以访问数组元素的值。

【讨论】 数组 a 和指针 p 的异同。

相同之处：指针变量与数组名都与数组的存储地址有关系，都能访问数组的元素，如 a[i]和 p[i]、*(p+i)三者等价。

不同之处：数组名 a 是一个指针常量，它本身并不占用存储空间，一旦定义就不允许更改它的值。p 是一个指针变量，占用存储空间，它的内容可以随时更改。p++合法，但 a++不合法。

引入指针变量后，有两种方法访问数组元素。

(1) 下标法：用 a[i]形式访问数组元素。使用下标法比较直观。

(2) 指针法：采用 * (a+i)或 * (p+i)形式，即用间接访问方法访问数组元素。使用指针法，能使目标程序占用内存少且运行速度快。

数组的指针变量也可以带下标，如 p[i]与 * (p+i)等价，因为 p+i 和 a+i 就是 a[i]的地址；* (p + i)或 * (a + i)就是 p + i 或 a + i 所指向的数组元素，即 a[i]。

p + 1 指向数组的下一个元素，而不是简单地使指针变量 p 的值+ 1。其实际变化为 p + 1 * size (size 计算一个元素占用的字节数)。

若有语句“int a[10] = {0,1,2,3,4, 5,6,7,8,9}, * p = a;”，则可以用以下五种方法输入输出数组元素(0≤i≤9)，如表 7-4 所示。

表 7-4 输入输出数组元素的五种方法

方法	输 入	输 出
1	for(i=0;i<10;i++) scanf("%d",&a[i]);	for(i=0;i<10;i++) printf("%d",a[i]);
2	for(i=0;i<10;i++) scanf("%d",a+i);	for(i=0;i<10;i++) printf("%d", * (a+i));
3	for(i=0;i<10;i++) scanf("%d",&p[i]);	for(i=0;i<10;i++) printf("%d",p[i]);
4	for(p=a;p<a+10;p++) scanf("%d",p);	for(p=a;p<a+10;p++) printf("%d", * p);
5	for(p=a,i=0;i<10;i++) scanf("%d",p+i);	for(p=a,i=0;i<10;i++) printf("%d", * (p+i));

【例 7-6】 用指针实现一维数组整数的输入,并统计其中偶数和奇数的个数。

```
#include< stdio.h>
int main()
{   int a[20], i, n, even = 0, odd = 0, * p = a;
    printf("请输入整数的个数: \n ");
    scanf(" % d", &n);
    for(i = 0; i<n; i++)
        scanf(" % d", p + i);           /* 等价于 scanf(" % d", &a[i]); */
    for(i = 0; i<n; i++, p++)
      { if( * p % 2 == 0)  even++;
          else  odd++;
      }
    printf("本程序输入的 % d 个整数中有 % d 个偶数和 % d 个奇数",n ,even, odd );
    return 0;
}
```

7.3.2 指针指向二维数组

1. 二维数组的存储形式——按行存放

二维数组的元素在计算机存储器中按行存放,即存放第一行后,紧接着存放第二行,以此类推。二维数组占用的是连续存储单元,若有二维数组 a[3][3]={{0,2,3}{4,5,6,}{7,8,9}},则其按行存放示意图如图 7-8 所示。

二维数组a的元素名	a[0][0]	a[0][1]	a[0][2]	a[1][0]	a[1][1]	a[1][2]	a[2][0]	a[2][1]	a[2][2]
二维数组元素值	0	2	3	4	5	6	7	8	9
二维数组首地址	2000	2004	2008	2012	2016	2020	2024	2028	2032
指针	p	p+1	p+2	p+3	p+4	p+5	p+6	p+7	p+8

图 7-8 二维数组按行存放示意图

C 语言允许把一个二维数组分解为多个一维数组来处理,称为"降维处理"。对于多维数组,同样也可以降维处理。

例如可以把一个二维数组 a[3][4]抽象为一维数组 a[3],这三个元素分别嵌套一维数组 a[0]、a[1]、a[2]和 a[3]。其中 a[0]是一个包含 a[0][0]、a[0][1]、a[0][2]和 a[0][3]共 4 个元素的数组,其他三个一维数组 a[1]、a[2]和 a[3]以此类推。

【例 7-7】 阅读并分析下列程序,输出结果是(　　)。

```
#include<stdio.h>
void main()
{   int a[3][3], *p, i ;
    p = &a[0][0] ;
    for (i=1;i<9; i++)   p[i] = i+1;
    printf ("a[1][2] = %d, i= %d \n", a[1] [2] ,i);
}
```

解析:可以把二维数组看作嵌套的一维数组。“p = &a[0][0];”,在 for 循环语句中 a[0][0]并没有被赋值,从 a[0][1]开始赋值,a[1][2]是二维数组中的第 5 个元素(第二行的第三个元素),对应 for 循环中 i 的值为 5,p[5] = 5 + 1 = 6,程序执行后的输出结果 a[1] [2]=6,i=9。

【例 7-8】 通过指针输入输出数组元素,阅读并分析下列程序,输出结果是(　　)。

```
#include<stdio.h>
void main()
{    static int a[] = {1,7,3,9,5,11};
     int *p=a;
     *(p+3) += 4;
     printf(" %d, %d ", *p, *(p+3));
}
```

解析:p 指向数组 a,语句“*(p+3)+=4”的等价形式是*(p+3)=*(p+3)+4,而*(p+3)在数组中指向的值是 9,输出的结果为 9+4=13。该程序执行结果是 1,13。

2. 二维数组的指针——行指针

若有语句“int x[3][3];”定义的二维数组 x,则可分解为三个一维数组,即 x[0]、x[1]、x[2]。每一个一维数组又含有 3 个元素,例如 x[0]数组,含有 x[0][0]、x[0][1]、x[0][2]三个元素。

x 是二维数组名,x 代表整个二维数组的首地址,同时也是二维数组 0 行的首地址。x+1 代表第二个一维数组的首地址,指向二维数组第二行的首地址。计算 x+1 时,指针 x 跳过的是整个 x[0]这一行。x 就是一个以行为单位进行控制的行指针。

行指针又称为数组指针,是指向数组的指针。换句话说,数组指针强调的是一个指针,它只能指向一维数组,不能指向一维数组中的元素。

对比分析数组与指针的定义格式。

数组的定义格式:**数据类型　数组名[长度];**

指针的定义格式:**数据类型　*指针变量名;**

在数组定义格式中,把“数组名”换成带括号的形式,即(*指针变量名),就变成数组指针的定义格式。

行指针定义的一般形式为:

数据类型 (*指针变量名)[长度];

说明:

(1) *p两边的括号"()"不能漏掉,一旦漏掉含义就发生改变,失去原本的意义,系统也不会报错。

(2)"长度"表示二维数组分解为多个一维数组时一维数组的长度,就是二维数组的列数。

例如,二维数组 a[3][4]分解为一维数组 a[0]、a[1]、a[2]之后,设 p 为指向二维数组的指针变量。可定义为:

```
int  (*p)[4]
```

它表示 p 是一个行指针,指向包含 4 个元素的一维数组。若指向第一个一维数组 a[0],其值等于 a、a[0]或 &a[0][0],而 p + i 则指向一维数组 a[i]。

从上述分析可得出 * (p + i) + j 是(列)指针值,是二维数组第 i 行 j 列元素的地址,而 * (* (p + i) + j)则是 i 行 j 列元素的值。

【例 7-9】 若有以下定义和语句:

```
int  s[4][5], (*ps)[5];  ps = s;
```

则对 s 数组元素的正确引用形式是________。

A. ps + 1 B. * (ps + 3) C. ps[0][2] D. * (ps + 1) + 3

解析:ps 实际上就是指向二维数组 s 的行指针。

选项 A,"ps + 1"指向二维数组 s 的第二行;

选项 B,"ps + 3"指向二维数组 s 的第四行,"* (ps + 3)"由行指针转为列指针,指向二维数组 s 的第四行第一个元素;

选项 C,"ps[0][2]"是对 s 数组元素的正确引用形式;

选项 D,"* (ps + 1) + 3"指向二维数组 s 的第二行第四个元素,是一个指针值。

答案:C。

【例 7-10】 若有声明语句"int a[2][3] = {1,2,3,4,5,6};",能正确引用 a[1][1]值的表达式是 * (a[0] + 4)、* (a[1] + 1)、* (*a + 4),这三个表达式是等价的,说明原因。

解析:前面已经指出,a[i]不是一个具体的数组元素,它是一个代号,实际上是一个指针值,代表 i + 1 行中第一个元素的首地址。又由于二维数组在存储器中按行连续存放,故 a[0] + 4 指向元素 a[1][1],等价于 a[1] + 1、*a + 4。因此,&a[i]不能直接理解为 a[i]的物理地址,a[i]不是变量,不存在物理地址; &a[i]代表第 i + 1 行的行指针值,和 a + i 等价。

同样,*a[i]也不能理解为对一个数组元素进行指针运算符操作。a[i]是一个指针值,是 i + 1 行中第一个元素的首地址,那么 *a[i]就是 i + 1 行中第一个元素的值,即 a[i][0]。

3. 二维数组的指针——列指针

列指针移动的单位是列,或者说移动的步长是一个数组元素。

例如,a[0]是第一个一维数组(二维数组 0 行)的数组名和首地址。请注意,a[0]不是一个具体元素的值,它只是一个代号,a[0]本身也是一个指针值,即列指针,如图 7-9 所示。

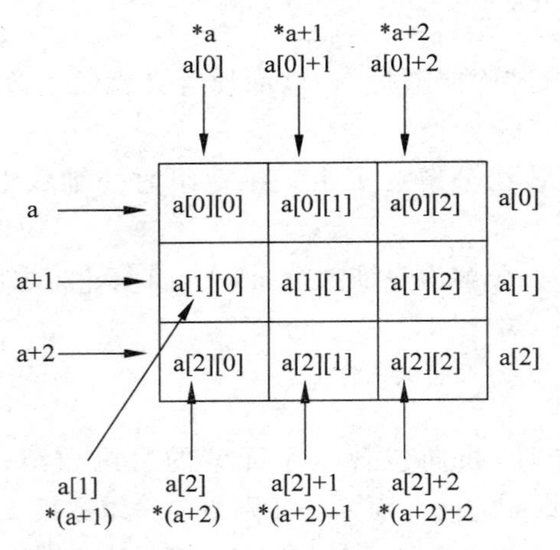

图 7-9 二维数组的指针形式

指针 a[1]是一维数组 a[1]中第一个元素 a[1][0]的地址。对于一维数组 a[1]来说,指针 a[1] + 1 指向 a[1]中第二个元素 a[1][1]的地址。

综上所述,a 是一个行指针,行指针是一个二级指针。故 * a 仍为指针,可以看作是一级指针,只是控制由行转为列,是列指针,如图 7-9 所示。

* a 等价于 * (a + 0),即 a[0],表示一维数组 a[0]号元素的首地址。同理,* (a + 1)就是 a[1],* (a + 2)就是 a[2]。

* (a + i):(列)指针值,指向第 i 行第 0 列。

(1) 引用二维数组第 i 行第 j 列的某个元素。

如果要访问二维数组第 i 行第 j 列的某个元素,可以直接引用 a[i−1][j−1],也可以使用指针的方法。

由 a[i] = * (a + i)得 a[i] + j = * (a + i) + j。

a[0]也可以看成是 a[0] + 0,是一维数组 a[0]的 0 号元素的首地址,而 a[0] + 1 则是 a[0]的 1 号元素首地址,由此可得出 a[i] + j 是一维数组 a[i]的 j 号元素首地址,它等于 &a[i][j]。

由于 * (a + i) + j 是二维数组 a 的 i 行 j 列元素的地址,所以,该元素的值等于 * (* (a + i) + j)。因此,间接用指针引用二维数组第 i 行第 j 列的某个元素,可以表示为 * (a[i] + j)或者 * (* (a + i) + j)。

(2) 等价表示形式。

二维数组 a 的 0 行 0 列元素首地址有以下等价的表示形式:a、a[0]、* (a + 0)、* a、&a[0][0]。

同理,a + i、a[i]、* (a + i)、&a[i][0]也是等价的。

综上所述,二维数组中不存在元素 a[i],不能把 &a[i]理解为元素 a[i]的地址。

C 语言规定,&a[i]是一种地址计算方法,表示数组 a 第 i 行首地址。由此得出,a[i]、&a[i]、* (a + i)和 a + i 也都是等价的表示形式。

【例 7-11】 有以下定义和语句：

```
int a[3][2] = {1,2,3,4,5,6}, * p[3];
p[0] = a[1];
```

则 *(p[0] + 1)所代表的数组元素是 a[1][1]。

要注意语句“ p[0] = a[1];”,p[0]指向的是数组 a 的第二行第一个元素,p[0] + 1 指向的是数组 a 的第二行第二个元素,这里 p[0]是列指针。二维数组一些常见的等价表示形式如表 7-5 所示。

表 7-5 二维数组一些常见的等价表示形式

表示形式	含义
a	二维数组名称,数组首地址
a + i,&a[i]	第 i+1 行的首地址
a[i], *(a+i)	第 i+1 行第 1 列元素的首地址
a[i]+j, *(a+i)+j,&a[i][j]	第 i+1 行第 j+1 列元素的首地址
**(a+i), * a[i]	第 i+1 行第 1 列元素的值
*(a[i]+j), *(*(a+i)+j),a[i][j]	第 i+1 行第 j+1 列元素的值

【例 7-12】 分析下列程序段的输出结果,注意指针变量 p 值的变化。

```
int  i , x[3][3] = {9,8,7,6,5,4,3,2,1}, * p = &x[1] [1] ;
for (i = 0;i < 4 ;i + = 2 )  printf ( " %d " , * (p + i) );
```

解析：输出结果是 5 3。

总之,二维数组 x[i][j]的指针 x[i]这个概念比较抽象,请读者上机编程验证、思考体会。

7.4 指针与字符串

7.4.1 字符型指针处理字符串

C 语言中有字符型变量,但是没有字符串变量。要在程序中存储字符串,可以把字符串的起始地址赋给一个字符型指针变量。

1. 指向字符串的指针

指向字符串的指针变量的定义形式为：

```
char  * 变量名;
```

例如：

```
char * ps;
ps = "iphone_qiao";
```

说明：

(1) ps 是字符型指针变量,不是字符串指针变量。

(2) ps 保存的是字符串"iphone_qiao"的首地址,是常量,只占 4B;并不是把整个字符串的全部内容"iphone_qiao"存入 ps 中。

(3) 通过"指针变量 ps++"可以使其指向下一个字符,使指针变量 ps 依次指向字符串中的每一个字符,指向一个处理一个,直到指向串尾符'\0'结束。

C 语言中的字符串既可以用字符数组表示,也可以用字符型指针变量表示。引用时,既可以逐个字符引用,也可以整体引用。

【例 7-13】 编写程序,用字符型指针变量将一个字符串中的指定字符替换为另一个字符。

```
#include<stdio.h>
#include<string.h>
int main()
{ char s[80], c1, c2;
   char *p = s;
   printf("\n 请输入一个字符串: ");
   gets(s);
   printf("\n 请输入单个字符 c1, c2 的值: ");
   scanf("%c, %c", &c1, &c2);
   while(*p!= '\0')
       { if(*p == c1)
             *p = c2;
            p++;
       }
   puts("\n result(结果):");
   puts(s);
  return 0;
}
```

程序运行结果如图 7-10 所示。

```
请输入一个字符串: I love peace!

请输入c1, c2的值: I,U

 result(结果):
U love peace!
Press any key to continue_
```

图 7-10　例 7-13 程序运行结果

【例 7-14】 用字符型指针变量实现两个字符串的合并。

```
#include<stdio.h>
void fun(char* dest, char* s1, char* s2)
{ while (*dest++ = *s1++);
  dest--;
```

```
    while ( * dest++ = * s2++);
  }

  int main()
  { char dest[256];
    char * s1 = "Happy Birthday!";
    char * s2 = "乔昌泰";
    fun(dest,s1,s2);
    printf(" % s\n",dest);
    return 0;
  }
```

2. 字符串函数

C语言不允许用赋值语句将一个字符串常量或字符数组直接赋给另一个字符数组。如果想把"China"放到数组 s 中,除了逐个字符输入外,还可以使用 strcpy()、strcmp()、strcat()、strlen()字符串函数。

1) 函数 strcpy()

strcpy()的功能是将一个字符串复制到一个字符数组中。例如:

```
strcpy ( s , "china");
```

strcpy()的结构形式是:

strcpy(字符数组1,字符串2)

注意,字符数组1的长度不应小于字符串2的长度;字符数组1必须写成数组名形式;字符串2可以是字符数组名,也可以是字符串常量。

【想一想】 字符型指针变量与字符数组的区别。

用字符型指针变量和字符数组都可实现字符串的存储和运算,但是两者有区别:

(1) 存储内容不同。

字符型指针变量本身是只占4B的常量,用于存放字符串的首地址。

字符数组由若干个数组元素组成,可用来存放整个字符串(数组的每个元素存放一个字符)。

(2) 赋值方式不同。

对字符型指针变量,可用赋值语句整体赋值。而字符数组,虽然可以在定义时初始化,但不能用赋值语句整体赋值。使用字符型指针变量更加方便。

(3) 字符型指针变量的值可以改变;而数组名代表数组的起始地址,是一个常量,常量是不能被改变的。

(4) 对字符数组做初始化赋值,必须采用外部类型或静态类型,如:

```
static char st[] = { " C Language " };
```

而对字符型指针变量则无此限制,如:

```
char  *p = " abcdefgh ";
```

【例 7-15】 阅读并分析以下程序,思考输出结果。

```
#include <stdio.h>
void main ( )
{   char *p = "abcdefgh", *r;
    long *q;
    q = (long *)p;
    q ++;
    r = (char *)q;
   printf ("%s\n", r);
}
```

分析:本题综合性较强。首先,注意C语言中的字符以ASCII码形式存储,一个字符占1B;其次,语句“q = (long *)p;”把p转换为long型数据,一个long型数据占4B,故q指向的第一个数据实际上是"abcd"的ASCII码形式,语句“q ++ ;”后q指向第二个数据,实际上就是"efgh"的ASCII码形式;最后,通过“r = (char *)q; printf ("%s\n", r);”语句转化为字符形式,输出结果是efgh。

2)函数strcmp()

strcmp()函数功能:比较两个字符串的大小。

格式:

```
strcmp(字符串1,字符串2)
```

设两个字符串分别为str1,str2,若str1=str2,则strcmp函数返回零;若str1<str2,则strcmp函数返回负数;若str1>str2,则strcmp函数返回正数。

7.4.2 字符型指针作为函数的参数

【例 7-16】 分析以下程序运行后的输出结果。

```
#include <stdio.h>
void point (char *p)
{   p += 3;
}
void main()
{   char  b[4] = {'a','b','c','d'}, *p = b;
     point(p);
    printf(" %c\n", *p);
}
```

注意,实参p和形参p重名,调用函数point()后形参p分配存储空间,但和实参p占用的存储空间不同;函数point()返回后形参p的存储空间即释放,对实参p无任何影响,语句“printf(" %c\n", *p);”输出的是实参p指向的'a',程序运行后的输出结果是a。

7.5 指针与函数

指针和函数的关系非常紧密，较好地应用指针和函数能使程序变得简洁高效。

7.5.1 指向函数的指针变量

一个函数总是占用一段连续的存储单元，函数名就是该函数所占存储单元的首地址。可以把函数的首地址（又称入口地址）赋予一个指针变量，使指针变量指向该函数，然后通过指针变量可以找到并调用这个函数，把这种指向函数的指针变量称为“函数指针变量”（简称“函数指针”）。

1. 指向函数的指针变量的定义

函数指针变量定义的一般形式为：

类型标识符 （* 指针变量名）（ ）;

其中，类型标识符表示被指函数返回值的类型；（* 指针变量名）中的括号不能缺，否则成了返回指针值的函数；最后的空括号表示指针变量所指的是一个函数。

例如：

```
int ( * fp) ( );                /* fp 为指向 int 函数的指针变量 */
```

2. 使用指向函数的指针变量调用函数

由于函数名代表该函数的入口地址，所以，可用函数名给指向函数的指针变量赋值。

函数名给指向函数的指针变量赋值的一般形式：

指向函数的指针变量 = 函数名;

注意，函数名后不能带括号和参数。

调用函数的一般形式为：

（* 指针变量名）（实参表）;

【例 7-17】 用指针形式实现对函数调用的方法。

设函数 fmax()定义为求 3 个数中的最大值。以下程序利用函数指针调用 fmax()函数，在画线处填出正确的内容。

```
#include< stdio.h>
void main ( )
{  int fmax (int, int, int);
   int( * f) ( ),x,y,z,m;
   f = ________;
   scanf (" %d %d %d ",&x,&y,&z);
```

```
    m = ( * f) (x,y,z);
    printf (" max =  %d\n" ,m);
}
```

解析:画线处应填写 fmax。不能写成 fmax( ),此处加圆括号是错误的。请读者分析原因。

从上述程序可以看出,用函数指针变量形式调用函数的步骤如下:

(1) 定义函数指针变量,如"int (* f) ( );"定义 f 是一个指向函数入口的指针变量,该函数的返回值(函数值)是整型。

(2) 把被调函数的入口地址(函数名)赋予该函数指针变量,如"f = fmax;"。

(3) 用函数指针变量形式调用函数,如"m = (* f) (x,y,z);"。

【想一想】 函数指针的特性。

(1) 函数调用中"(* 指针变量名)"两边的括号不可少,其中的" * "不应该理解为一般的求值运算,它将使程序的流程转移到所指向的函数体内,相当于调用该函数。这是函数指针的特性。

(2) 函数指针的移动无意义。即函数指针变量不能进行算术运算,诸如 p+i、p++、p--等运算没有意义,这与数组指针变量不同。

(3) 指向函数的指针变量的主要用途,就是将函数指针作为参数,传递到其他函数。

函数名作为实参时,因为要缺省括号和参数,造成编译器无法判断它是一个变量还是一个函数,所以必须加以说明。

7.5.2 指针变量作为函数的参数

函数的参数传递有两种形式:"单向值传递"和"地址传递"。

指针变量既可以作为函数的形参,也可作为实参。指针变量作为实参时,与普通变量一样,是"单向值传递",即把指针变量的值传递给被调函数的形参(形参必须是一个指针变量)。

但与普通变量最大的不同点是,指针变量的值是一个地址,所以表面上是指针变量的值传递,实质上传递的是指针变量所指向目标变量的地址。

所以,被调函数不能改变实参指针变量的值,但可以改变实参指针变量所指向目标变量的值。

通过被调函数改变实参指针变量所指向的目标变量的值。指针变量作为实参时,是"单向值传递",被调函数中不管形参怎样变化,其终究不会对实参产生影响。

所以不能试图通过改变指针形参的值而使指针实参的值发生改变。

综上所述,指针变量的值传递,实质上传递的是指针变量所指向目标变量的地址。被调函数中形参对目标变量的改变肯定会影响到实参,因为实参和形参现在都指向同一个目标变量。

【例 7-18】 用指针编程,互换两个整型变量的值。

```
//互换两个整型变量值的交换方法
#include < stdio.h >
```

```
void swap(int *a, int *b)
{ int t;
  t= *a;
  *a= *b;
  *b=t;
}
void main()
{   int x=3,y=5, *p=&x, *q=&y;
    printf("before swapping:");
    printf("x= %d, y= %d\n", x, y);
    swap(p,q);
    printf("after swapping:");
    printf("x= %d,y= %d\n",x, y);
}
```

程序运行结果如图 7-11 所示。

```
before swapping:x=3,y=5
after swapping:x=5, y=3
Press any key to continue
```

图 7-11 例 7-18 程序运行结果

7.5.3 数组名作为函数的参数

数组名作为函数的参数时,实参向形参传送数组名实际上就是传送数组的地址,形参得到该地址后也指向同一数组,与同一件物品有两个彼此不同的名称类似。这样,参数传递时并不需要传递数组的全部数据,只是传递数组的起始地址,由函数以指针的方式访问各个数组元素,程序的执行效率会大大提高。

例如,有一个实参数组,想在函数中改变此数组元素的值,实参与形参的对应关系有以下 4 种表示方法:

(1) 形参和实参都是数组名。

(2) 实参用数组,形参用指针变量。

(3) 实参、形参都用指针变量。

(4) 实参为指针变量,形参为数组名。

这 4 种形式本质上都是指针数组作为函数的参数。

【例 7-19】 阅读并分析以下程序运行后的输出结果。

```
#include<stdio.h>
void swap1 (int c0[],int c1[])
{   int t;
    t = c0[0];    c0[0] = c1[0];    c1[0] = t;
}
void swap2 (int *c0,int *c1)
{int t;
```

```
 t = *c0;   *c0 = *c1;   *c1 = t;
}
void main ( )
{  int a[2] = {3,5},b[2] = {3,5};
  swap1 (a,a + 1);   swap2 (&b[0],&b[1]);
  printf (" %d %d %d %d \n",a[0],a[1],b[0],b[1]);
}
```

注意体会函数 swap1()和 swap2()的数据交换方法,程序运行后的输出结果是 5 3 5 3。

7.5.4 指针型函数

1. 指针型函数的定义

函数类型是指函数返回值的类型。允许一个函数的返回值是一个指针(即地址),这种返回指针值的函数称为指针型函数。

定义指针型函数的一般形式为:

```
类型标识符 * 函数名 (形参表)
{
  语句;
   …                       /* 函数体 */
}
```

其中:

- 类型标识符表示返回的指针值所指向的数据类型;
- “*”表明这是一个指针型函数,即返回值是一个指针;
- 函数名即该指针型函数的名称,应符合标识符的命名规则。

2. 指针型函数的调用

1) 指针型函数的调用形式举例

【例 7-20】 阅读并分析以下程序运行后的输出结果。

```
int *f (int *x,int *y)
{if ( *x < *y)
   return x;
 else
   return y;
}
#include <stdio.h>
void main ( )
{ int a = 7, b = 8, *p, *q, *r ;
  p = &a; q = &b;
  r = f (p,q);
  printf (" %d, %d, %d\n", *p, *q, *r);
}
```

本例中定义了一个指针型函数 f(),它的返回值指向整型数据。

体会指针型函数的调用形式与参数的传递。程序运行后的输出结果是 7,8,7。

2）函数指针变量和指针型函数在写法和意义上的区别

例如“int (* p) ( )”和“int * p ( )”是两个完全不同的量。

int (* p) ( )是一个变量说明,说明 p 是一个指向函数入口的指针变量,该函数的返回值是整型量,(* p)中两边的括号不能少。

int * p ( )则不是变量说明而是函数说明,说明 p 是一个指针型函数,其返回值是一个指向整型量的指针,* p 两边没有括号。作为函数说明,在括号内最好写入形参,这样便于与变量说明区别。

对于指针型函数定义,int * p ( )只是函数头部分,一般还应该有函数体部分。

7.6 指针数组与函数的参数

7.6.1 指针数组的定义

1. 指针数组的定义形式

指针数组是一组有序的指针的集合,指针数组强调的是一个数组,数组中所有元素都是指向相同数据类型的指针变量。

指针数组定义的一般形式为:

类型标识符 * 数组名[数组长度];

其中,类型标识符为指针值所指向变量的数据类型。

【例 7-21】 以下程序体现一个指针数组的元素指向数据的简单应用,分析运行后的输出结果。

```
#include<stdio.h>
void main()
{   char * language[5] = { " c " , "vc ++" , "visual basic", "java", "python" };
    char ** p;
    p = language;
    printf (" %d\n",strlen (p[4]) );
}
```

分析:language 是一个指针数组,它的每一个元素都是一个指针型数据,其值为地址。数组名 language 代表该指针数组的首地址。p[4]指向的字符串是"python",程序运行后的输出结果是 6。指针数组的元素只能存放地址,如图 7-12 所示。

初学者总是分不清楚数组指针与指针数组的区别。可以通过运算符的优先级来判断是数组指针还是指针数组,例如:

```
int ( * p)[5];/ * 是一个数组指针,由于( )的优先级高,说明 p 是一个指针,指向一维数组的指针。 * /
int * p[6]; / * 是一个指针数组,由于[ ]的优先级高于 *,[ ]先与 p 结合成为一个数组,再由 int *
```

说明这是一个整型指针数组.数组中每个元素是一个指针,指针指向哪里要根据程序来定。 */

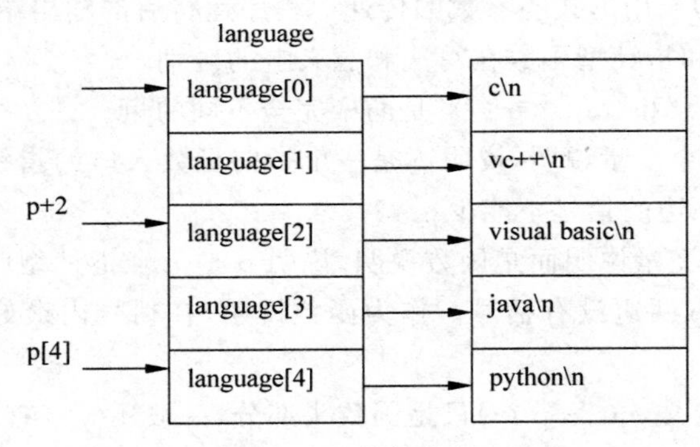

图 7-12 指针数组

数组指针：是“指向数组的指针”的简称。强调它是一个指针,指向一个数组。在 32 位系统下永远占 4B,至于它指向的数组占多少字节,要根据数组定义时的长度。

指针数组：是“储存指针的数组”的简称。强调它是一个数组,数组的元素都是指针,数组占多少个字节由数组本身决定。

2. 指向指针型数据的指针变量

可以设置一个指针变量 p,使它指向指针数组元素,p 就是指向指针型数据的指针变量。

定义一个指向指针型数据的指针变量,例如：

```
char ** p;
```

p 前面有两个 * 号,表示指针变量 p 指向一个字符指针型变量,相当于 *（* p)。显然 * p 是指针变量的定义形式,如果最前面没有 *,那么相当于定义一个指向字符数据的指针变量。

例如：

```
p = language + 2;
printf (" %o\n" , *p);
printf (" %s\n" , *p);
```

注意 printf 语句中的格式控制符,第一个 printf 语句输出 language [2]的值(它是一个地址),第二个 printf 语句以字符串形式(%s)输出字符串"visual basic\"。

3. 指针数组指向一个二维数组

通常可用一个指针数组指向一个二维数组。指针数组中的每个元素都被赋予二维数组每一行的首地址,也可理解为指向一个一维数组。

如：

```
int a[3][3] = {1,2,3,4,5,6,7,8,9};
int *pa[3] = {a[0],a[1],a[2]};
```

pa 就是一个指针数组,它有 3 个元素,每个元素分别指向二维数组 a 的一行,类似于前面介绍的“行指针”,如图 7-13 所示。

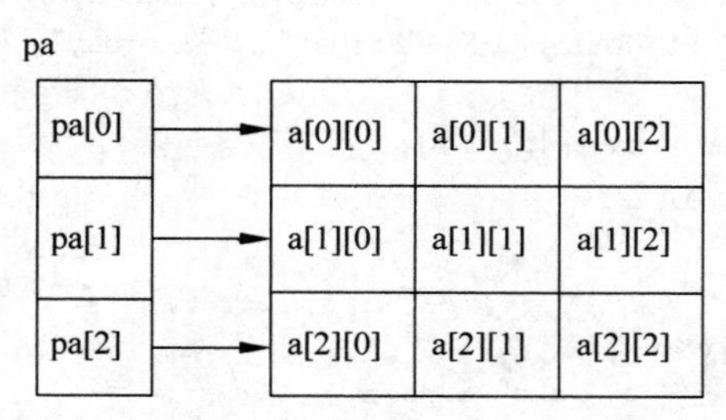

图 7-13 一个指针数组指向二维数组

【想一想】 指针数组和二维数组指针变量的区别。

(1) 二维数组指针变量是单个的变量,其一般形式(* 指针变量名)中两边的括号不可少。如:

```
int ( * pa)[3];
```

表示一个指向二维数组的指针变量。该二维数组的列数为 3,或分解为一维数组的长度为 3。

(2) 指针数组类型表示的是多个指针(一组有序指针),在其一般形式“ * 指针数组名”中两边不能有括号。

如上述的 pa 是一个指针数组,3 个元素分别指向二维数组 a 的各行。

4. 指针数组应用举例

【例 7-22】 函数 fun()的功能是:首先在指针数组 a 所指的 N 行 N 列的矩阵中,找出各行中的最大值,然后求这 N 个最大值中的最小数作为函数值返回。代码如下:

```
#define N 100
int fun (int ( * a[N]);
{  int row,col,max,min;
   for (row = 0; row < N; row++)
   {  for (max = a[row][0],col = 1; col < N; col++)
      if (max < min)   max = a[row][col];
        if ( row == 0) min = max;
        else if (max < a[row][col])  min = max;
   }
  return  min;
}
```

7.6.2 指针数组作为函数的参数

【例 7-23】 输入 1~7 中任意一个数字,编程给出对应的星期一至星期日的英文单词。

```
#include < stdio.h >
#include < stdlib.h >
int main( )
```

```
{   static char * name[] = {"Illegal day", "Monday", "Tuesday", "Wednesday" ,
                            "Thursday" , "Friday" , "Saturday", "Sunday" };
    char * ps; int i;
    char * day_name (char * name[], int n);
    printf("input Day No:\n ");
    scanf(" % d " ,&i);
   if (i < 0) exit(1);
        ps = day_name (name, i);
   printf("Day No: % 2d ----> % s\n", i, ps);
   return 0;
}
char * day_name (char * name[], int n)
{   char * pp1, * pp2;
    pp1 = * name;
    pp2 = * (name + n);
    return ( (n < 1||n > 7)? pp1:pp2);
}
```

分析：主函数中定义了一个指针数组 name，并对 name 初始化赋值，每个元素都指向一个字符串。然后又以 name 作为实参调用指针型函数 day_name()，在调用时把数组名 name 赋予形参变量 name，输入的整数 i 作为第二个实参赋予形参 n。在 day_ name()函数中定义两个指针变量 pp1 和 pp2，pp1 被赋予 name[0]的值即 * name，pp2 被赋予 name[n]的值即 *（name+n）。由条件表达式决定返回 pp1 或 pp2 指针给主函数中的指针变量 ps。最后输出 i 和 ps 的值。

exit()是一个库函数，exit(1)表示发生错误后退出程序，exit (0)表示正常退出。

字符串比较后需要交换时，只交换指针数组元素的值，而不交换具体的字符串，这样减少了时间的开销，提高了运行效率。

7.6.3 主函数 main()的参数

主函数 main()中的括号里一般是空，即不带参数。由于主函数 main()不能被其他函数调用，因此，所传送的参数值不会来自程序内部，只能来自程序外部。

由于 C 程序由系统命令来调用，调用时主函数 main()可以带形参，形参只有两个：argc 和 argv。实参是从操作系统命令行上获得的。

main()的函数头应写为：

```
main (int argc, char * argv[])
```

argc(即 argument count 的简写)必须是整型变量，表示命令行中实际参数的个数，argc 的值在输入命令行时由系统按实际参数的个数自动赋予；argv 必须是指向字符串的指针数组。

【例 7-24】 下列 main()函数命令行参数表示形式不合法的是________。

A. main (int a, char * c[])　　B. main (int arc, char ** arv)

C. main (int argc, char * argv)　　D. main (int argv, char * argc[])

解析：两个形参的命名是灵活的，并不必须是 argc、argv，只要符合标识符的命名规则即可，但一般不要改动。

两个形参的类型是固定的，第二个形参 argv 必须是指向字符串的指针数组。

选项 B 中的 ** arv 为指向指针的指针变量。而选项 C 中的 * arv 为普通的指针变量，是错误的。

答案：C。

注意：

(1) 系统把文件名本身也算一个参数。

(2) main()的两个形参和命令行中的实参在位置上不是一一对应的。因为，main()的形参只有两个，而命令行中的实参个数原则上未加限制，即可以有很多，通过 argv 引用这些实参。

【例 7-25】 有以下程序：

```
#include <string.h>
void main (int argc,char * argv[ ])
{   int i,len = 0;
    for (i = 1;i < argc;i += 2)   len += strlen(argv[i]);
    printf (" % d\n",len);
}
```

经编译、连接后生成的可执行文件假设命名为 ex. exe，则运行时可以输入以下带参数的命令行：

```
ex   abcd   efg   h3   k44
```

程序运行后的输出结果是________。

A. 14　　　　B. 12　　　　C. 8　　　　D. 6

解析：本程序的作用是累加"abcd"、"h3"两个字符串的长度。

由于文件名 ex 本身也算一个参数，所以共有 5 个参数，因此 argc 的值为 5。

argv 参数是字符串指针数组，指针数组的长度即为参数个数。数组元素初值由系统自动赋予，其各元素值为命令行中各字符串（参数均按字符串处理）的首地址。

指针数组 argv[]初始化后是：argv[0] ="abcd ",argv[1] ="efg " ,argv[2] ="h3",argv[3] ="k44"。

答案：D。

由此可以看出，argc 的值和 argv[]的元素个数取决于命令行中命令名和参数的个数。argv[]的下标从 0 到 argc－1。

在程序中使用 argc 和 argv[]可以进行命令行参数的处理，从而把用户在命令行中输入的参数字符串传递到程序内部。

7.7 指针程序运用案例

统计学生成绩情况。某班级（以 4 名同学为例）本学期学习 5 门课程，编程实现下列三个功能：

(1) 求出第5门课程的平均分;

(2) 找出有两门以上不及格的学生,输出他们的学号、全部课程成绩及平均成绩;

(3) 找出平均成绩在90分以上或全部成绩在85分以上的学生。

程序如下:

```
#include <stdio.h>
void avcour5(char *pcou, float *psco)                /*求第5门课程的平均成绩*/
{   int i;
    float sum, average5;
    sum = 0.0;
    for (i=0; i<4; i++)
        sum = sum + (*(psco+5*i+4));                /*累计每个学生第5门课程的得分*/
    average5 = sum/4;                               /*计算第5门课程的平均成绩*/
    printf ("第5门课程%s的平均成绩为%5.2f.\n", pcou+40, average5);
}

void avsco(float *psco, float *pave)                /*求每个学生的平均成绩*/
{   int i, j;
    float sum, average;
    for (i=0; i<4; i++)                             /*i代表学生的序号,表示第i个学生*/
    {
        sum = 0.0;
        for (j=0; j<5; j++)                         /*j代表课程的序号,表示第j门课程*/
            sum = sum + (*(psco+5*i+j));            /*累计每个学生的各科成绩*/
        average = sum/5;                            /*计算第i个学生的平均成绩*/
        *(pave+i) = average;
    }
}
void fali2(char *pcou, int *pnum, float *psco, float *pave)
{   int i, j, k, label;
    printf ("        =====两门以上课程不及格的学生=====       \n");
    printf ("  学号  ");
    for (i=0; i<5; i++)
        printf (" %-8s", pcou+10*i);                /*输出课程名称*/
    printf ("  平均分\n");
    for (i=0; i<4; i++)
    {   label = 0;
        for (j=0; j<5; j++)
            if(*(psco+5*i+j) < 60.0)
                label++;                            /*计算第i个学生不及格课程的门数*/
        if(label >= 2)
        {   printf ("%-8d", *(pnum+i));             /*输出学号*/
            for (k=0; k<5; k++)
              printf("%-8.2f", *(psco+5*i+k)); /*输出符合条件学生的各科成绩*/
            printf ("  %-8.2f\n", *(pave+i));      /*输出符合条件学生的平均分*/
        }
    }
}
```

```
//程序结构和上一个子函数 fali2()类似
void excellence(char * pcou, int * pnum, float * psco, float * pave)
{   int i, j, k, label;
    printf ("       ===== 成绩优秀学生 ===== \n");
    printf ("  学号  ");
    for (i = 0; i < 5; i++)
        printf ("   % - 8s", pcou + 10 * i);
    printf ("  平均分\n");
    for (i = 0; i < 4; i++)
    {   label = 0;
        for (j = 0; j < 5; j++)
            if( * (psco + 5 * i + j) >=  85.0)
                label++;
        if((label >= 5)||( * (pave + i)>= 90))
        {   printf (" % - 8d", * (pnum + i));
            for (k = 0; k < 5; k++)
                printf ("   % - 8.2f", * (psco + 5 * i + k));
            printf ("   % - 8.2f\n", * (pave + i));
        }
    }
}
void main()
{   /* 数组 num 用于存放每个学生的学号 */
    int i, j, * pnum, num[4];
    /* 数组 aver 用于存放每个学生的平均分,二维数组 score 用于存放学生成绩 */
    float score[4][5], aver[4], * psco, * pave;
    /* 数组 course 存放 5 门课程的名称 */
    char course[5][10], * pcou;
    printf ("请按行输入 5 门功课的名称: \n");
    pcou = course[0];                   /* 指针变量 pcou 用来存放数组 course 的首地址 */
                                        /* 从首地址开始,每 10B 存放一门课程的名称 */
    for (i = 0; i < 5; i++)
        scanf(" % s", pcou + 10 * i);   /* 以空格为间隔输入 5 门课程的名称 */
    printf ("请按下面的格式输入 4 个学生的学号和各科成绩: \n");
    printf ("学号");
    for (i = 0; i < 5; i++)
    printf (", % s", pcou + 10 * i);     /* 输出各门课程的名称 */
    printf ("\n");
    psco = &score[0][0];                /* 指针 psco 指向数组 score 中的第一个元素 */
                                        /* 即指向第一个学生第一门课程的成绩 */
    pnum = &num[0];
    for (i = 0; i < 4; i++)
    {   scanf(" % d", pnum + i);        /* 输入学号 */
        for (j = 0; j < 5; j++)
            scanf(", % f", psco + 5 * i + j);   /* 以逗号为间隔输入学生成绩 */
    }
    pave = &aver[0];                    /* 将数组 aver 的首地址赋给指针 pave */
    printf ("\n");
    avsco(psco, pave);
```

```
    avcour5(pcou, psco);
    printf ("\n");
    fali2(pcou, pnum, psco, pave);
    printf ("\n");
    excellence(pcou, pnum, psco, pave);
}
```

程序运行结果如图 7-14 所示。

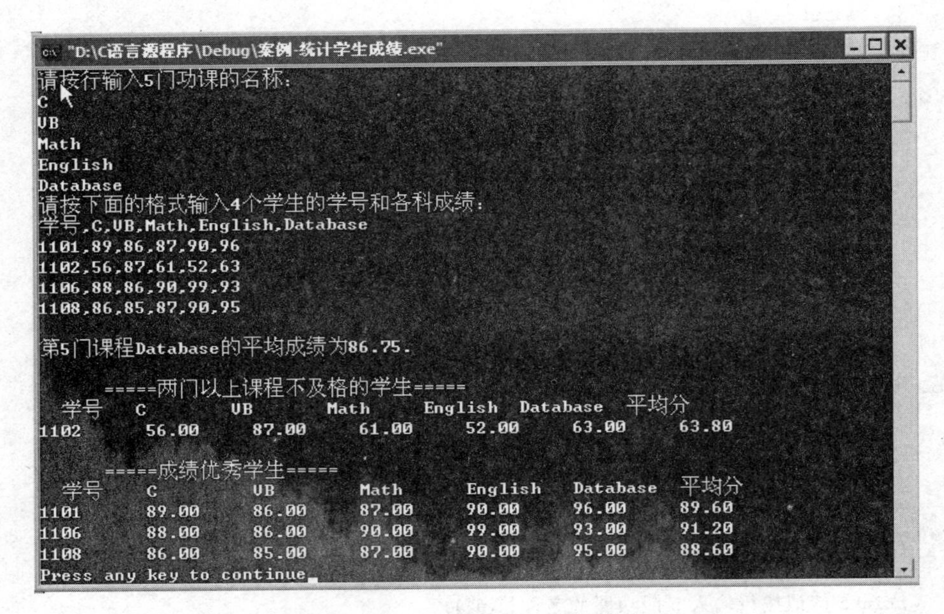

图 7-14　成绩统计案例程序运行结果

7.8 答疑解惑

7.8.1 指针指向哪里

疑问：指针可以指向哪些内容？

解惑：指针可以指向普通变量的地址、值，可以指向字符串、数组、函数，也可以作为值使用。例如：

```
int   *p;            /*p是一个指针,指向一个整数*/
int   ** pa;         /*pa是一个指针,又指向一个指针,称为二级指针*/
int   (*pb)[3];      /*pb是一个指针,指向一个拥有3个整数的数组*/
int   (*pf)();       /*pf是一个指向函数的指针,这个函数返回一个整数*/
```

指针作为值时，必须存储在内存中，一个指针占用 4B，32b。

7.8.2 指针与数组的奇特现象

疑问 1：有时会见到一种奇怪的表达式，类似 a[−1]，如何理解？

解惑 1：对于数组的各种操作，其实都是对于指针的相应操作。例如 a[2]其实就是 *(a+2)的简单写法。对于指向同一个数组不同元素的指针，它们可以做减法。例如：

```
int * p = q+i;
```

p−q 的结果是这两个指针之间的元素个数。i 可以是负数，这里只是表明 p、q 的前后位置关系。

【谨记】 对指向不同的数组元素的指针，这样的做法是无用而且危险的。

a[−1]即 *(a−1)，表示 a[0]之前的一个元素(假如存在这个元素)，如果不存在这个元素，则数组越界，此元素的值不确定。

疑问 2："int arr[10]， * p； p=arr；"，假设数组 arr 的首地址值是 3000，则指针 p 的值必然是 3000。p+1 表示指针移动指向数组的下一个元素，那么 p+1 的值是什么？

解惑 2：按类型来分，指针分为 int、char、float 等基本类型，对于扩充的数据类型则有 struct 等。指针的类型决定了指针操作时该指针指向地址变化的规律。

这里的 p+1 不是简单的算术运算，它表示指针移动一个元素，准确地说是指针移动一个整型元素。一个整型变量占 4B，所以在这里指针的地址变化为一个整型变量，那么它的地址自然要在原来的地址值上加 4，所以指针移动一个整型元素后地址值应为 3000+4，即指针 p 的值为 3004。

疑问 3：对于指向二维数组的指针应如何正确理解？

解惑 3：当指针与二维数组连在一起时，情形就变得复杂。

因为数组名代表数组的起始地址，如"char arr[5][6]；"，那么数组名 arr 就是这个二维数组的首地址。初学指针的读者对这个问题总是弄不明白，既然二维数组名 arr 是一个地址，而指针变量就是存放地址的，把二维数组的地址赋给同样数据类型的指针不就可以了吗？于是就有这样的写法：

```
char arr[5][6], * p;
p = arr;
```

这样写肯定是错误的。

有的读者误认为一个二维数组的数组元素也表示一个地址，于是得出结论：二维数组名是一个二级指针，是地址的地址。进而引出如下写法：

```
char arr[5][6];
char ** p;
p = arr;
```

很遗憾，这样写同样是错误的。

读者可以把上述代码改写成一个完整的程序，编译时肯定通不过。错在对指针基本概念的理解停留于表面。为了把这个问题说得更清楚，把指针的类型归纳为以下两种：

(1) 基本数据类型，如 char、int、float 等；

(2) 扩充数据类型,如数组、结构体等。

例如:

```
int arr[4][5];                    //定义了一个二维数组
int * p;                          //定义了一个整型指针
```

怎样把数组的地址赋给指针? p 是 int 类型的指针,只能指向 int 这个基本数据类型。所以只能写为"p=arr[0];"。

有的读者或许会问,这个二维数组不也是 int 类型吗? 是的,但是这个二维数组除了是 int 类型之外,它的类型全称应该是 int 类型二维数组,arr[0]是 int 类型一维数组,arr[0]这个一维数组的各元素才是基本的 int 类型数据类型,p=arr[0]就是把一维数组第一个元素的地址赋给 int 类型的指针 p,数据类型完全一样才能赋值。显而易见,可以有下面的写法(注意指针是怎样指向各数组元素的):

```
char arr[4][5] = {"abc","def","ghi","jkl","mno"};
char * p = arr[0];
for(i = 0;i < 20;i++)
printf(" % c", * (p + i) );
```

读者将本段代码完善为一个完整的程序,上机运行并仔细观察输出的值的变化。

若定义的是一个字符型指针,那么:

(1) 必须使这个指针指向与其对应的字符型数据类型;

(2) 指针每增加一个单位的地址值,如 p+1 表示指向下一个字符的地址。所以 printf 语句输出的结果为"abcdefghijklmno",是逐个字符输出的。

疑问 4: 直接指向一个二维数组的指针有哪些特点?

解惑 4: 一个二维数组的每一个数组元素都是一个一维数组,例如,一个整型二维数组可以写为:

```
int arr[3][3];                    //即 {arr[0], arr[1], arr[2] }
```

现在定义一个指针,使得这个指针有这样的特性: 指针 p 指向 arr[0],指针 p+1 指向 arr[1],指针 p+2 指向 arr[2]。指针每移动一个单位的地址就指向下一个一维数组,那么这个指针必须满足下面两个条件:

(1) 必须是整型。

(2) 每移动一个单位的地址,实际上移动一个一维数组的长度即 3 个整型量。

那么这个指针可定义为如下形式:

```
int ( * p) [3] ;  /* 定义一个指向二维数组的指针,这个二维数组中的一维数组有 3 个元素。 */
p = arr;          /* 把二维数组的地址赋给指针 p */
```

如果二维字符数组初始化为"char arr[3][4]={"abc","def","ghi"};",那么可以写成如下形式:

```
* (p + 0)         /* 数组 a[0]的首地址, "printf(" % s", * p);" 输出字符串 "abc" */
* (p + 1)         /* 数组 a[1]的首地址, "printf(" % s", * (p + 1));" 输出字符串 "def" */
* (p + 2)         /* 数组 a[2]的首地址, "printf(" % s", * (p + 2));" 输出字符串 "ghi" */
```

如果要用这个二维数组的指针逐个地输出字符可以写为：

```
*(*(p+0)+0)          /*第一个字符'a'*/
*(*(p+0)+1)          /*第二个字符'b'*/
*(*(p+0)+2)          /*第三个字符'c'*/
*(*(p+0)+3)          /*第四个字符'd'*/
*(*(p+0)+4)          /*/第五个字符'e'*/
…
```

以此类推。

7.8.3 复杂指针类型

疑问：识别复杂的指针类型有无技巧？例如：

```
int  * p;               /*p是一个指针,指向一个整数;*/
int  ** pa;             /*pa是一个指针,指向第二个指针,第二个指针指向一个整数;*/
int  (*pb)[3];          /*pb是一个指针,指向一个拥有三个整数的数组;*/
int  (*pf)();           /*pf是一个指向函数的指针,这个函数返回一个整数。*/
```

解惑：要识别复杂的指针类型并不难,只要理解以下两个问题即可。

(1) 指针本身的类型。

例如：

```
int a;
```

a的类型是什么？把a去掉,余下int,就是a的类型。

因此,上面的4个声明语句中的指针本身的类型分别为：

```
int *
int **
int (*)[3]
int (*)()
```

它们都是复合类型,也就是类型与类型结合而成的类型。意义分别如下：

point to int(指向一个整数的指针)。

to pointer to int(指向一个指向整数的指针的指针)。

pointer to array of 3 ints(指向一个拥有三个整数的数组的指针)。

pointer to function of parameter is void and return value is int (指向一个函数的指针,这个函数参数为空,返回值为整数)。

(2) 指针所指目标的类型。

很简单,把指针本身的类型去掉*就可以了,分别如下：

```
int
int *
int ()[3]
int ()()
```

其中,int ()[3]和int ()()看起来有点怪,注意,在int (*)[3]和int (*)()中,第一个( ),

即用来把 * 包住的(),只是用来表示运算优先级的,它本身是多余的,简化时可以把它忽略。所以:

int ()[3]就是 int [3],它是一个拥有三个整数的数组。

int ()()就是 int (),它是一个函数,参数为空,返回值为整数。

在 int (*)( )中,第二个( )是一个运算符,名字叫函数调用运算符。

7.8.4 main()参数的含义

疑问:如何正确理解和使用主函数的第二个参数 char * argv[]?

解惑:在 int main(int argc, char * argv[])中,参数列表中的 char * argv[]就是 char ** argv 的另一种写法。

在C语言中,数组一般不作为函数实参直接传递(即把每一个数组元素逐一传递过去),因为这样做降低效率,且违背了C语言设计时的基本理念——作为一门高效的系统设计语言。

函数参数列表中的数组形式的参数声明,只是为了方便程序员的阅读。例如上面的 char * argv[]就可以很容易地想到是对一个 char * 字符串数组进行操作,其实质是传递 char * 字符串数组的首地址(指针)。其他的元素当然可以由这个指针的加法间接得到,从而也就间接得到了整个数组。

7.9 典型题解

1. 定义以下函数:

```
fun (int *p)
{ (*p)++;
  return *p;
}
```

该函数的返回值是( )。

A. 不确定的值 B. 形参 p 中存放的值

C. 形参 p 所指存储单元中的值 D. 形参 p 的地址值

知识链接:指针变量 p 作为函数的形参,调用该函数时,实参的值传递给形参,而实参的值是某存储单元的地址。语句"return *p;"返回 p 所指存储单元中的值,也同时是实参所指存储单元中的值。

答案:C。

2. 有以下程序,运行后的输出结果是( )。

```
void f ( int y,int *x)
{  y = y + *x ;
   *x = *x + y ;
}
#include <stdio.h>
```

```
void main ( )
{  int z = 2,y = 4, *x=&z;
   f (y, x);
   printf ("\n*x=  %d, y=%d, z=%d\n", *x, y, z);
}
```

知识链接：本例中实参和形参重名但它们各自占用不同的存储单元。

第一个实参 y 和形参 y 是普通变量，属普通的传值调用，形参值的改变不会影响实参，调用后形参 yd 的值为 6，而实参 y 保持原值，仍为 4。

第二个实参是指针变量 x，传递方式是"值传递"，传递的是指针变量 x 的值，但实质上传递的是变量 z 的地址，形参 * x 和实参 * x 指向同一存储单元 z，形参 * x 对存储单元的操作直接影响到实参 * x。调用结束后 * x 的值为 8，z 的值为 8，如图 7-15 所示。

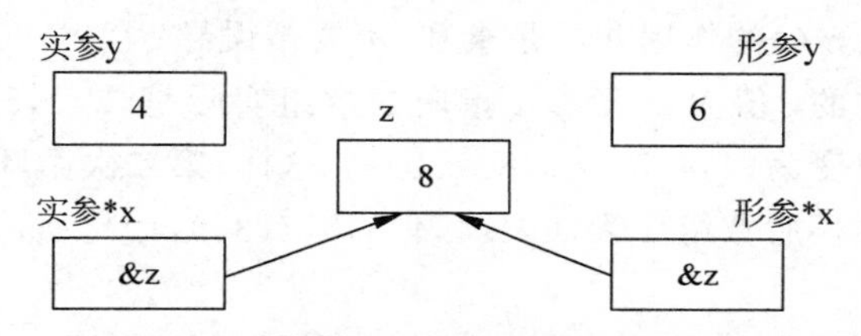

图 7-15 指针变量作为形参改变目标存储单元的值影响实参

答案：* x＝8，y＝4，z＝8。

3. 以下程序运行时输出结果是(　　)。

```
#include <stdio.h>
 int t;
 int sub (int *s)
  {
      *s+=1;
      t+= *s;
      return  t;
  }
void main()
{
    int i;
    for (i=1;i<4;i++)
    printf (" %4d", sub (&i) );
}
```

知识链接：本题要注意的是，主函数调用 sub()函数是传址调用且 t 为全局变量。

第一次调用时 i 的值是 1，调用结束返回后 i 的值变为 2，t 的值为 2 然后 i 自增，值为 3，进入第二次循环，最后返回值为 6。

答案：2　6。

4. 有以下程序：

```
#include<stdio.h>
void sum (int *a)
{a[0]=a[1];}
void main()
{ int aa[10]={1,2,3,4,5,6,7,8,9,10},i;
 for (i=2;i>=0;i--)
 sum (&aa[i]);
 printf(" %d\n",aa[0]);
}
```

执行后的输出结果是(　　)。

A. 4　　B. 3　　C. 2　　D. 1

知识链接：函数 sum()的作用并不是求和，不要被误导。

第一次循环实参中的 i 值为 2，形参 a 指向的数组实际是(3,4,5,6,7,8,9,10)，通过语句“a[0] = a[1];”数组变为(4,4,5,6,7,8,9,10)。这样，第二次循环后数组变为(4,4,4,5,6,7,8,9,10)，第三次循环后数组变为(4,4,4,4,5,6,7,8,9,10)。aa[0]的值为 4。

答案：A。

5. 有以下语句(0≤i≤9)，则对 a 数组元素的引用不正确的是(　　)。

```
int a[10] = {0,1,2,3,4,5,6,7,8,9}, *p = a;
```

A. a[p-a]　　B. *(&a[i])

C. p[i]　　D. *(*(a+i))

知识链接：选项 D 第一层括号中为数组 a 中第 i 项元素的值，外面再加指针运算符没有意义。

答案：D。

6. 若有下面的程序段：

```
char s[] = "china" ;   char *p;     p = s;
```

则下列叙述正确的是(　　)。

A. s 和 p 完全相同

B. 数组 s 中的内容和指针变量 p 中的内容相等

C. s 数组长度和 p 所指向的字符串长度相等

D. *p 与 s[0]相等

知识链接：本例中 p 是一个指向字符串的指针变量。把字符串"china"的首地址赋予 p。等价于“char *p; p = "china";”。

答案：D。

7. 若有定义“char *st = "how are you";”，下列程序段中正确的是(　　)。

A. char a[11], *p ; strcpy (p = a + 1, &st[4]) ;

B. char a[11] ; strcpy (++a,st) ;

C. char a[11] ; strcpy (a,,st) ;

D. char a[ ] , * p ; strcpy (p = &a[1] , st + 2) ;

知识链接：选项 A 符合字符数组的赋值和 strcpy()函数的用法。

选项 B 中++a 是明显错误的；

选项 C 中字符数组 a 的长度小于字符串"how are you"的长度，注意字符串"how are you"最后还有一个'\0'作结束标志；

选项 D 中字符数组 a 的长度没有定义，这是不允许的。

答案：A。

8. 以下语句或语句组中，能正确进行字符串赋值的是(　　)。

A. char *sp; *sp = " right! ";　　B. char s[10]; s = "right! ";

C. char s[10]; *s = " right! " ;　　D. char *sp = "right! " ;

知识链接："char * sp = "right!";"可以写为"char * sp; sp ="right!";"。

如果有数组方式"static char s[] = { " right! "};"，不能写为"char s[20]; s = { " right! " };"，而只能对字符数组的各元素逐个赋值。

答案：D。

9. 程序中对 fun()函数有如下说明：

```
void * fun ( );
```

此说明的含义是(　　)。

A. fun()函数无返回值

B. fun()函数的返回值可以是任意的数据类型

C. fun()函数的返回值是无值型的指针类型

D. 指针 fun 指向一个函数，该函数无返回值

知识链接：fun 之前的 * 表明这是一个指针型函数，即返回值是一个指针。故选项 A、D 可以排除。

答案：C。

10. 在说明语句"int *f ( );"中，标识符 f 代表的是(　　)。

A. 一个用于指向整型数据的指针变量　　B. 一个用于指向一维数组的行指针

C. 一个用于指向函数的指针变量　　D. 一个返回值为指针型的函数名

知识链接：标识符 f 代表的是函数名，该函数是一个返回值为指针型的函数。

答案：D。

知识点小结

学习本章首先要掌握指针的基本知识，由简单到复杂，逐渐理清思路，掌握比较难懂的概念和用法。使用指针编程的优点如下：

(1) 提高程序的编译效率和执行速度。

(2) 通过指针可使用主调函数和被调函数之间共享变量或数据结构，便于实现双向数据通信。

(3) 可以实现动态的存储分配。

(4) 便于表示各种数据结构,编写高质量的程序。

本章主要知识点归纳如下:

(1) 地址、指针、指针变量的概念;指针变量的定义、初始化、赋值与使用方法。

(2) 指针与一维数组的关系、指向一维数组的指针变量、利用指针访问数组元素的方法、指向一维数组的指针变量作为函数参数的含义与用法。

(3) 指针变量与二维数组,二维数组中各种指针表示的形式,利用指针控制行、列互换,指向二维数组及其数组元素的指针变量,二维数组中的指针作为函数实参的含义与用法。

(4) 指针变量与字符数组、字符指针变量的定义及初始化、字符指针变量与字符数组的异同、利用指针处理字符串、字符指针作为函数实参的含义与用法。

(5) 指针变量与函数,函数的指针、指向函数的指针变量的概念,函数的指针作为函数实参的含义与用法。

(6) 返回指针值函数的定义与调用方法。

(7) 指针数组的定义及运用。

(8) 有参主函数的概念、有参主函数各参数的含义与使用方法、有参主函数的定义与调用方法。

习题 7

7.1 单选题

1. 有以下程序:

```
#include <stdio.h>
void main ()
{   int a[] = {2,4,6,8,10},y = 0,x, * p;
    p = &a[1];
    for (x = 1;x < 3;x++) y += p[x];
    printf(" % d\n,",y);
}
```

程序运行后的输出结果是(　　)。

A. 10　　B. 11　　C. 14　　D. 15

2. 有以下程序:

```
#include <stdio.h>
void main ()
{ char * s[] = { " one ", " two", " three "}, * p;
  p = s[1];
  printf (" %c, %s\n" , * (p + 1),s[0]);
}
```

程序运行后的输出结果是(　　)。

A. n,two　　B. t,one　　C. w,one　　D. o,two

3. 若有以下定义和语句：

```
#include <stdio.h>
int a = 4,b = 3, *p, *q, *w;
p = &a; q = &b; w = q; q = NULL;
```

则以下选项中错误的语句是(　　)。

A. *q = 0;　　B. w = p;　　C. *p = a;　　D. *p = *w;

4. 若有语句“int n = 2, *p = &n, *q = p;”,则以下非法的赋值语句是(　　)。

A. p = q;　　B. *p = *q;　　C. n = *q;　　D. p = n;

5. 有以下程序：

```
#include <stdio.h>
void fun (char *c,int d)
{ *c = *c+1;
d=d+1;
printf ("%c,%c" , *c,d);
}
void main()
{ char a='A',b='a';
fun (&b,a);
 printf (" %c,%c\n" ,a,b);
}
```

程序运行后的输出结果是(　　)。

A. B,a,B,a　　B. a,B,a,B　　C. A,b,A,b　　D. b,B,A,b

6. 有以下程序：

```
#include <stdio.h>
void main()
{   int a[10]={1,2,3,4,5,6,7,8,9,10}, *p=&a[3], *q=p+2;
    printf("%d\n", *p+ *q);
}
```

程序运行后的输出结果是(　　)。

A. 16　　B. 10　　C. 8　　D. 6

7. 若有声明“int a[3][4], *p = a[0], (*q)[4] = a;”,则下列叙述中错误的是(　　)。

A. a[2][3]与q[2][3]等价　　B. a[2][3]与p[2][3]等价

C. a[2][3]与*(p + 11)等价　　D. a[2][3]与p = p + 11, *p等价

8. 已定义以下函数：

```
fun (char *p2, char  *p1)
{ while ( (*p2 = *p1)! = '\0')
  {p1 ++;  p2 ++; }
}
```

函数的功能是(　　)。

A. 将p1所指字符串复制到p2所指内存空间

B. p1所指字符串的地址赋给指针p2

C. 对 p1 和 p2 两个指针所指字符串进行比较

D. 检查 p1 和 p2 两个指针所指字符串中是否有'\0'

9. 有以下程序:

```
#include< stdio.h>
#include< string.h>
void main ()
{   char str[][20] = {"Hello", "Beijing "}, *p = str[0];
  printf (" %d\n" ,strlen (p + 20) );
}
```

程序运行后的输出结果是(   )。

A. 0　　B. 5　　C. 7　　D. 20

10. 有以下程序:

```
#include< stdio.h>
#include< string.h>
void main()
{ char *p = "abcde\0fghjik\0 ";
  printf (" %d\n",strlen(p) );
}
```

程序运行后的输出结果是(   )。

A. 12　　B. 15　　C. 6　　D. 5

7.2 填空题

1. 以下程序运行后的输出结果是________。

```
#include< stdio.h>
#include< string.h >
char *ss (char *s)
{ char *p,t;
   p = s + 1; t = *s;
   while ( *p)  { * (p-1) = *p; p ++; }
   * (p-1) = t;
   return s;
  }
void main ()
{char *p,str[10] = " abcdefgh";
 p = ss (str);
 printf (" %s\n"  ,p);
}
```

2. 以下程序运行后的输出结果是________。

```
#include< stdio.h>
void main ()
{   char a[] = "123456789", *p;
    int i = 0;
    p = a;
    while ( *p)
```

```
    {  if (i % 2 == 0)   * p = '*';
         p++;  i++;
    }
    puts(a);
}
```

3. 以下 strcpy( )函数实现字符串复制，即将 t 所指的字符串复制到 s 所指的空间中，形成一个新的字符串 s。试填空。

```
void strcpy (char * s,char * t)
{  while ( * s ++ = ________); }
#include< stdio.h>
void main ()
{  char str1[100],str2[] = " abcdefgh" ;
   strcpy (str1,str2);
   printf (" %s\n" ,str1);
}
```

4. 以下程序运行后的输出结果是________。

```
void f(int * x,int * y)
{  int t;
   t = * x; * x = * y; * y = t;
 }
#include< stdio.h>
void main()
 {  int a[8] = {1,2,3,4,5,6,7,8},i, * p, * q;
    p = a; q = &a[7];
    while (p < q)
    { f(p,q);
          p++;
          q-- ;
    }
    for (i = 0;i < 8;i++)
    printf(" %d,",a[i]);
}
```

5. 以下程序运行后的输出结果是________。

```
#include< stdio.h>
 void f(int * q)
 {  int i = 0;
    for(;i < 5;i++)( * q)++;
 }
 void main()
 {
    int a[5] = {1,2,3,4,5},i;
    f(a);
    for(i = 0;i < 5;i++)  printf(" %d",a[i]);
 }
```

7.3 简答题

1. 指针有哪些优点和缺点？指针可以进行哪些运算？

2. 指针作为函数的参数传递数据与变量作为函数的参数有何不同？与数组作为函数的参数有何不同？

3. 比较用指针数组处理多个字符串与用二维字符数组处理多个字符串的优缺点。

4. 使用指针时容易出现的错误有哪些？

5. 运行C程序时如何分配内存地址？

7.4 编程实战题

1. 将参加2018年国际足联世界杯(FIFA World Cup)来自5大洲足联的32支球队的编号存入数组worldCup[32]中，可以自拟32支球队的编号，按相反顺序(逆序)输出，要求形参用指针变量。

2. 采用指针变量作为函数的形参，编程实现两个字符的交换。在主函数main()中输入一串字符，调用交换函数，将这些字符按从小到大的顺序排列输出。

3. 将一维数组的元素循环左移m位，用指针和函数编程实现。

4. 编写函数，用指针实现字符串的复制功能。

实验7 指针程序设计

本次实验涉及指针变量的定义和初始化、引用方式，指向数组的指针变量的使用，指向字符数组的指针变量的使用，数组名作为函数的参数。

【实验目的】

通过实验进一步理解指针的概念，指针变量的定义初始化和引用方式。要求：

(1) 掌握指针的概念，指针变量的运算与引用；

(2) 能使用数组指针、字符串指针编写应用程序；

(3) 熟悉数组名作为函数的参数和指向数组的指针作为函数的参数的异同；

(4) 熟悉数组指针作为函数的参数和字符串指针作为函数的参数的异同；

(5) 了解指针作为函数的参数的意义；

(6) 掌握用指针变量作为函数的参数时函数的定义和调用方法。

【实验内容】

一、基础题

1. 编写一函数，求字符串的长度，要求用指针完成，但不能使用strlen()函数；在main()函数中输入字符串，并输出其长度。

提示： *在主函数中定义一个指向字符串的指针变量pstr，并将输入字符串的首地址赋值给pstr，然后调用自己编写的求字符串长度的函数strlenth(char *p)，得到字符串的长度。在函数strlenth(char *p)中，判断*p是否为'\0'，如果不为'\0'，则进行len++操作，直到遇到'\0'为止，然后返回len值。*

求字符串长度的函数strlenth(char *p)的算法如下：

(1) 定义“int len=0;”。

(2) 当 * p! ='\0'时,重复执行(2.1)、(2.2),否则算法终止。

① len=len+1;

② p++;

(3) return(len)。

参考源代码:

```
#include < stdio.h >
void main()
{   int strlenth (char * pstr);
    int len;
    char * str[20];
    printf("please input a string:\n");
    scanf(" %s",str);
    len = length(str);
    printf("the string has %d characters.",len);
}
 strlenth (pstr)
{   char * p;
    int len = 0;
    while( * p!= '\0')
    {   len++;
        p++;
    }
  return  len;
}
```

2. 采用指针编程,将一个 3×3 的矩阵转置,用一个功能函数实现。

【方法与步骤提示】

(1) 在主函数中用 scanf()函数输入矩阵元素;

(2) 将数组名作为函数的实参调用功能函数,在执行功能函数的过程中实现矩阵转置;

(3) 函数调用结束后在主函数中输出已转置的矩阵。

二、提高题

1. 采用指针实现一个函数,调用它时,每次调用实现不同的功能:

(1) 求两个数之和;

(2) 求两个数之差;

(3) 求两个数之积。

试编写代码,并在关键代码处加上注释。

【方法与步骤提示】

(1) 在主函数中输入两个数 a、b,并输出 a、b 的和、差和乘积;

(2) 分别编写函数 add()、sub()、mul()计算两个数的和、差、积;

(3) 编写函数 process(),分别调用函数 add()、sub()、mul()。

2. 用一个函数实现两个字符串的比较,即自己写一个函数 stringcmp(),其功能类似于系统函数 strcmp(),系统函数 strcmp()的原型为 int strcmp(char * p1,char * p2)。

【方法与步骤提示】

(1) 设 p1 指向字符串 s1,p2 指向字符串 s2;

(2) 当 s1＝s2 时,函数返回值为 0;

(3) 如果 s1＜＞s2,则返回它们第一个不相同字符的 ASCII 码差值(如"BOY"与"BAD",第二个字母不同,"O"与"A"的 ASCII 码之差为 79－65＝14);

(4) 如果 s1＞s2 则输出正值,如果 s1＜s2 则输出负值;

(5) 两个字符串 s1、s2 由 main()函数输入,stringcmp()函数的返回值也由 main()函数输出。

结构体、共用体与枚举

结构体、共用体与枚举思维导图

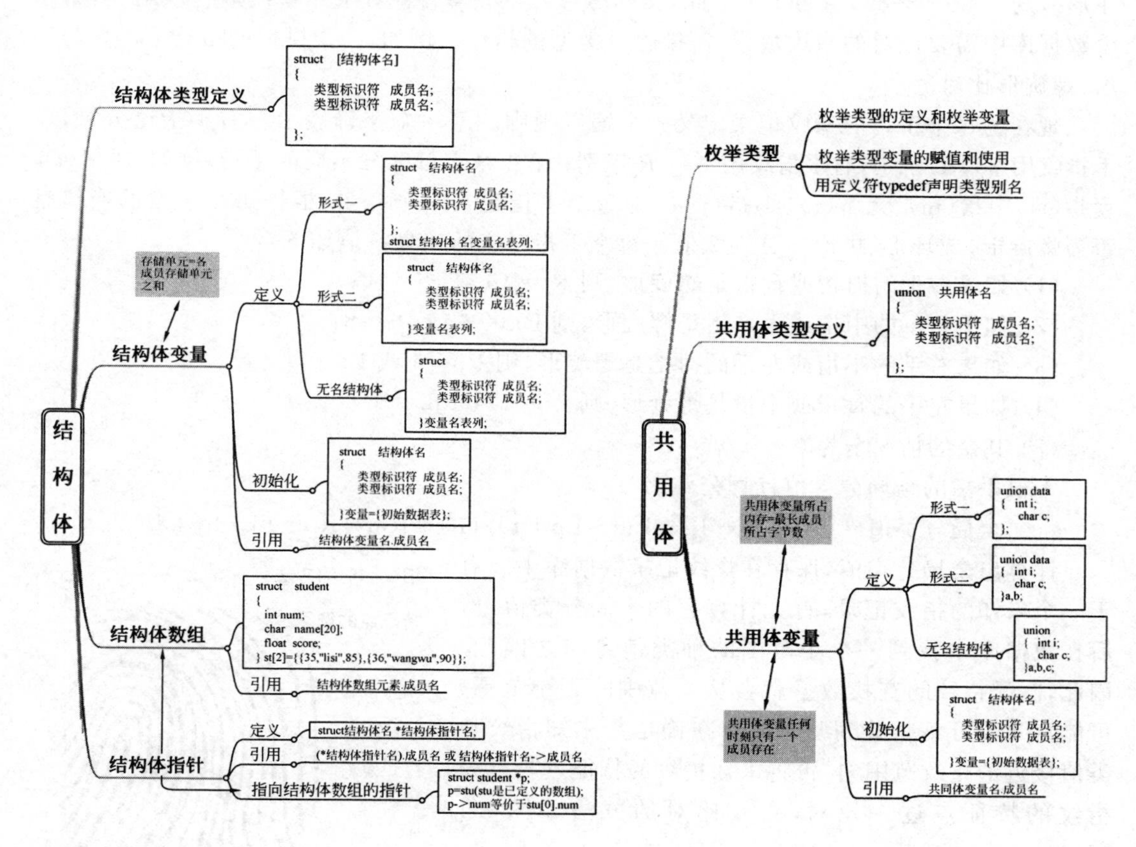

学习任务与目标

1. 了解结构体类型的定义、结构体变量的初始化方法；
2. 掌握指向结构体类型数据的指针定义和使用方法；
3. 掌握共用体类型的定义和共用体类型变量的定义及使用方法；
4. 掌握枚举类型的定义和枚举类型变量的定义及使用方法；
5. 熟悉 typedef 自定义类型。

8.1 为何要用结构体

8.1.1 引例：指纹识别技术

指纹(Fingerprint)人人皆有，却各不相同，因此可用指纹识别身份。由于指纹具有终身不变性、唯一性和方便性，几乎成为生物特征识别的代名词。例如，指纹密码、指纹锁、指纹考勤机等得到广泛应用。

指纹通常分为三大类：环形(Loop，又称箕形)，约占60%～65%，螺旋形(Whorl，又称斗形)，约占30%～35%；拱形(Arch，又称弓形)，约占5%。对未知指纹进行匹配时，为减少数据库中需要比对的指纹数量，需排除异类型的指纹。例如，一个拱形的指纹不需要与环形、螺旋形比对。

现在为每个手指的指纹记录定义一个编码规则。第一个字母表示左右手指纹分类，左手指纹用字母L识别，右手指纹用字母R识别；第二个字母区分不同的手指，例如，拇指(t)、食指(i)、中指(m)、无名(r)、小指(p)。为每个手指定义一个变量，根据每个手指的指纹是否为螺旋形(或环形、拱形)，分别赋值。每个手指对应的变量赋值如下：

(1) 如果右手的拇指或食指是螺旋形，则Rt=16或Ri=16；
(2) 如果右手的中指或无名指是螺旋形，则Rm=8或Rr=8；
(3) 如果右手的小指或左手的拇指是螺旋形，则Rp=4或Lt=4；
(4) 如果左手的食指或中指是螺旋形，则Li=2或Lm=2；
(5) 其余的情况全为0。

十根手指的全局分类值计算公式为

$$全局分类值=(Ri+Rr+Lt+Lm+Lp+1)/(Rt+Rm+Rp+Li+Lr+1)$$

计算出全局分类值，保存在指纹记录数据库中。对于一个未知的指纹记录，首先计算它的全局分类值，然后在数据库中找到一个小范围的种类信息与之匹配。因此，匹配指纹的查找数量就会从大范围降到小范围，可能从几千万条精减到几千条。在确定与未知指纹种类值接近的指纹范围内，再将未知指纹的特征点与已知指纹的特征点逐一比对，指纹比对的方法如图8-1所示。

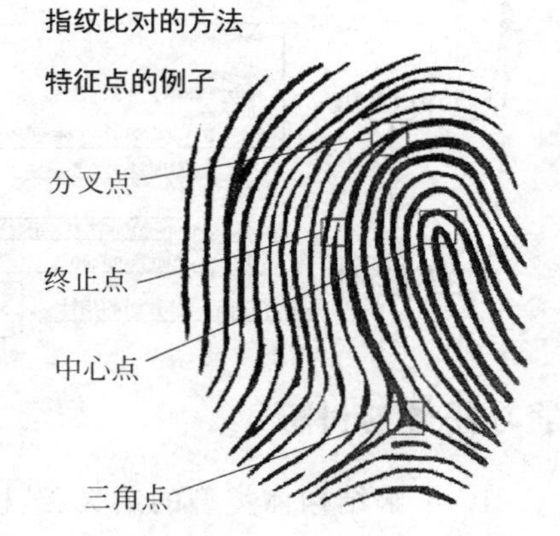

图8-1 指纹比对的方法

1. 描述问题

输入你的10个手指的指纹信息，假设右手拇指、无名指和左手中指的指纹皆均为螺旋形，其余7根手指的值全为0。编写程序，计算指纹的全局分类值，以识别未知指纹的身份。

2. 描述问题

设计算法：指纹信息保存在一种特殊的数据类型结构体变量中，利用全局分类值公式计算全局分类值。

（1）获取用户指纹信息：Rt=16，Rr=8，Lm=2，输入函数中获取指纹数据；

（2）根据指纹信息，使用函数计算指纹的全局分类值；

（3）将全局分类值存储在指纹结构体中，打印输出全局分类值。

规定：十根指头的顺序为右手从拇指到小指，左手从拇指到小指。指纹三种类型分别用L表示环形（Loop））、W表示螺旋形（Whorl）、A表示拱形（Arch）。

3. 解决问题

编程实现，利用结构体描述指纹信息，程序如下：

```
#include < stdio.h >
struct fingerprint
{
 long int ID_number;
 double overall_category;
 char fingertip[10];
};
int main(void)
{  //声明变量并初始化
 struct fingerprint new_print;
 double compute_category(struct fingerprint f);
 new_print.ID_number = 320303;
 new_print.overall_category = 0.0;
 new_print.fingertip [0] = 'W';
 new_print.fingertip [1] = 'L';
 new_print.fingertip [2] = 'L';
 new_print.fingertip [3] = 'W';
 new_print.fingertip [4] = 'A';
 new_print.fingertip [5] = 'L';
 new_print.fingertip [6] = 'L';
 new_print.fingertip [7] = 'W';
 new_print.fingertip [8] = 'A';
 new_print.fingertip [9] = 'L';
 new_print.overall_category = compute_category(new_print);
 printf("fingerprint analysis for ID : %d\n", new_print.ID_number);
 printf("overall category : %.2f\n", new_print.overall_category);
 return 0;
}
double compute_category(struct fingerprint f)
{
```

```
 double Rt = 0.0,Ri = 0.0,Rm = 0.0,Rr = 0.0,Rp = 0.0,Lt = 0.0,Li = 0.0,Lm = 0.0,Lr = 0.0, Lp = 0.
0, num,den;
 if(f.fingertip[0] == 'W') Rt = 16;
 if(f.fingertip[1] == 'W') Ri = 16;
 if(f.fingertip[2] == 'W') Rm = 8;
 if(f.fingertip[3] == 'W') Rr = 8;
 if(f.fingertip[4] == 'W') Rp = 4;
 if(f.fingertip[5] == 'W') Lt = 4;
 if(f.fingertip[6] == 'W') Li = 2;
 if(f.fingertip[7] == 'W') Lm = 2;
  //计算全局分类值的分子、分母
 num = Ri + Rr + Lt + Lm + Lp + 1;
 den = Rt + Rm + Rp + Li + Lr + 1;
 return  num/den;
}
```

8.1.2 构造数据类型：结构体

为了满足实际应用,C语言需要引入各种数据类型,如为了描述整数需要引入整型,为了描述实数需要引入实型,为了描述字符需要引入字符类型,为了描述具有共同特征的一组数据需要引入数组的概念。但是,一组具有不同数据类型的数据如何描述呢?

表8-1所示是一张学生信息登记表。

表8-1 学生信息登记表

学号	姓名	入学成绩	班级	手机号码	出生日期
20190601	洪乔轩	351.5	19通信	1385201748	2000-1-1
20190911	郑阳浩	343.0	19外贸	1385201749	2000-2-2
20190804	王茹瑶	365.0	19电气	1385201750	2001-3-3
20190508	李 超	378.5	19机电	1385201755	2001-4-1
20190303	孙丹桂	340.0	19财会	1385201788	2001-9-19

学号为字符型,姓名为字符型,入学成绩为浮点型,班级为字符型,手机号码为字符型,出生日期为字符型。这种二维表无法用C语言中的二维数组描述。

C语言规定一种特殊的数据类型:结构体类型,可有效地表示类型互异而又逻辑相关的数据实体,因此,一个比较复杂的数据信息可以用"结构体类型"清晰地表达出来。

结构体、共用体并不是一种具体的数据类型,而是一类构造数据类型的总称或框架,是用户自定义的类型,这些类型的数据组织完全由用户根据自己的实际需要而确定,基于这种框架定义具体的数据类型,再由数据类型定义变量。

一个构造类型的值可以分解成若干个"元素"或"成员",每个"元素"都是一个基本数据类型或一个构造类型,相当于一个基本变量。每一个元素都像基本变量一样被赋值或在表达式中使用。

8.2　结构体

8.2.1　结构体类型

1. 结构体类型的定义

"结构体类型"是一种构造类型，由若干"成员"组成，可以将若干个不同数据类型的变量组合在一起。在说明和使用之前必须先定义，也就是构造出来。

定义结构体类型的一般格式为：

```
struct 结构体名
 {
   成员表列
 };
```

其中：

(1) struct 是关键字，用来声明结构体类型，此处不能省略。结构体名应符合标识符命名规则，是用户自定义的标识符。

(2) 成员表列由若干个成员组成，成员定义形式为：

```
类型标识符 成员名;
```

各成员定义语句放在花括号中构成复合语句，每个成员都是该结构体的一个组成部分，对每个成员必须做类型说明。

用户自定义的成员名也应符合标识符命名规则。

例如，用于描述日期的结构体类型的声明：

```
struct  date
{   int year;
    int month;
    int day;
};
```

或者

```
struct  date
{   int year, month, day;
};
```

(3) 成员表列不可为空，至少要有一个成员，若成员的类型相同，则可以写在同一行。

(4) 注意在{ }号后的分号";"不能缺少。

(5) 一般把结构体类型声明放到文件最前面，也可以放在头文件里，若在函数内部声明结构体类型，则该函数之外无法引用此结构体类型。

(6) 同一结构体的成员不能重名，而不同结构体的成员可以重名；结构体成员和其他变量可以重名，它们代表不同的对象，互不干扰。

结构体定义之后,即可进行变量说明。由此可见,结构体是一种复杂的数据类型,是成员数目固定,类型不同的若干有序变量的集合。

2. 结构体的嵌套定义

结构体中的成员可以又是结构体,因此结构体可以嵌套定义。例如:

```
struct student
{  int  num;
   char  name[8],sex, class;
   struct  date
   {  int year, month, day;
   } birthday;
   char   address;
} ;
```

其中,birthday 作为结构体 student 中的成员,同时它的类型又是 struct date,构成结构体的嵌套定义。

也可以先定义一个结构体类型,然后在另一个结构体类型中使用该结构体。

8.2.2 结构体类型变量

可以用结构体类型定义结构体类型变量。结构体类型和结构体类型变量的最大区别是:结构体类型只是一种数据类型的结构描述,并不占内存空间,而结构体类型变量占一定的内存空间。

可以理解为:定义一个结构体类型,相当于画出一个二维表,确定表的结构,即表由哪几个列(字段)组成,而这张表里没有数据内容、仍然是一张空表,需要定义结构体变量并赋予一定的值,结构体变量的值相当于二维表中具体一行的数据(记录)。

结构体类型变量的说明有以下三种方法。

1. 先定义结构体,再定义结构体变量

定义形式如下:

```
struct stu
{  int num;
   char name[8], sex, class, address;
};struct stu st1, st2;
/* 变量 st1 和 st2 均为 stu 结构体类型。即,st1, st2 具有相同类型的结构体,可以放在一起定义。 */
```

也可以用宏定义使用一个符号常量表示一个结构体类型。

例如:

```
#define STU struct stu
 STU
 {  int num;
    char name[8], sex, class, address;
 } ;STU st1, st2;             /* 符号常量 STU 等价于 struct stu */
```

2. 在定义结构体类型的同时定义结构体变量

定义形式如下：

```
struct stu
{    int num;
     char name[8], sex , class, address;
} st1, st2;
```

3. 省略结构体名称，直接定义结构体变量

定义形式如下：

```
struct
{   int num;
     char name[8], sex, class, address;
} st1, st2;
```

这种结构体定义形式也称为无名结构体，其缺点是后续要定义同样结构体的变量时，必须将整个结构体的组成重复写出来。

在实际应用中，经常使用第一种方法，不常使用第二种、第三种定义形式。

【想一想】 如何定义一本书的结构体，包括书名、作者、价格、出版社、出版日期等数据信息。

8.2.3 结构体变量的初始化

1. 结构体变量的初始化方法

结构体变量的初始化，类似其他类型变量的初始化，可以在定义结构体变量的同时赋初值。

结构体变量初始化的一般形式为：

struct 结构体类型名 结构体变量 = {初值表};

例如，有以下程序段：

```
struct  student
{   int  num ;
    char  name[8];
    char  sex;
    struct  data  birthday;
    char  class[10];
    char  address[20];
}stud = { 20110201, "LiYiChao", "M", { 1991, 7, 23 } , "11tongxin", "XuZhou" };
```

结构体变量的初始化和数组初始化相同。结构体变量的初始化仅限于外部的和 static 型的结构体，也就是说，在函数内部对结构体变量初始化时，必须指定该结构体为 static 型。对默认存储类型 auto 的结构体一般不在函数内部对它们初始化。

2. 结构体变量的赋值

为结构体变量赋值有两种方式：一种方式是对每个成员分别赋值；另一种是整体赋值。

(1) 对成员分别赋值。

```
stud.num = 004;
strcpy ( stud.name, " LiShiWei " ) ;
stud.sex = 'M';
stud.birthday.year = 1993;
stud.birthday.month = 3;
stud.birthday.day = 19;
stud.score = 95;
strcpy ( stud.address, " SuZhou" ) ;
```

(2) 对结构体变量整体赋值。例如：

```
struct stdent stud1
stud1 = stud;
```

此外，结构体作为一种数据类型，定义的结构体变量或结构体指针变量同样分为局部变量和全局变量，视定义的位置而定。

8.2.4 结构体变量的引用

一般对结构体变量的引用，包括赋值、输入、输出、运算等都是通过引用结构体变量的成员实现。可以引用结构体变量的一个成员，也可以引用整个结构体变量。

1. 结构体变量的引用形式

引用结构体变量成员的一般形式是：

结构体变量名.成员名

其中，“.”是成员运算符(又称分量运算符)。如：

```
st1.name = " Liben ";
printf(" %s ", st1.name);
```

2. 结构体变量的存储模式

结构体变量的各个成员分量在内存中占用连续存储区域，各成员分量占用内存的长度之和即为结构体变量占用内存的大小。

struct student 类型的结构体变量 stud 的内存分配模式如图 8-2 所示。

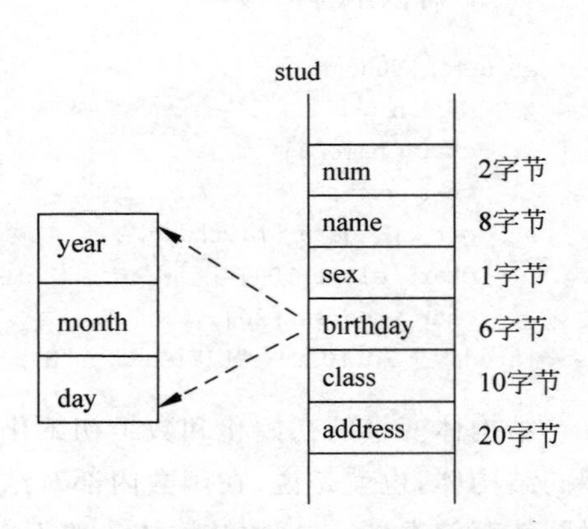

图 8-2 结构体变量 stud 的内存分配模式

一般情况下，不将一个结构体变量作为整体引用，只能引用其中的成员(分量)。如果成员本身又是一个结构体类型，即结构体中内嵌结构体，则必须找到最低级的成员逐级引用。例如 stud. birthday. month 是对 stud 中出生日期中的月份进行引用。

成员可以在程序中单独使用，与使用普通变量完全相同。如果要整体引用结构体变量，则用专门的引用格式。

3. 整体引用结构体变量

整体引用结构体变量类似对结构体变量的整体赋值。

整体引用结构体变量的形式：

```
结构体变量 1 = 结构体变量 2;
```

功能：将结构体变量 2 中的各个成员值一一对应地赋给结构体变量 1。

4. 结构体变量的输入输出

一般情况下，结构体变量不能整体引用，只能引用其成员变量。因此，需要分别输入输出每个成员的内容，从而输入输出结构体变量的全部内容。

【例 8-1】 输入四名学生数学、英语、C 语言三门课程的成绩，并按平均成绩由高分到低分排序。

可以把该问题分解为如下五个子问题，每个子问题用一个函数实现：

(1) 结构体类型数组的输入，用 input()函数实现。

(2) 求解四名学生三门课程的平均成绩，用 aver()函数实现。

(3) 按学生的平均成绩排序，用 sort()函数实现。

(4) 按名次输出学生成绩信息，用 output()函数实现。

(5) 定义 main()函数，调用以上各函数模块。

```
#include <stdlib.h>
#include <stdio.h>
struct student
{   int num;
    char name[20];
    float score[3];
    float average;
};
//输入 n 名学生的信息
void input(struct student arr[], int n)
{   int i,j;
    printf("\nInput Name,Math,English,C :\n");
    for(i = 0;i < n;i++)
    {  arr[i].num = i + 1;
       scanf("%s",arr[i].name);
       for(j = 0;j < 3;j++)
           scanf("%f",&arr[i].score[j]);
    }
}
```

```
//求解各学生三门课程的平均成绩
void aver(struct student *arr, int n)
{   int i,j;
    float sum;
    for(i = 0;i < n;i++)
    {   sum = 0;
        arr[i].score[3] = 0;
        for(j = 0;j < 3;j++)
            sum = sum + arr[i].score[j];
        arr[i].average = sum/3;
    }
}
//按学生的平均成绩排序
void sort(struct student *arr, int n)
{  struct student temp;
   int i,j;
   for(i = 0;i < n - 1;i++)
     for(j = 0;j < n - 1 - i;j++)
       if(arr[j].average < arr[j + 1].average)
         {  temp = arr[j];
            arr[j] = arr[j + 1];
            arr[j + 1] = temp;
         }
}
//按名次输出学生成绩信息
void output(struct student arr[], int n)
{   int i,j;
    printf("Number   Name     Math    English  C   Average\n");
    for(i = 0;i < n;i++)
    {  printf("%3d    %8s", arr[i].num,arr[i].name);
       for(j = 0;j < 3;j++)
          printf("%8.1f",arr[i].score[j]);
       printf("%8.1f\n",arr[i].average);
    }
}
#include <stdio.h>
void main()
{   struct student stud[4];                  /* 定义结构体数组 */
    input(stud,4);                           /* 依次调用自定义函数 */
    aver(stud,4);
    sort(stud,4);
    output(stud,4);
}
```

程序运行结果如图 8-3 所示。

```
Input Name,Math,English,C :
LiShiWei 92 89 95
LiYiChao 96 98 92
LiDanGui 89 82 90
ZhouXun  91 90 93
Number   Name       Math    English  C     Average
  2    LiYiChao     96.0    98.0    92.0    95.3
  1    LiShiWei     92.0    89.0    95.0    92.0
  4     ZhouXun     91.0    90.0    93.0    91.3
  3    LiDanGui     89.0    82.0    90.0    87.0
```

图 8-3　例 8-1 程序运行结果

8.3　结构体数组

数组元素可以是结构体类型，因此可以构成结构体类型的数组。结构体数组的每一个元素都是具有相同结构体类型的下标结构体变量，均包含结构体类型的所有成员。

在实际应用中，经常用结构体数组表示具有相同数据结构的一个群体。如一个班的学生登记表，一个单位职工的工资表。

8.3.1　结构体数组的定义和初始化

1. 结构体数组的定义

结构体数组的定义方法和结构体变量相似，只需说明它为数组类型即可。

定义结构体数组的格式为：

struct　结构体名 数组名[数组长度]；

例如：

```
struct student
{  int num;
   char name[20] ;
   float score;
} stud[30];
```

则该数组共有 30 个元素，分别是 stud[0]、……、stud[29]，数组元素各成员的引用形式为：

```
stud[0].num、stud[0].name、stud[0].score;
stud[1].num、stud[1].name、stud[1].score;
⋮
stud[29].num、stud[29].name、stud[29].score;
```

注意，“char name[20];”表明结构体数组的成员也可以是数组。例如：

```
struct student
{  int age; char num[8];
} ;
struct student stu[3] = { { 20, "201901" } , { 19, "201902" } , { 18, "201903" } };
```

```
struct student * p = stu;
```

2. 结构体数组的初始化

既然结构体变量可以初始化,那么结构体数组也可以初始化赋值。

(1) 初始化的格式。

结构体数组初始化的一般形式为:

结构数组[n] = { { 初值表 1 },{ 初值表 2 } , … ,{ 初值表 n } } ;

如

```
struct student stu[3] = { { 20, "201101" } , { 19, "201102" } , { 18, "201103" } } ;
```

(2) 当对全部元素初始化赋值,也可不给出数组长度。

【例 8-2】 设有以下说明:

```
struct STD
{   int  n;
    char  c;
    double x;
};
```

能正确定义结构体数组并赋初值的语句是:

```
struct STD tt[ ] = { { 1, 'A', 62 } , { 2, 'B', 75 } } ;
```

8.3.2 结构体数组的引用

对结构体数组的引用就是引用结构体数组中的元素。

结构体数组的引用格式为:

结构体数组名[下标].成员名

【例 8-3】 有三名候选人,姓名分别为 zhangsan、lisi、wangwu。现有五位选民,每位选民只能投票选一名候选人,要求编写一个统计选票的程序,输入被选人的姓名,输出三名候选人的得票结果。

```
#include"stdio.h"
#include"string.h"
struct vote
{   char name[20];
    int  count;
};
void main()
{
    struct vote candidate[3] = {{"zhangsan",0},{"lisi",0},{"wangwu",0}};
    char person[5][20];
    int i,j;
    printf("please input five candidates' name: \n");
```

```
    for(i = 0;i <= 4;i++)
       scanf(" % s",person[i]);
    for(i = 0;i <= 4;i++)
       for(j = 0;j <= 2;j++)
         if(strcmp(person[i],candidate[j].name) == 0)
           { candidate[j].count++;
             break;
           }
    printf(" *** after voting,result: *** \n");
    for(i = 0;i <= 2;i++)
      printf(" % s  % d\n",candidate[i].name,candidate[i].count);
}
```

程序运行结果如图 8-4 所示。

```
please input five candidates' name:
zhangsan
lisi
zhangsan
wangwu
wangwu
***after voting,result:***
zhangsan 2
lisi 1
wangwu 2
```

图 8-4 例 8-3 程序运行结果

【例 8-4】 编程实现一个简单的通讯录功能。

```
 #include"stdio.h"
 #define NUM 3
struct person
{     char name[20];
      char phone[15];
};
void main()
{     struct person man[NUM];
      int i;
      for( i = 0; i < NUM; i++)
         {  printf("input name:\n");
            gets(man[i].name);
            printf("input phone:\n");
            gets(man[i].phone);
         }
    printf("name\t\t\t\t phone\n\n");
     for( i = 0; i < NUM; i++)
          printf(" % s\t\t\t % s\n",man[i].name,man[i].phone);
}
```

8.4 结构体指针

把一个结构体变量的起始地址赋值给一个指针变量,该指针(称为结构体类型指针,简称结构体指针)指向这个结构体变量。

8.4.1 指向结构体变量的指针

1. 结构体指针的定义

结构体指针与第 7 章介绍的指针在特性和使用方法上完全相同。

结构体指针定义的一般形式为:

结构体类型 * 指针变量名;

例如:

```
struct stu
{  int  num ;
   char  name[8];
   float  score;
} st, stud[3];
struct stu * p, * q;
```

定义了结构体变量 st,结构体数组 stud,结构体指针 p、q。

结构体指针的定义实际上完成两件事:

(1) 规定了指针的数据特性。

(2) 为结构体指针本身分配一定的内存空间,但因其指向的内容未定,故指针所指向的内容必须在程序中赋值或初始化。

在应用时还要注意结构体指针与相应的结构体变量必须具有相同的结构体类型。

2. 结构体指针变量的赋值

与前面讨论的各类指针变量相同,结构体指针变量也必须先赋值后使用。例如:

```
struck sk
{   int a;
    float b;
} data;
int * p;
```

赋值是把结构体变量的首地址赋予该指针变量,不能把结构体名赋予指针变量。如果 st 是被说明为 stu 类型的结构体变量,则“p = &st”正确,而“p = &stu”错误。

结构体名和结构体变量是两个不同的概念,不能混淆。结构体名只能表示一个结构体形式,编译系统并不对它分配内存空间。只有当某变量被说明为这种类型的结构体时,才对该变量分配存储空间。因此 &stu 这种写法是错误的,不可能去取一个结构体名的首地址。

3. 引用

通过结构体指针引用结构变量,又称为访问。

其访问的一般形式有三种:

```
结构体变量.成员名                例如:st.num
( *结构体指针变量 ).成员名       例如:( *p ).num
结构体指针变量->成员名           例如:p->num
```

三种形式用于表示结构体成员是完全等效的。

有了指向结构体变量的指针,就可以通过结构体指针引用结构体变量或结构体成员。

例如,执行语句“p = &st;”,p指向结构体变量st,如果要引用st中的元素num,可以采用(*p).num或者st.num或者p->num。

注意,(*p)两侧的括号不可少,因为成员符“.”的优先级高于“*”。如果去掉括号写成“*p.num”则等效于“*(p.num)”,这样意义就完全不正确。

【例8-5】 下列程序段中

```
struct student
{    int num;
   char name[10];
} stu = { 1, "Mary" } , *p = &stu;
printf (" %d", stu . num ) ;
```

和语句“printf ("%d", stu . num);”等价的是:

```
printf (" %d",p->num ) ; 或 printf (" %d", ( &stu ) ->num ) ;
```

注意运算符&和->的优先级关系,而printf ("%d", &stu->num)中“&stu->num”等价于“&(stu->num)”,是错误的表示形式。

【谨记】 结构体初始化的一些规则。

(1) 不能对结构体中的单个成员进行初始化,但允许部分初始化,且只初始化前面的一些成员,未初始化的成员必须位于列表的末尾。

(2) 包含在括号中的数值必须与结构体定义中的成员顺序匹配。

(3) 未初始化的成员将进行如下赋值:对于整数和浮点数,默认赋值为零;对于字符和字符串,默认赋值为'\0'。

8.4.2 指向结构体数组的指针

指针变量可以指向一个结构体数组,这时结构体指针变量的值是整个结构体数组的首地址。结构体指针变量也可指向结构体数组的一个元素,这时结构体指针变量的值是该结构体数组元素的首地址,与普通数组的情况一致。

如果指针变量p已指向某一结构体数组,则p+1指向该结构体数组的下一个元素,而不是当前元素的下一个成员。

如果指针变量p已经指向一个结构体变量,就不能再使其指向结构体变量的某一成员;同样,如果指针变量 p 已经指向一个结构体数组,就不能再使其指向结构体数组元素的某一成员。

【例 8-6】 阅读以下程序,分析输出结果。

```
#include<stdio.h>
struct st
{   int x; double y;
} * p;
struct st aa[4] = {100,2.3,60,5.8,60,9.7,60,6.4};
void main()
{  p = aa;
   printf ("%d\n",++(p->x)) ;
}
```

定义 p 为指向 st 类型的指针,如图 8-5 所示。

分析: main()函数内,执行"p = aa;"语句后,p 被赋予 aa 的首地址,也就是数组中第一个元素的地址,p 指向 aa[0], p—>x 相当于 aa[0]. x,也就是 100,经过自增运算后,显示结果为 101。

注意,一个结构体指针变量虽然可以用来访问结构体变量或结构体数组元素的成员,但是,不能使它指向一个成员。也就是说不允许取一个成员的地址来赋予它。因此,下面的赋值是错误的:

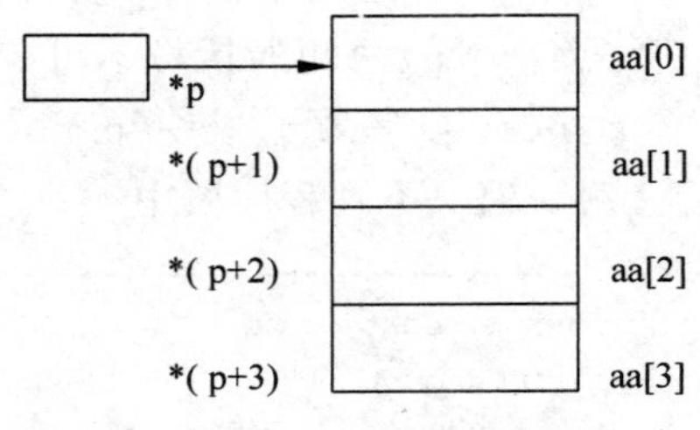

图 8-5 指向一个结构体数组的指针示意图

```
p = &aa[1].x;
```

正确的赋值如下:

```
p = aa;                    /* 赋予数组首地址 */
```

或

```
p = &aa[0];                /* 赋予 0 号元素首地址 */
```

【例 8-7】 有以下程序:

```
#include<stdio.h>
struct st
{    int x;
     int * y;
} * p;
int dt[4] = { 10, 20, 30, 40 } ;
struct st bb[4] = { 50, &dt[0], 60, &dt[1],0, &dt[2],80, &dt[3] } ;
void main ( )
{  p = bb;
   printf ("%d\n", ++p->x ) ;
   printf ("%d\n", ( ++p ) ->x ) ;
   printf ("%d\n", ++( *p->y ) ) ;
}
```

程序运行后的输出结果是：

```
51
60
21
```

程序中首先定义一个结构体指针变量 p，然后说明结构体变量数组 bb 并赋初值，令每个结构体变量的指针分别指向另一个整型数组 dt 的对应元素。程序输出指针变量指向的值。

注意，指向结构体成员运算符->的优先级要大于自加和自减运算符，并和括号的优先级相同。

运算时，指针 p 初始指向第一个元素，所以++ p -> x 先计算 p -> x 的值是 50，增 1 后是 51。

(++p) -> x 先将指针指向第二个元素，然后取 x 的值为 60。++ (*p-> y)先计算 p-> y，p 是指针，指向数组 dt 的第二个元素，然后将其值增 1，结果为 21。

8.5　结构体与函数

结构体变量可以作为函数的形参，当然，函数的形参也可以是结构体数组、结构体指针。

8.5.1　结构体变量作为函数的参数

结构体变量作为函数的参数，在函数调用时传递给形参的应该是同类型的结构体实参。

【例 8-8】 阅读以下程序，分析运行后的输出结果。

```
#include <stdio.h>
struct  STU
 {   char name[10];
     int num;
 } ;
 void f1(struct STU c )
 {  struct STU  b = {"QianYing",2042};
    c = b;
 }
 void f2(struct STU * c )
 {  struct STU  b = {"WangWei",2044 };
    * c = b;
 }
 void  main()
 {  struct STU a = {"LiLi",2041}, b = {"WangYin",2043};
    f1(a);f2(&b);
    printf(" %d %d\n",a.num,b.num);
 }
```

程序运行后的输出结果是：

```
2041 2044
```

注意,这里“f1(a);”是传值调用,“f2(&b);”是传址调用。

这种传递要将结构体变量的全部成员逐个传递,特别是成员为数组时将会使传送的时间和空间开销很大,极大降低了程序的效率。

8.5.2 结构体指针作为函数的参数

1. 结构体指针变量作为函数参数

结构体指针变量作为函数参数的情况和普通变量作为函数参数类似。

【例 8-9】 阅读以下程序,分析运行后的输出结果。

```
#include < stdio.h >
#include < string.h >
struct STU
{     char name[10];
      int num; };

void f ( char * name, int num )
{  struct STU  s[2] = { { "WangWei", 201104 } , { "GaoXiang", 201119 } };
   num = s[0].num;
   strcpy ( name, s[0].name ) ;
}
void main( )
{  struct STU s[2] = { { "LiLi", 201123 } , { "QianYing", 201150 } }, * p;
   p = &s[1];  f ( p-> name, p-> num ) ;
   printf ( "%s   %d\n", p-> name, p-> num ) ;
}
```

解析:第一个参数是指针变量的“单向值传递”,第二个参数是普通变量的“单向值传递”。

要注意的是,指针变量的值实际上是字符串的首地址,其实质上还是传址调用。

程序运行结果如图 8-6 所示。

```
WangWei   201150
```

图 8-6 例 8-9 程序运行结果

2. 指针变量作为函数参数

由实参传向形参的只是结构体变量的地址或结构体数组名,仅传递一个地址值,可以快速地传递数据,执行速度快,占用内存小。

【例 8-10】 有以下程序:

```
struct STU
{ char name[10]; int num; float TotalScore; };

void f ( struct STU  * p )
```

```
{  struct STU  s[2] =
   {{ "WangWei", 201104, 620 }, { "GaoXiang", 201119, 611 }}, *q = s;
     ++p;  ++q;   *p = *q;
}
#include<stdio.h>
void main( )
{    struct STU s[2] = { { "LiLi", 201123, 701 } , { "QianYing", 201150, 595 } };
     f (s) ;
     printf( "%s %d %3.0f\n", s[1].name, s[1].num, s[1].TotalScore ) ;
}
```

程序运行输出结果是：GaoXiang 201119 611，由于采用指针变量做运算和处理，故速度快，程序效率高。

【想一想】 结构体数据作为函数的参数有哪些情况？

结构体数据作为函数的参数有三种情况：

(1) 结构体变量的每个成员作为函数的参数。

(2) 指向结构体的指针作为函数的参数。

(3) 整个结构体变量作为函数的参数(注：有些编译系统可能不支持这种情况)。

8.5.3 结构体数组作为函数的参数

结构体数组作为函数参数，进行函数调用时应传递结构体数组名给实参。此时形参和实参占用同一个存储空间，对形参的操作也是对实参的操作。

【例 8-11】 有三名候选人，姓名分别为 zhangsan，lisi，wangwu。若有五位选民，每位选民只能在三名候选人中投票选一名，编写一个统计选票的程序，输入被选人的姓名，按得票结果由高到低的顺序输出三名候选人得票结果。要求统计得票和得票结果排序分别调用函数实现。

```
#include"stdio.h"
#include"string.h"
struct vote
{
    char name[20];
    int  count;
}  candidate[3] = {{"zhangsan",0},{"lisi",0},{"wangwu",0}};
void statistics(char temp[][20],int k);
void sort(struct vote temp[]);
void main()
{
    char person[5][20];
    int i;
    printf("please input five candidates' name:\n");
  for(i = 0;i <= 4;i++)
      scanf("%s",person[i]);
    statistics(person,5);
```

```
    sort(candidate);
    printf(" *** after voting,the new sequence: *** \n");
    for(i = 0;i <= 2;i++)
      printf(" %s %d\n",candidate[i].name,candidate[i].count);
}
void statistics(char temp[][20],int k)
{   int i,j;
    for(i = 0;i <= k - 1;i++)
     for(j = 0;j <= 2;j++)
       if(strcmp(temp[i],candidate[j].name) == 0)
         {   candidate[j].count++;
             break;
         }
}
void sort( struct vote applicant[] )
{   int i,j;
    struct vote temp;
    for(i = 0;i <= 1;i++)
      for(j = 0;j <= 1 - i;j++)
       if(applicant[j].count < applicant[j + 1].count)
         {   temp = applicant[j];
             applicant[j] = applicant[j + 1];
             applicant[j + 1] = temp;
         }
}
```

程序运行结果如图 8-7 所示。

```
please input five candidates' name:
zhangsan
wangwu
wangwu
wangwu
wangwu
***after voting,the new sequence:***
wangwu 4
zhangsan 1
lisi 0
```

图 8-7　例 8-11 程序运行结果

8.6 共用体

8.6.1 共用体的定义

所谓共用体(又称联合体)类型是指将不同的数据项组成一个整体,不同的数据项在内存中占用同一段存储单元。系统采用覆盖技术,实现共用体变量各成员的内存共享,因此,在某一时刻,存放和起作用的是最后一次存入的成员值。

由于所有成员共享同一内存空间,故共用变量与其各成员的地址相同。

注意,不能对共用体变量进行初始化(结构体变量除外),也不能将共用体变量作为函数的参数,以及使函数返回一个共用数据,但可以使用指向共用体变量的指针。

共用体类型定义方式与结构体类型相似,把结构体类型中的关键字 struct 换成 union 即可。例如:

```
union data
{  char  ch;
   int   i;
   float  f;
} un1, un2;
```

【想一想】 结构体与共用体的区别。

可以从时间和空间上理解:结构体的各个成员在时间上重叠而在空间上独立;共用体的各个成员在时间上独立而在空间上重叠。确切地说,结构体的每个成员各自占用独立的内存空间,它们是同时存在的,即占用的内存空间是同时分配、同时释放的,类似于若干个班级同时上课,每个班级各自占用一间教室;共用体的所有成员占用同一段内存空间,它们在时间上是错开的,类似于若干个班级上课,但只有一间教室,一个班级下课了,另一个班级再进来上课。

8.6.2　共用体与结构体的嵌套使用

【例 8-12】 设有一张表格可以供教师与学生通用,如表 8-2 所示。

表 8-2　教师与学生通用表

name	age	job	class/office
LiMiao	17	s	110302
XuHao	29	t	computer

教师数据有姓名(name)、年龄(age)、职业(job)、教研室(office)四项。学生数据有姓名(name)、年龄(age)、职业(job)、班级(class)四项。编程输入这两类人员的数据,再以表格内容形式输出。

用一个结构体数组 personnel 存放人员数据,该结构体共有 4 个成员。其中成员项 sort 是一个共用体类型,这个共用体又由两个成员组成:一个为整型 class;另一个为字符数组 office。

程序如下:

```
#include < stdio.h >
int main()
{  struct
   {  char name[10];
      int age;
```

```
        char job;
        union
        { int class;
            char office[10];
        } sort;
    }personnel[2];
    int n, i;
    for (i = 0; i < 2; i++)
    {    printf("input name,age,job and sortment\n");
        scanf("%s %d %c",personnel[i].name,&personnel[i].age,&personnel[i].job);
        if (personnel[i].job == 's')
            scanf("%d",&personnel[i].sort.class);
        else
            scanf("%s",personnel[i].sort.office);
    }
     printf("name\t age job  Class/office \n");
     for (i = 0; i < 2; i++)
     { if (personnel[i].job == 's')
         printf("%s\t%3d %3c %d\n",personnel[i].name,personnel[i].age,personnel[i].job,
         personnel[i].sort.class);
       else
         printf("%s\t%3d %3c %s\n", personnel[i].name, personnel[i].age, personnel[i].job,
         personnel[i].sort.office);
       }
       return 0;
    }
```

在程序的第一个 for 语句中,输入人员的各项数据,先输入结构体的前三个成员 name、age 和 job,然后判别 job 成员项,如为"s"则对共用体 sort.class 输入数据(学生赋班级编号);否则,对 sort.office 输入数据(教师赋教研组名)。

程序中的第二个 for 语句用于输出各成员项的值。

在用 scanf 语句输入时要注意,凡数组类型的成员,无论是结构体成员还是共用体成员,在该项前不能再加"&"运算符。如 personnel[i].name 是一个数组类型,personnel[i].sort.office 也是数组类型,在这两项之间不能加"&"运算符。

程序运行结果如图 8-8 所示。

```
input name, age, job and sortment
LiMiao 17 s 110302
input name, age, job and sortment
XuHao 29 t computer
name       age job  Class/office
LiMiao     17    s 110302
XuHao      29    t computer
```

图 8-8 例 8-12 程序运行结果

8.7 枚举类型

在实际问题中，例如，一个星期只有7天，一年只有12个月等。这些变量的取值被限定在一个有限的范围内并且取整数值，如果把这些变量的取值说明设为整型、字符型或其他类型显然是不妥当的。为此，C语言提供了一种称为“枚举”的类型，即有意义的值组成的列表。这时，该变量就可以用枚举描述。

在枚举类型的定义中列举所有可能的取值，被说明为“枚举”类型的变量取值不能超过定义的范围。

注意，枚举类型是一种基本数据类型，而不是一种构造类型，因为它不可分解为任何基本类型。

8.7.1 枚举类型的定义和枚举变量

1. 枚举类型的定义

枚举是一种自定义的用标识符表示的集合，这个集合自动具有序号。

在枚举值表中罗列所有可用的值，这些值被称为枚举元素。枚举元素本身由系统定义一个表示序号的数值，从0开始，顺序定义为0,1,2,……。

枚举类型定义的一般形式为：

```
enum 枚举标识符  {枚举元素表};
```

最后面的“;”是定义结束的标志，不能省略。

【例8-13】 若有枚举类型定义“enum list { al,a2,a3,a4 = 6,a5,a6};”，则枚举常量a2和a6代表的值分别是(　　)。

解析：定义一个数据类型名list，使用类型list就如同使用int基本类型一样。在list中，枚举元素al,a2,a3从0开始顺序定义，分别为0,1,2；a4的值为6，则a5的值为7，a6的值为8。所以，常量a2和a6代表的值分别是1,8。

2. 枚举变量的说明

有了枚举类型，即可声明枚举类型的变量。

如，变量today被说明为枚举类型days，可采用下述任一种方式：

```
enum days { mon = 1, tue, wed, thu, fri, sat, sun };
enum days today;
```

或为

```
enum days { mon = 1, tue, wed, thu, fri, sat, sun } today;
```

或为

```
enum { mon = 1, tue, wed, thu, fri, sat, sun } today;
```

声明枚举类型时并不分配存储空间，只有定义枚举变量后，该变量才能得到分配的存储空间。

【阅读】 枚举元素。

(1) 枚举元素值是常量，不是变量。不能在程序中用赋值语句再对它赋值。例如，对枚举 list 的元素再赋值“a2=5;”是错误的。

(2) 算术运算、关系运算、赋值运算都适用于枚举类型。

(3) 枚举元素不能与其他变量同名。

8.7.2 枚举类型变量的赋值和使用

1. 枚举变量的运算

枚举变量可以进行赋值(仅限于所在类型的枚举常量)或关系运算。

【例 8-14】 以下程序运行输出结果为________。

```
#include "stdio.h"
enum days { mon = 1, tue, wed, thu, fri, sat, sun } today = tue;
void main ( )
{  printf ( "%d", ( today + 2 ) %7 ) ;
}
```

该枚举名为 days，枚举值共有 7 个，即一周中的 7 天。today 被说明为 days 类型的变量，取值只能是 7 天中的某一天。题目中有“today = tue;”，因 mon 的值为 1，则 tue 的值为 2，故 today 的值为 2，(today+2) %7 的值为 4。

【谨记】 枚举类型使用规定。

(1) 不能在{ }中出现两个相同的标识符，例如：

```
enum ch { 'a', 'a', 'b', 'c', 'd', 'e', 'f' } ;
```

这里出现两个'a'是不允许的。

(2) 枚举元素由程序设计者自行指定，命名规则与标识符相同。这些名字并无固定的含义，仅仅是为了提高程序的可读性，{ }中列举的标识符不允许在程序其他地方作为它用。如：

```
#include "stdio.h"
enum days { mon = 1, tue, wed, thu, fri, sat, sun } today = tue;
void main ( )
{ …
   int sun;                  /*不允许重新定义 sun*/
   …
}
```

注意，这一点同样也适用于结构体和共用体。

(3) 枚举元素不是变量，不能改变其值。例如以下赋值不正确：

```
sun = 5;  mon = 2;  sun = mon;
```

枚举元素本身由系统定义为一个表示序号的数值，从0开始顺序定义为0,1,2,……。所以枚举元素可以进行比较。例如，mon>sun结果为真，语句“printf ("%d", sun) ;”输出的值是0。

(4) 枚举元素的值可以在定义时由程序指定，即为一个或多个枚举元素指定希望的值。此时，每使用一个初始值后，其后面未指定初始值的元素依次比它前面的元素大1。例如：

```
enum weekdays { sun = 7, mon = 1, tue, wed, thu, fri, sat };
```

此时，sun的值为7，mon的值为1，则tue的值为2，……，sat的值为6。

(5) 一个枚举变量的值只能是这几个枚举常量之一，可以将枚举常量赋给一个枚举变量，但不能将一个整数赋给它。如：

```
today = mon;
```

是正确的，而

```
today = 1;
```

是错误的。

如一定要把数值赋予枚举变量，则必须用强制类型转换。如：

```
today = ( enum days ) 2;
```

其意义是将顺序为2的枚举元素赋予枚举变量today，相当于：

```
today = tue;
```

(6) 枚举元素既不是字符常量又不是字符串常量，使用时不要加单、双引号。

8.8 用定义符typedef声明类型别名

结构体、共用体、枚举都是用户自定义的类型，在使用它们时，必须将关键字和用户自定义的类型标识符连用，例如：

```
struct stu { … };
union udata { … };
enum day { … };
```

加下画线的部分必须同时出现，因为它们只有整体代表用户定义的类型。只用一个标识符能表示用户自定义的类型名称吗？

定义符typedef用于为已有的数据类型定义一个别名，以增加程序的可读性和简化程序的书写。例如，在定义结构体类型变量时，每次都要写struct和结构体名。如果采用typedef给类型定义一个别名，可使声明结构体变量的语句简洁、高效。

声明一个类型别名的格式如下：

```
typedef <已有类型名> <类型别名> ;
```

其中，<已有类型名>是系统提供的标准类型或已经定义过的其他结构体、共用体、枚举类型名，

typedef 的功能是给<已有类型名>取另外一个名称(简称别名),这个别名称为自定义类型名。

例如,int 的完整写法为 INTEGER,为了增加程序的可读性,可把整型说明符用 typedef 定义为:

```
typedef int INTEGER;
```

之后,可用 INTEGER 代替 int 作为整型变量的类型说明。例如:

```
INTEGER i, j;
```

等价于

```
int i, j;
```

可以用 typedef 定义数组、指针、结构体等类型,将带来很大的方便,不仅使程序书写简单而且使意义更为明确,增强可读性。

事实上,引入类型说明的目的并非只是为了方便,而是为了便于程序的移植。

【例 8-15】 若有以下说明和定义:

```
typedef int * INTEGER;
INTEGER p, *q;
```

以下叙述中正确的是________。

A. p 是 int 型变量　　B. p 是基本类型为 int 的指针变量

C. q 是基本类型为 int 的指针变量　　D. 程序中可用 INTEGER 代替 int 类型名

解析:程序中可用 INTEGER 代替 int *,INTEGER p 等价于 int * p,故 p 是基本类型为 int * 的指针变量。正确答案选 B。

【例 8-16】 设有以下语句:

```
typedef struct  S
{int g;  char  h; } T;
```

以下叙述中正确的是________。

A. 可用 S 定义结构体变量　　B. 可以用 T 定义结构体变量

C. S 是 struct 类型的变量　　D. T 是 struct S 类型的变量

解析:可用 T 代替 struct S{ int g; char h; },故正确答案选 B,可以用 T 定义结构体变量。

【讨论】 typedef 与 #define 的区别。

(1) 用 typedef 只是给已有类型增加别名,并不能创造一个新的类型。

(2) typedef 与 #define 有相似之处,但二者不同:typedef 是由编译器在编译时处理的,更为灵活方便;#define 是由编译预处理器在编译预处理时处理的,而且只能做简单的字符串替换。

8.9 结构体与共用体应用案例

候选人选票统计。设社区公民投票后现有 10 张有效选票,编程统计 3 位候选人各得选票多少张。

程序中用二维数组 s 保存选票上所填写的候选人姓名，用结构体数组 stat 保存统计结果。

程序代码如下：

```
#include<stdio.h>
#include<string.h>
typedef struct
{  char name[20];                /* 候选人姓名 */
   int count;                    /* 候选人得票数 */
}COUNT;

int count(char x[][20], int n, COUNT *st)
{  int i, j, k=0;
   for (i=0; i<n; i++)
   {  for (j=0; j<k; j++)
        if (strcmp(st[j].name, x[i])==0)
            { st[j].count++;
              break;
            }
      if (j>=k)
      { strcpy(st[k].name, x[i]);
        st[k].count++;
        k++;
      }
   }
  return k;
}

int main()
{  char s[10][20]={"QianFeng", "XuHao", "HongQiu", "HongQiu", "XuHao", "QianFeng",
   "XuHao", "HongQiu",  "XuHao",  "XuHao"};
   COUNT stat[5]={0};   int i, n;
   n=count(s, 10, stat);
   for (i=0; i<n; i++)
    printf("%s:%d\t", stat[i].name, stat[i].count);
  return 0;
}
```

程序运行结果如图 8-9 所示。

```
QianFeng:2      XuHao:5 HongQiu:3
```

图 8-9 选票统计程序运行结果

8.10 答疑解惑

8.10.1 结构体类型及其变量的关系

疑问：结构体类型、结构体类型变量有何区别？

解惑：结构体类型是一种数据类型，与整型等数据类型类似，其作用是规定该类数据的性质及其应占内存的大小，但此时系统并未为其真正分配内存空间。结构体类型的定义只是说明一个实体相应的属性描述，实质上是通知C语言系统该结构体由哪些成员组成、每个成员所具有的数据类型。

既然有结构体类型，就有相应的“结构体类型变量”。只有通过定义相应的变量，并赋予一定的值才能构成实体的元素。

结构体类型和结构体类型变量的最大区别是：结构体类型变量占一定的内存空间，而结构体类型只是一种数据类型的结构描述，并不占内存空间。

定义一个结构体类型，相当于设计一个二维表，确定表的结构，即表由哪些列(字段)组成一张空表，然后再定义结构体类型变量并赋予一定的值，结构体类型变量的值相当于表格中的具体一行数据(记录)。

8.10.2 结构体与共用体的区别与联系

疑问：结构体与共用体有何区别与联系？

解惑：二者都属于构造数据类型，都允许有不同类型的变量，都可以用来存储多种数据类型。二者的定义语法类似但含义不同。

二者的区别可以从时间和空间上理解。结构体的各个成员在时间上是重叠的，而在空间上是独立的，结构体的每个成员各自占用独立的内存空间，即它们占用的内存空间是同时分配同时释放的。结构体所占用的内存空间为其成员所需空间总和。

共用体的各个成员在时间上是独立的，而在空间上是重叠的，即共用体的所有成员占用同一段内存空间，使用覆盖技术，每次只有一个能使用。在时间上是分开的，共用体所占用的空间是其所需内存最大成员的内存。

8.11 典型题解

1. 设有如下定义：

```
struct ss
{   char name[10];
    int  age;
    char sex;
} std[3], * p = std;
```

下列输入语句中错误的是(   )。

A. scanf ("%d", & (*p) . age) ;　　B. scanf ("%s", &std. name) ;

C. scanf ("%c", &std[0]. sex)　　D. scanf ("%c", & (p-> sex)) ;

知识链接：选项 B 中 &std. name 是结构体数组名，name 是字符数组名，本身就代表数组首地址，无须再加取地址运算符 &，且数组首地址相当于一个常量，不能再赋值。

答案：B。

2. 下列选项中，引用结构体变量成员的表达式错误的是(　　)。

A. (p++) -> num　　B. p-> num

C. (*p) . num　　D. stu[3]. age

知识链接：结构体数组 stu 不存在 stu[3]这个元素，故选项 D 的表达式错误；其他选项都是正确的引用形式。

答案：D。

3. 以下程序的输出结果是(　　)。

```
#include < stdio.h >
union pw
{   int i;
    char ch[2];
} a;
void main ( )
{   a.ch[0] = 13;
    a.ch[1] = 0;
    printf("%d\n",a.i) ;
}
```

A. 13　　B. 14　　C. 208　　D. 209

知识链接：定义一个共用体 pw，其中有整型变量 i 和字符数组 ch 两个成员(域)，因为共用体中的域共享内存空间，数组元素由低位到高位存储，ch[0]在低字节，ch[1]在高字节。

整型变量 i 占 2B，高位与 ch[1]共享存储空间，低位与 ch[0]共用存储空间。而高位 ch[1]的值为 0，所以输出的成员变量 i 的值就是 ch[0]的值 13。

答案：A。

4. 若有下面的说明和定义：

```
struct test
{   int a; char b; float c;
    union uu { char ux[5]; int uy[2]; } ua;
}cc;
```

则 sizeof (struct test)的值是(　　)。

A. 12　　B. 16　　C. 14　　D. 9

知识链接：结构体变量 cc 中的成员 ua 是共用体类型 uu，ua 的长度为它所有成员中最长的一个，即字符数组 ux，长度为 5。计算出 sizeof (struct test)的值为 2+1+4+5=12。

答案：A。

5. 以下程序的输出结果是(　　)。

```
#include < stdio.h >
```

```
union myun
{   struct
    {   int x, y, z;
    } u;
    int k;
} a;
void main()
{   a.u.x = 4;a.u.y = 5;a.u.z = 6;
    a.k = 0;
    printf (" %d\n", a.u.x ) ;
}
```

A. 4　　B. 5　　C. 6　　D. 0

知识链接：结构体类型变量 u 出现在共用体类型变量 a 的定义中。

本题考查共用体变量起作用的范围。共用体变量中起作用的成员是最后一次存放的成员，在存入一个新的成员后原有的成员失去作用。当对 a.u.y 成员赋值时，a.u.x 的值就不存在；当对 a.u.z 赋值时，a.u.y 的值就不存在。

答案：D。

知识点小结

尽管 C 语言提供整型、实型、字符型等基本数据类型，以及数组、指针等复杂数据类型，但是，有些问题仅用基本类型和数组、指针来描述，无法反映其内在联系。为此，将不同类型数据组织成一个结构体，称为构造数据类型。本章介绍了结构体类型的定义方法，结构体变量的定义和引用方法；结构体数组与指针的使用；共用体类型的定义和共用体类型变量的定义和使用；枚举类型的定义，枚举类型变量的定义和使用；用 typedef 定义类型别名代替已有类型名。本章的重点是结构体、共用体与枚举的应用。

(1) 结构体和共用体是两种复杂而灵活的构造类型数据，是用户定义复杂数据类型的重要手段。结构体和共用体有很多相似之处：它们都由成员组成；成员的表示方法相同；成员可以具有不同的数据类型；结构体和共用体变量的定义都有三种形式，即可将类型的说明和变量的定义分开、结合或不给出类型名只定义变量。

(2) 结构体定义允许嵌套，结构体中也可用共用体作为成员，形成结构体和共用体的嵌套。

(3) 结构体变量中的成员作为一个整体处理，成员的访问通过运算符“.”和“->”实现，其方式为：

```
结构体变量.成员名
结构体指针变量->成员名
```

(4) 初始化与赋值。结构体变量的初始化与数组相似，通过初值列表实现对变量中的成员初始化；赋值与数组也相似，只能逐个成员赋值。

共用体成员的访问方式与结构体相同，但对共用体的不同成员赋值，将会覆盖其他成员，即原来成员的值就不存在了，而对于结构体的不同成员赋值是互不影响的。

(5) 在结构体变量中，各成员都占有自己的内存空间，它们是同时存在的，一个结构体变量的总长度等于所有成员长度之和；但在定义共用体变量时，所有成员不能同时占用它的内存空间，只按占用空间最大的成员来分配空间，在同一时刻只能存放一个数据成员的值。共用体变量的长度等于最长成员的长度。

(6) 结构体变量可以作为函数参数，函数也可以返回指向结构体的指针变量。而共用体变量不能作为函数参数，函数也不能返回指向共用体的指针变量，但可以使用指向共用体变量的指针，也可以使用共用体数组。

习题 8

8.1　单选题

1. 有以下程序：

```
#include<stdio.h>
#include<string.h>
struct STU
{int num;
 float totalScore;};
void f(struct STU p)
 { struct STU s[2] = {{201104,620} , {201119,611}};
     p.num = s[1].num; p.totalScore = s[1].totalScore;
 }
void main()
 { struct STU s[2] = {{201123,701},{201150,595}};
     f(s[0]);
     printf(" %d %3.0f\n",s[0].num,s[0].totalScore);
 }
```

运行后的输出结果是(　　)。

A. 201119　611　　B. 201104 620　　C. 201150　595　　D. 201123　701

2. 有以下程序：

```
struct STU
 { char name[10];
   int num;
   int score;
 } ;
#include<stdio.h>
void main ( )
{   struct STU  s[5] = { { "LiLi", 201123, 701 } , { "QianYing", 201150, 595 } ,
                         { "wangYin", 20043, 680 } , { "WangWei", 201104, 620 } ,
                         { "GaoXiang", 201119, 611 } }, *p[5], *t;
    int i, j;
    for ( i = 0;i<5;i++)  p[i] = &s[i];
    for ( i = 0;i<4;i++)
      for ( j = i+1;j<5;j++)
        if ( p[i]->score>p[j]->score )
```

```
            { t = p[i];p[i] = p[j];p[j] = t; }
    printf ( "%d %d\n", s[1].score, p[1]->score ) ;
}
```

运行后的输出结果是(　　)。

A. 620　620　　B. 680　680　　C. 595　611　　D. 595　680

3. 有以下程序:

```
#include<stdio.h>
void main()
 { union
    {   unsigned int n;
       unsigned char c;
     } u1;
  u1.c = 'A';
  printf ("%c\n", u1.n) ;
}
```

运行后的输出结果是(　　)。

A. 产生语法错　　B. 随机值　　C. A　　D. 65

4. 若要说明一个类型名 STP,使得定义语句 STP s 等价于 char *s,以下选项正确的是(　　)。

A. typedef STP char *s;　　B. typedef *char STP;

C. typedef stp *char;　　D. typedef char *s STP;

5. 有以下程序:

```
struct s
{   int x, y;
}data[2] = {10,100,20,200};
#include<stdio.h>
void main()
{   struct s *p = data;
    printf("%d\n",++(p->x));
}
```

运行后的输出结果是(　　)。

A. 10　　B. 11　　C. 20　　D. 21

6. 有以下程序:

```
struct STU
{   char num[10]; float score[3];};
#include<stdio.h>
void  main()
{   struct STU s[3] = {{"201201",90,95,85},{"201202",95,80,75},{"201203",100,95,90}}, *p = s;
    int i; float sum = 0;
    for (i = 0;i<3;i++)
        sum = sum + p->score[i];
    printf("%6.2f\n", sum);
}
```

运行后的输出结果是（　　）。

A. 260.00　　B. 270.00　　C. 280.00　　D. 285.00

7. 有以下程序：

```
#include<stdio.h>
#include<stdlib.h>
struct NODE
 { int num; struct NODE *next; } ;
void main ( )
 { struct NODE *p, *q, *r;
   p = ( struct NODE* ) malloc ( sizeof ( struct NODE ) ) ;
   q = ( struct NODE* ) malloc ( sizeof ( struct NODE ) ) ;
   r = ( struct NODE* ) malloc ( sizeof ( struct NODE ) ) ;
   p->num = 10; q->num = 20; r->num = 30;
   p->next = q; q->next = r;
   printf ( "%d\n", p->num+q->next->num ) ;
 }
```

运行后的输出结果是（　　）。

A. 10　　B. 20　　C. 30　　D. 40

8. 设有以下说明语句：

```
typedef struct
{   int n;
    char ch[8];
 } PER;
```

则下列叙述中正确的是（　　）。

A. PER是结构体变量名　　B. PER是结构体类型名

C. typedef struct是结构体类型　　D. struct是结构体类型名

8.2 填空题

1. 下列定义的结构体类型包含两个成员变量：info和link,其中info用来存入整型数据；link是指向自身结构体的指针，在画线处将定义补充完整。

```
struct  node
{ int  info;
  ________ link;
}
```

2. 以下程序运行后的输出结果是________。

```
struct  NODE
 { int  num;  struct  NODE  *next;
 } ;
#include<stdio.h>
void main( )
{ struct NODE  s[3]={{1, '\0'},{2,'\0'}, {3, '\0'}}, *p, *q, *r;
   int  sum=0;
   s[0].next=s+1;s[1].next=s+2;s[2].next=s;
   p=s; q=p->next;r=q->next;
```

```
    sum += q -> next -> num; sum += r -> next -> next -> num;
    printf ("%d\n", sum);
}
```

3. 以下程序按结构体成员 grade 的值从大到小对结构体数组 pu 的全部元素进行排序,并输出排序后的 pu 数组全部元素的值。排序算法为选择法,在画线处填空。

```
#include< stdio.h>
    __(1)__ struct
    {   int id;
        int grade;
    } STUD;
  void main ( )
  {
        STUD pu[10] = { { 1, 4 }, { 2, 9 }, { 3, 1 }, { 4, 5 }, { 5, 3 }, { 6, 2 }, { 7, 8 }, { 8, 6 },
                     { 9, 5 }, { 10, 2 } }, temp;
        int i, j, k;
        for ( i = 0; i<9; i++)
            {  k = (2);
               for ( j = i + 1;j<10; j++)
                   if  ( (3) )  k = j;
                   if  ( k!= i )
                     { temp = pu[i]; pu[i] = pu[k]; pu[k] = temp; }
            }
        for ( i = 0; i<10; i++)
        printf ( "\n%2d: %d",  pu[i] . grade );
        printf ( "\n" ) ;
  }
```

8.3 简答题

1. 简述结构体与共用体的应用场合。
2. 简述结构体类型的定义方式、结构体变量的初始化及引用方法。
3. 简述结构体数组的特点及应用场合。
4. 简述结构体指针的特点及应用场合。
5. 举例说明用结构体、共用体、枚举类型能解决哪些实际问题。

8.4 编程实战题

1. 构建手机通讯录,用于管理联系人的基本信息,包括姓名、手机号码、备注。该手机通讯录具有新建、查询、修改、删除联系人功能。

2. 编程实现学生成绩管理系统功能,要求利用结构体管理表 8-1 中的学生信息。

3. 定义一个含职工姓名、工龄(工作年限)、工资总额的结构体,初始化 5 名职工的信息,对工龄超过 30 年的职工每月工资涨 500 元,输出所有职工工资变化前后的信息。

实验 8 结构体与共用体程序设计

本次实验主要涉及结构体类型和结构体变量的定义、使用,共用体类型、枚举类型与自定义类型的使用。

【实验目的】

(1) 掌握结构体类型和结构体变量的定义和使用；
(2) 掌握结构体类型数组的概念和使用；
(3) 掌握共用体类型的概念和使用；
(4) 熟悉枚举类型的概念和使用；
(5) 熟悉自定义类型的概念和使用。

【实验内容】

一、基础题

1. 已知学生的记录由学号和学习成绩构成，N 名学生的数据已存入 a 结构体数组中。编写函数 fun()，其功能是找出成绩最低的学生记录，通过形参返回主函数（规定只有一个最低分）。已给出函数 fun()的首部，完成该函数体语句的编写。

```
#include < stdio.h >
#include < string.h >
#define N 10
typedef struct  ss
{  char num[10]; int s;  } STU;
void fun( STU  a[], STU  * s)
{




}
void main()
{  STU  a[N] = { {"A01",81},{"A02",89},{"A03",66},{"A04",87},{"A05",77},
                {"A06",90},{"A07",79},{"A08",61},{"A09",80},{"A10",71} }, m;
   int   i;
   printf(" ***** The original data ***** \n");
   for ( i = 0; i < N; i++)printf("No =  %s  Mark =  %d\n", a[i].num,a[i].s);
   fun ( a, &m );
   printf (" *****  THE  RESULT ***** \n");
   printf ("The lowest :   %s , %d\n",m.num, m.s);
}
```

2. 用结构体数组建立一个简单的同学通讯录，通讯录包含以下信息：姓名、手机号码、QQ 号、微信号、E-mail。要求学生独立完成，能录入并输出通讯录信息。

二、提高题

1. 利用结构体与共用体管理学生成绩。

定义一个学生结构体，其中有 5 个数据成员，分别为学号、姓名、数学成绩、外语成绩、语文成绩。编写主函数使用结构体，实现对学生数据的赋值和输出，求出总分最高学生的学号与姓名。采用结构体存储数据，输入数据时，要求学号不能相同，姓名可以相同。

【方法与步骤提示】

(1) 定义一个学生结构体，其中有 5 个数据成员：学号、姓名、数学成绩、外语成绩、语文

成绩;

(2) 在主函数中,定义该学生结构体的一个对象同时实现数据的输入;

(3) 在主函数中,求出总分最高的学生的学号与姓名。

2. 有n个学生,每个学生的数据包括学号(num)、姓名(name)、三门课的成绩(score[3])。从键盘输入学生的数据,要求计算并打印每名学生的总成绩、平均成绩、每门课的总成绩,找出平均成绩最高的学生。

【方法与步骤提示】

(1) 数据的输入输出在main()函数中实现;

(2) 每个学生的总成绩、平均成绩,每门课的总成绩在aver()函数中实现;

(3) 找平均成绩最高的学生及相关信息的输出在max()函数中实现;

(4) 在定义结构体类型时应预留出准备存放计算结果的成员项。

文件

文件思维导图

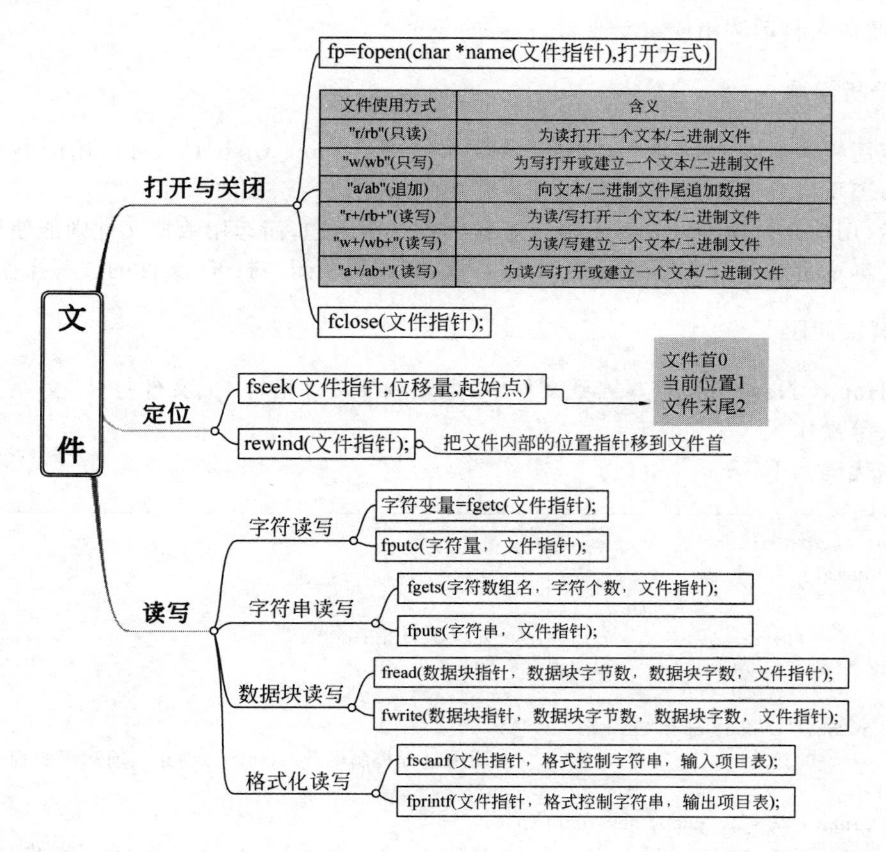

文件使用方式	含义
"r/rb"(只读)	为读打开一个文本/二进制文件
"w/wb"(只写)	为写打开或建立一个文本/二进制文件
"a/ab"(追加)	向文本/二进制文件尾追加数据
"r+/rb+"(读写)	为读/写打开一个文本/二进制文件
"w+/wb+"(读写)	为读/写建立一个文本/二进制文件
"a+/ab+"(读写)	为读/写打开或建立一个文本/二进制文件

学习任务与目标

1. 理解文件的概念、文件指针的概念；
2. 理解二进制文件与文本文件的区别；
3. 掌握文件打开与关闭的操作方法；
4. 掌握文件指针的使用方法，理解文件的读写指针对读写文件内容的制约；
5. 掌握文件的读写函数，文件的定位、结束检测与出错检测函数；
6. 理解文件处理的实用程序。

9.1 为何要用文件

9.1.1 引例：自动生成节日祝福语

人们在节日(如中国传统的春节、中秋节等)里互相祝福，可以借助计算机自动生成节日祝福语表达对亲友的心意。

1. 描述问题

将节日祝福语“Happy New Year!”写入 d:\my_wish.txt 文件，保存到磁盘中使数据持久化，方便他人自动调用或重新改写。

2. 分析问题

在应用程序所在的目录下，新建一个文本文件 d:\my_wish.txt，可以用记事本或其他文本编辑工具打开文件，查看并引用其内容“Happy New Year!”。

显然，用前几章学习的知识不能很好地解决这个问题，而运用数据文件则能使该问题迎刃而解。本章重点介绍文件的概念、文件指针、文件的关闭与打开、文件的读写操作。

3. 解决问题

把“Happy New Year!”写入到文件中，主要涉及文件指针 fp、文件打开、文件关闭以及文件写入等操作。

程序代码如下：

```
#include <stdio.h>
void main()
{
  FILE  *fp;                          /*定义文件指针*/
  if( (fp = fopen("d:\\my_wish.txt","w")) = = NULL)
  {
    printf("cannot open this file! ");
    exit(0);                          /*调用过程控制函数 exit(0),终止当前运行的程序*/
   }
   printf ("%s", "Happy New Year!\n");
   fputs("Hppy New Year!",fp);       /*将"Happy New Year!"写入 my_wish.txt 文件中*/
   fclose(fp);
}
```

数据通常以变量或常量等形式保存在计算机内存中，内存中的数据随着程序的运行结束而被释放，特别是在关闭计算机时，内存中的数据将全部消失，若再次运行程序，则需要重新输入数据，这样的操作十分不方便。把上次运行的结果保存下来，供以后继续使用，这就涉及如何将数据持久化保存的问题，即文件处理技术。

文件处理技术是计算机程序设计的重要组成部分，也是程序调试的重要手段。计算机程序可以对各种事务处理的状态及其时间节点以日志文件的形式保存，可以将程序运行的各种选项通过配置文件加以保存，还可以将部分或全部数据的值保存到数据文件中。在重新运行程序时，可以直接打开这些数据文件，提高执行效率。因此，文件处理技术扩大了计算机程序处理数据的规模。

如果把数据以文件的形式保存在硬盘上，程序和数据是独立的文件，程序运行时，通过文件系统和数据库管理系统实现对数据文件的输入和输出。文件系统是操作系统中负责管理和存储文件信息的软件。当数据量不大、数据结构不复杂时，可以直接使用文件系统管理数据；当数据量大、数据结构复杂时，可以选择专用的数据库管理系统管理数据。

9.1.2 文件的概念

所谓文件(File)是指一组存放在外部存储介质上的相关信息的集合。从广义上说，文件是指信息输入和输出的对象，如键盘、鼠标、打印机等外设均可视为文件。

文件通常驻留在外部存储介质(包括硬盘、U盘、光盘等)上，使用时才调入内存。在操作文件时，可以把文件比作数据流，即把整个文件内的数据看作一串连续的字符或字节(数据流)，而没有记录的限制。文件操作支持两种数据流：二进制数据流和文本数据流。二进制数据流是二进制数据序列，字符用一个字节的二进制ASCII码表示，数字用一个字节的二进制数表示。文本数据流以字符形式出现。二进制数据流比文本数据流节省空间，且不用进行对\n的转换，可以大大加快流的速度，提高效率。因而，对于含有大量数字信息的数据流，通常采用二进制流的方式；对于含有大量字符信息的流，则采用文本流的方式。

1. 文件名

磁盘上所有的信息均以文件的形式存储，为了标识文件，每个文件必须具有一个唯一的名称。文件名的一般结构为：

文件名[.扩展名]

扩展名由操作系统规定，扩展名代表文件的类型。一般通过文件名对文件进行读、写、修改或删除等操作。

2. 文件类型

从不同的角度文件可以划分为以下四种：

(1) 根据文件的保存内容，可分为程序文件和数据文件。

程序文件又可分为源文件、目标文件和可执行文件，程序文件的读写由系统完成。

数据文件的读写由应用程序实现。

(2) 根据文件的存储形式，可分为文本文件和二进制文件。

文本文件也称为ASCII码文件，由一系列文本行组成，每行文本包括零个以上文本信息字符与行结束标记。当输出时，数据转换成一串字符，每一个字节存储一个字符，每个字符以ASCII码值存储到文件中，因而便于对字符进行逐个处理。例如，十进制数2537在文本文件中的存储形式如图9-1所示。

'2'	'5'	'3'	'7'
50	53	51	55

图9-1 数字字符在文本文件中的存储形式

由图 9-1 可见，数字 2537 以字符的形式存储在磁盘上，共占 4B。一般来说 ASCII 码文件占用存储空间较多，而且要花费转换时间(即 ASCII 码与二进制之间转换的时间)。

二进制文件是按二进制编码方式来存放文件。例如 2537 的存储形式为：00001001 11101001，只占 2B。

一般来说，二进制文件可以节省存储空间，并且由于在输入时不需要把字符代码先转换为二进制形式再送入内存，输出时也不需要把数据由二进制形式转换为字符代码，因而输入输出速度较快。从节省时间和空间的角度考虑，编写程序时一般选用二进制文件。

(3) 根据文件的存取方式，可分为顺序存取文件和直接存取文件。

顺序存取文件的特点是：每当打开文件进行读或写操作时，总是从文件的开头开始，从头到尾顺序地读或写，也就是说当顺序存取文件时，要读第 N 个字节时，先要读取前 N－1 个字节，而不能一开始就读到第 N 个字节；同理，要写第 N 个字节时，也要先写前 N－1 个字节。

直接存取文件又称随机存取文件，其特点是：通过调用 C 语言的库函数来指定开始读或写的字节号，然后直接对此位置上的数据进行读或写操作。

(4) 根据文件是否使用缓冲区，可分为标准文件和非标准文件。

缓冲区是系统在内存中为各个文件开辟的一片存储区。所谓缓冲文件系统是指系统自动地在内存区为每个正在使用的文件开辟一个缓冲区。

从内存向磁盘输出数据时，首先输出到缓冲区中。待缓冲区装满后，再一起输出到磁盘文件中。从磁盘文件向内存读入数据时，则正好相反，首先将一批数据读入到缓冲区中，再从缓冲区中将数据逐个送到程序数据区。

标准文件：利用缓冲区将对磁盘文件的频繁逐次访问变为批量访问的做法称为标准文件操作，对应的磁盘文件系统称为缓冲文件系统，又称标准文件系统或高层文件系统，简称标准文件。

非标准文件：不使用缓冲区的磁盘文件系统称为非缓冲文件系统，也称非标准文件系统或低层文件系统，简称非标准文件。

标准文件功能强，使用方便，由系统代替用户做了许多事。非标准文件直接依赖于操作系统，通过操作系统的功能直接对文件进行操作，因而被称为低层文件系统。新的 ANSI 标准推荐使用标准文件。C 语言中，无论是使用标准文件还是非标准文件，都是利用 I/O 库函数完成文件操作的。

9.2 文件处理

9.2.1 文件指针

系统给每个打开的文件都在内存中开辟一个区域，用于存放文件的有关信息(如文件名、文件位置等)，这些信息保存在一个结构体类型变量中，该结构体类型是由系统定义的，命名为 FILE。可以用 FILE 类型来定义变量或指针，称为文件指针，以便管理文件的状态信息。

定义文件指针的一般形式为：

```
FILE  *指针变量标识符;
```

注意,其中 FILE 必须大写。它实际上是由系统定义的一个结构体,该结构体中含有文件名、文件状态和文件当前位置等信息。FILE 数据结构定义在 stdio.h 头文件中,具体结构如下:

```
typedef struct {
            short           level;          /*缓冲区满空程度*/
            unsigned        flags;          /*文件状态标志*/
            char            fd;             /*文件描述符*/
            unsigned char   hold;           /*无缓冲则不读取字符*/
            short           bsize;          /*缓冲区大小*/
            unsigned char   *buffer;        /*数据缓冲区*/
            unsigned char   *curp;          /*当前位置指针*/
            unsigned        istemp;         /*临时文件指示器*/
            short           token;          /*用于有效性检查*/
    } FILE;
```

在编写源程序时,实际上不必关心 FILE 结构的细节。在 C 语言中操作文件都是通过文件指针来实现的,因此,在程序中必须定义一个文件指针变量,文件指针变量的一般形式为:

```
FILE  *变量名;
```

例如:

```
FILE *fp;
```

其中,fp 是指向 FILE 结构体的指针变量,通过 fp 即可查找存放某个文件信息的结构体变量,然后按结构体变量提供的信息找到该文件,实施对文件的操作。通常把 fp 称为指向一个文件的指针。

通过使用文件指针,文件结构体的实现细节被完全隐藏起来,普通程序员无须关心它。C 标准库提供的丰富函数保证了用户通过这些函数就能够对文件进行完整的操作。

9.2.2 打开与关闭文件

打开文件的实质是建立文件的各种有关信息,并使文件指针指向该文件,以便进行操作。关闭文件则是断开指针与文件之间的联系,即禁止对该文件进行操作。

C 语言规定了标准输入输出函数库,用 fopen()函数打开一个文件,用 fclose()函数关闭一个文件。

1. 文件的打开:fopen()函数

- 函数原型。

```
FILE *fopen (const char *filename, const char *mode);
```

- 参数说明。

  filename：要打开的文件名称；

  mode：表示文件操作的方式。

- 返回值。

  若成功，则返回指向被打开文件的指针；若出错，则返回空指针 NULL(0)。

- 函数功能：返回一个指向指定文件的指针。

【探讨】 文件名与文件路径的关系。

函数 fopen()的参数 filename(文件名)是指要打开(或创建)的文件名，如果使用字符数组(或字符指针)，则不使用双引号。文件名不能是单个字符，但可以包含完整或相对路径。在 Microsoft Windows 操作系统下提供文件路径应使用\\表示单一\。文件操作的库函数、函数原型均在头文件 stdio.h 中。

使用 fopen()函数打开文件时，打开方式必须使用双引号""，文件的打开方式共有 12 种，如表 9-1 所示。

表 9-1　文件打开的方式

文件打开方式	含　义
"r"(只读)	为只读打开一个字符文件
" w"(只写)	为只写打开一个字符文件，文件指针指向文件首部
"a"(追加)	打开字符文件，指向文件尾，在已存在的文件中追加数据
"rb"(只读)	为只读打开一个二进制文件
"wb"(只写)	为只写打开一个二进制文件
"ab"(追加)	打开二进制文件，向文件追加数据
"r+"(读写)	以读写方式打开一个已存在的字符文件
"w+"(读写)	为读写建立一个新的字符文件
"a+"(读写)	为读写打开一个字符文件，进行追加
"rb+"(读写)	为读写打开一个二进制文件
"wb+"(读写)	为读写建立一个新的二进制文件
"ab+"(读写)	为读写打开一个二进制文件进行追加

文件打开方式中使用 r、w、a、b、+ 五个字符，其含义分别是 read(读)、write(写)、append(追加)、binary (二进制)、读和写。另外，对于 ASCII 文件操作方式可以加上字符 t(text)，rt 与 r 是等价的。

"rb+"与"ab+"的区别：使用"rb+"打开文件时，读写位置指针指向文件头；使用"ab+"时，读写指针指向文件尾。

为增强程序的可靠性，常用下面的方法打开一个文件：

```
if ((fp = fopen("文件名","操作方式")) == NULL)
    {
        printf("can not open this file\n");
        exit(0);
    }
```

程序中的 exit()函数用于关闭所有文件，结束程序，并返回操作系统。当程序状态值为

0(假)时,表示程序正常退出;当程序状态值非0值(真)EOF时,表示程序出错退出。这与以前见到的C标准库中大多数函数返回值的意义刚好相反。

EOF宏:在存储和处理文件时,每个文件都具有至少一个文件结束标志EOF——标准库中的预定义宏,专门用于表示文件结束。EOF的值为-1,C程序可以根据此标志判断是否已经到达文件结尾。

2. 文件的关闭:fclose()函数

文件处理的最后一步操作是关闭文件,以保证所有数据正确读写,并清理与当前文件相关的内存空间。通过fclose()函数实现文件的关闭操作。关闭文件之后,不可以再对文件进行读写操作。fclose()函数声明在stdio.h文件中。

- 函数原型:

```
int fclose (FILE  * 文件指针);
```

- 函数功能:关闭"文件指针"所指向的文件。如果正常关闭文件,则函数返回值为0;否则,返回值为非0。

例如:

```
fclose(fp);                    /* 关闭 fp 所指向的文件 */
fclose(fp1);                   /* 关闭 fp1 所指向的文件 */
```

【例 9-1】 打开和关闭一个可读写的二进制文件(文件为 d:\\qiao\\ datafiel1.dat)。

程序代码如下:

```
#include <stdio.h>
int main()
{   FILE * fp1;
    if ((fp1 = fopen("d:\\qiao\\ datafiel1.dat","r")) = = NULL)
     {
        printf("can't open the file \n");
        exit(0);
      }
    else
     {
       dump();              /* 此处可以用对文件进行读、写操作的语句替换 dump() */
     }
   if(fclose(fp1))
       printf ("file close error !\n");
   return 0 ;
}
```

9.2.3 文件操作顺序

对磁盘文件操作的一般顺序是:定义——→打开——→处理——→关闭。可具体描述如下。

第一步:定义文件指针;

第二步：打开文件，判断是否成功打开，若打开失败，则程序退出运行状态；

第三步：成功打开，对文件进行读、写操作；

第四步：关闭文件。

C 语言还提供了一个关闭所有打开文件的函数 fcloseall()，其调用的一般形式为：

```
n = fcloseall();
```

其中，n 为关闭文件的数目。例如，若程序已打开 2 个文件，当执行“n＝fcloseall();”时，系统将关闭这 2 个文件，即 n＝2。

【讨论】 标准设备文件的打开情况。

对磁盘文件，在使用前一定要先打开，而对于外部设备，尽管它们也可以作为设备文件处理，但在以前的应用中并未用到“打开文件”的操作。这是因为当运行一个 C 程序时，系统自动地打开 5 个设备文件，并自动地定义了 5 个 FILE 结构体指针变量，它们约定如表 9-2 所示。用户程序在使用这些设备时，不必再进行打开或关闭，它们由 C 编译程序自动完成，供用户可任意时刻使用。

表 9-2　标准设备文件及其 FILE 结构指针变量

设备文件	FILE 结构指针变量名	设备文件	FILE 结构指针变量名
标准输入——键盘	stdin	标准打印——打印机	stdprn
标准输出——显示器	stdout	标准错误输出——显示器	stderr
标准辅助输入输出——异步串行口	stdaux		

9.3 文件的读写操作

成功打开文件之后，接着对文件进行输入或输出操作。一般使用系统提供的库函数对文件进行读写操作，C 语言提供了下面几组读写函数。

(1) 字符读写函数 fgetc( )和 fputc( )；

(2) 字符串读写函数 fgets( )和 fputs ( )；

(3) 数据块读写函数 fread( )和 fwtrite( )；

(4) 格式化读写函数 fscanf( )和 fprintf( )。

9.3.1 字符读写函数 fgetc()和 fputc()

1. 单字符读函数 fgetc()

(1) 函数格式：`int fgetc (FILE * fp);`

(2) 功能：从文件指针 fp 所指向的文件中，读入一个字符，同时将读写位置指针向前移动一个字节(即指向下一个字符)。

(3) 参数 fp：文件指针。

(4) 返回值：若成功，则返回输入的字符；若失败或文件结束，则返回 EOF。

如果要了解是发生了错误还是文件已结束，可以调用 feof()或 ferror()进行检查。

2. 单字符写函数 fputc()

(1) 函数格式：int fputc (int c, FILE * fp);

(2) 功能：将单个字符 c 写入文件中，文件指针自动移到下一字符位置。其中字符既可以是字符常量，也可以是字符变量。

(3) 参数。

c：要输出到文件的字符。

fp：文件指针。

(4) 返回值：若成功，则返回输出的字符；若失败或文件结束，则返回 EOF。

如果输出成功，则函数返回值就是输出的字符数据；否则，返回一个符号常量 EOF，如果要了解到底是发生了错误还是文件已结束，可以调用 feof()或 ferror()进行检查。

注： getc()和 fgetc()功能相同，putc()和 fputc()功能相同。

【例 9-2】 编程实现读出文件 d:\my_wish.txt 中的内容，并将它们显示在屏幕上。

程序代码如下：

```
#include <stdio.h>
void main()
{ FILE *fp2;
  char  ch;
    if ((fp2 = fopen("d:\\my_wish.txt","r")) == NULL)
     {
        printf("Can't open the file \n");
        exit(1);
     }
  while ((ch = fgetc (fp2))!= EOF)
    fputc (ch,stdout);
  fclose (fp2);
}
```

【例 9-3】 将 0～127 的 ASCII 字符写到文件中，然后从文件中读出并显示到屏幕上。

程序代码如下：

```
#include <stdio.h>
#include <stdlib.h>
void main()
{ FILE *fp ;
  int  i;
  char  ch;
  if ((fp = fopen("demo.bin","wb")) == NULL)
  /* 以二进制写方式打开文件,读者查找并添加 demo.bin 文件 */
     {  printf("Can't open the file \n");
        exit(0);
     }
  for(i = 0;i < 128;i++)
```

```
        fputc(i,fp);                          /* 将 ASCII 码值在 0~127 的所有字符写入文件 */
    fclose (fp);
    if ((fp = fopen("demo.bin","rb")) = = NULL)   /* 以二进制读方式打开文件 */
      {
        printf("Can't open the file \n");
        exit(0);
      }
    while((ch = fgetc(fp))!= EOF)             /* 从文件中读取字符直到文件末尾 */
    {
      putchar (ch);
    }
     fclose (fp);
}
```

9.3.2 字符串读写函数 fgets()和 fputs()

1. 从磁盘文件读取字符串函数 fgets( )

(1) 函数形式：int fgets(char * str , int n, FILE * fp);

(2) 返回值若成功，则返回 str 首地址；若失败，则返回 NULL。

(3) 说明：

① 从 fp 输入字符串到 str 中；

② 输入 n−1 个字符，遇到换行符或 EOF 为止；

③ 读完后自动在字符串末尾添加'\0'。

2. 将字符串写入磁盘文件的函数 fputs( )

(1) 函数形式：int fputs(char * s, FILE * fp);

(2) 返回值：若成功，则返回输出字符个数(或最后的字符)；若失败，则返回 EOF。

(3) 说明：

① s 可以是字符串常量、字符数组名或字符型指针；

② 字符串的结束标志'\0'不会输出到文件，也不会在字符串末尾自动添加换行符。

【例 9-4】 编程实现逐行读出文件 d:\my_wish.txt 中字符并显示出来。

程序代码如下：

```
 #include < stdio.h >
void main()
{  FILE * fp3;
   char buffer[64];
   if( (fp3 = fopen("d:\\my_wish.txt","r")) = = NULL )
     {  printf("Can't open the file \n");
         exit(1);
     }
   while (!feof (fp3))
```

```
    {    if (fgets(buffer,64,fp3)!= NULL)
             printf (" % s",buffer);
    }
    fclose(fp3) ;
}
```

9.3.3 数据块读写函数 fread()和 fwrite()

在实际应用文件中，经常要求一次读/写一个数据块。为此，ANSI C 标准中设置 fread( )和 fwrite()函数，它们的功能和用法如下。

1. 用法

```
int fread (void * buffer,int size,int count,FILE * fp);
int fwrite(void * buffer,int size,int count,FILE * fp);
```

2. 功能

fread()：从 fp 所指向文件的当前位置开始，一次读入 size 个字节，重复 count 次，并将读入的数据存放到从 buffer 开始的内存中；同时，将读写位置指针向前移动 size * count 个字节。其中，buffer 是存放读入数据的起始地址(即存放何处)。

fwrite()：从 buffer 开始，一次输出 size 个字节，重复 count 次，并将输出的数据存放到 fp 所指向的文件中；同时，将读写位置指针向前移动 size * count 个字节。其中，buffer 是要输出数据在内存中的起始地址(即从何处开始输出)。

如果调用 fread()或 fwrite()成功，则函数返回值等于 count。

注：fread()和 fwrite()函数一般用于二进制文件的处理。

【例 9-5】 文件数据块读写。

程序代码如下：

```
#include "stdio.h"
void  main()
{
    FILE   * fp4, * fp45;
    float  fdata1 = 23.45,fdata2;
    if( (fp4 = fopen("d:\\my_wish.txt","wb")) == NULL)
    {  printf ("cannot open the file \n");
       exit(1);
    }
   fwrite(&fdata1,sizeof(float),1,fp4);
   fclose (fp4);
   if((fp45 = fopen("d:\\my_wish.txt","rb")) == NULL)
   {
       printf("cannot open the file.\ n");
       exit(1);
```

```
    }
    fread(&fdata2,sizeof(float),1,fp45);
    printf("fdata2 = %.2f\n",fdata2);
    fclose(fp45);
}
```

9.3.4 格式化读写函数 fscanf()和 fprintf()

fscanf()和 fprintf()函数分别与 scanf()和 printf()函数的功能相似，区别在于：fscanf()和 fprintf()函数的操作对象是指定文件，而 scanf()和 printf()函数的操作对象是标准输入输出文件。

fscanf()函数原型：fscanf (FILE * stream,char * format,〈variablelist〉);

fprintf()函数原型：fprintf (FILE * stream,char * format,〈variablelist〉);

【例 9-6】 格式化读写函数的应用。

程序代码如下：

```
#include <stdio.h>
void main()
{ FILE  *fp;
  char  str[20];
  int   age,i;
  float  sum;
  if( (fp=fopen("d:\my_wish.txt","w")) == NULL)
  {  printf ("file  connot  be  opened\n");
     exit(1);
  }
  printf("input  name :");
  scanf("%s",str);
  printf("input age ,sum:");
  scanf("%d%f",&age,&sum);
  if(strlen(str)>1)
     fprintf(fp,"%s  %d  %.2f",str,age,sum);      /*输入姓名、年龄和总成绩*/
  fclose(fp);
}
```

程序运行结果如图 9-2 所示。

打开 d:\my_wish.txt 文档，如图 9-3 所示。

```
C:\JMSOFT\CYuYan\bin\wwtemp.exe
input  name :张三
input age ,sum:18 495.2311
```

图 9-2 例 9-6 程序运行结果

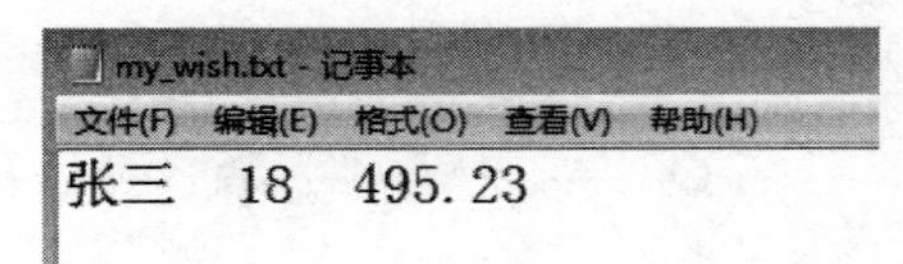

图 9-3 my_wish.txt 文档内容

读函数 fread()和写函数 fwtrite()从功能角度来说，可以完成文件的任何读写操作。为了方便起见，文件读写函数选用原则如下：

(1) 读写一个字符(或字节)时选用 fgetc()和 fputc()。

(2) 读写字符串时选用 fgets()和 fputs()。

(3) 读写一个或多个不含格式的数据时选用 fread()和 fwrite()。

(4) 读写一个或多个含格式的数据时选用 fscanf()和 fprintf()。

【谨记】 对使用文件类型的要求。

(1) fgetc()和 fputc()函数主要对文本文件进行读写，但也可对二进制文件进行读写。

(2) fgets()和 fputs()函数主要对文本文件进行读写，对二进制文件操作无意义。

(3) fread()和 fwrite()函数主要对二进制文件进行读写，但也可对文本文件进行读写。

(4) fscanf()和 fprintf()函数主要对文本文件进行读写，对二进制文件操作无意义。

9.4 文件的定位

用程序控制文件内部位置指针的移动，称为文件的定位。

文件中有一个读写位置指针，指向当前读写的位置——文件位置指针。通常，如果顺序读写一个文件，每次读写一个(或一组)数据后，该位置指针自动移到下一个读写位置上，称为顺序读写文件。而随机存取文件可以改变系统这种读写规律，使用文件指针定位函数 rewind()、fseek()、ftell()强制使位置指针指向其他指定的位置，然后再进行读写操作。

【探讨】 文件指针与文件位置指针。

文件指针与文件位置指针是两个完全不同的概念。

文件指针是指在程序中定义的 FILE 类型的变量，通过调用 fopen()函数给文件指针赋值，使文件指针和某个文件建立联系。C 程序中通过文件指针实现对文件的各种操作。

文件位置指针只是一个形象化的概念，用文件位置指针来表示当前读或写的数据在文件中的位置。当通过 fopen()函数打开文件时，可以认为文件位置指针总是指向文件的开头、第一个数据之前。当文件位置指针指向文件的末尾时，表示文件结束。当进行读操作时，总是从文件位置指针所指位置开始，读其后的数据，然后文件位置指针移到尚未读的数据之前，以备指示下一次的读或写操作。当进行写操作时，总是从文件位置指针所指位置开始写，然后移到刚写入的数据之后，以备指示下一次输出的起始位置。

9.4.1 定位函数 fseek()

在访问文件时，文件结构体内部使用文件指针定位文件中的指定位置，读写该位置上的数据，可通过调用 fseek()函数将位置指针移动到文件中的任何一个地方。

(1) 函数原型：`int fseek(FILE * fp, long offset, int whence);`

(2) 参数。

fp：文件指针；

offset：偏移量；

whence：起始位置。

(3) 功能:随机改变文件的位置指针。即指定文件的位置指针,从参照点开始,移动指定的字节数。

① 参照点:用0(文件头)、1(当前位置)和2(文件尾)表示。

在ANSI C标准中,还规定了下面的名字:

SEEK_SET(0)——文件头;

SEEK_CUR(1)——文件当前位置;

SEEK_END(2)——文件尾。

② 位移量:以参照点为起点,向前(当位移量>0时)或后(当位移量<0时)移动的字节数。在ANSI C标准中,要求位移量为long int型数据。

注:fseek()函数一般用于二进制文件。

9.4.2 复位函数rewind()

在操作文件一段时间后有必要将文件指针归位,此时可调用标准库的rewind()函数。

(1) 函数原型:void rewind(FILE *fp);。

(2) 参数fp:文件指针。

(3) 功能:使文件位置指针重新返回文件开头,类似于网络视频中的“重播”。

【例9-7】 有一个磁盘文件,第一次读它的内容并在屏幕上显示,第二次把它复制到另一个文件上。

程序代码如下:

```
#include <stdio.h>
void main()
{
  FILE  *fp6, *fp7;
  fp6 = fopen("datafile6.c","r");
  fp7 = fopen("datafile7.c","w");
  while(!feof(fp6))
    putchar(getc(fp6));
  rewind(fp6);
  while(!feof(fp6))
     putc(getc(fp6),fp7);
  fclose(fp6);
  fclose(fp7);
}
```

在第一次读取文件内容并显示在屏幕上时,文件file6.c的位置指针已指到文件末尾,feof的值为非0(真)值。执行函数rewind()使文件的位置指针重新定位于文件开头,并使feof()函数的值恢复为0(假)。

9.4.3 查询函数ftell()

由于文件的位置指针可以任意移动,也经常移动,往往容易迷失当前位置,用ftell()可以解决这个问题。

(1) 函数原型：long ftell(FILE * fp);。

(2) 参数 fp：文件指针。

(3) 返回值：若成功,则返回当前文件指针位置(用相对于文件头的位移量表示)；若出错,则返回－1L。

在程序中,通过 ftell()获得文件指针位置后,如果认为需要前后移动一段距离再读写文件,可以使用 fseek()函数进行文件指针的定位。

9.5 文件检测函数

在进行文件输入输出操作时可能会发生常见的错误：试图读取超过文件结尾的标识符；使用一个还没有打开的文件；当文件被打开用于某种操作时执行另一种操作；向写保护的文件写入数据。

如果不能检查这些读写错误,当错误发生时,程序不能正常运行。未检测出的错误可能导致程序提前终止或输出错误,因此需要用文件检测函数来及时检测错误。

9.5.1 文件结束检测函数 feof()

为了更加方便用户,C 标准库中提供 feof()函数专门用于判断文件是否结束。feof()函数原型如下：

```
int  feof (FILE * fp)
```

该函数接受文件指针作为参数,并在文件结束时返回 0(假),在文件已结束时返回真。其常见的使用情况如下：

```
FILE  * fp;
  fp = fopen ("filename ","w+");
  if (!fp)
    {  printf ("Failed in  opening  file %s.\n", "filename ");
       exit(1); }
  while ( !feof(fp))          /* 若文件还没有结束,则一直循环 */
   {
       …                      /* 对文件具体的操作语句 */
   }
fcolse(fp)
```

9.5.2 文件出错检测函数 ferror()

在调用输入输出库函数时,如果出错,利用 ferror()函数来检测。

(1) ferror()函数原型：int ferror(FILE * fp);

(2) 说明：

① 对同一文件,每次调用输入输出函数均产生一个新的 ferror()函数值。因此在调用输入输出函数后,应立即检测,否则出错信息会丢失。

② 在执行 fopen()函数时,系统将 ferror()的值自动置 0。

(3) 功能：如果函数返回值为 0,则表示读取文件时未出错；否则,表示出错。该函数接受文件指针作为参数,并在文件结束时返回 0(假),在文件已结束时返回真。

(4) 用法：

```
if  (ferror(fp))                /* 检测是否发生文件访问错误 */
{ … }                           /* 若发生错误,则执行此处的错误处理代码 */
```

ferror()函数在操纵文件时特别重要。相当多的文件访问函数在遇到文件结束标志和文件访问错误时返回同样的值,因此程序必须调用 ferror()或 feof()函数检测究竟是到达文件结尾还是发生了错误。

9.5.3 文件出错标志和文件结束标志置 0 函数 clearerr()

clearerr()函数用于清除出错标志和文件结束标志,使它们为 0 值。该函数的调用形式为：

```
clearerr(FILE * stream ) ;
```

其中,stream 为指向文件的指针。

假设在调用一个输入输出函数时出现错误,ferror()函数值为一个非 0 值。在调用 clearerr(fp)后,ferror(fp)的值变成 0,只要出现错误标志,就一直保留,直到对同一文件调用 clearerr()或 rewind()函数,或调用任何一个输入输出函数为止。

9.6 文件应用案例

输入 100 名学生的“C 语言程序设计”课程的期中考试成绩和期末考试成绩,总评成绩的计算方法是：总评成绩＝期中成绩 * 30％＋期末成绩 * 70％；同时为每名学生增加一个数据项,根据总评成绩给出评语：90～100 分 excellent(优),70～89 分 satisfactory(良),60～69 分 pass(合格),0～59 分 failure(不合格)。根据这项数据统计全班的分数段情况,输出分数段情况,并能根据给定的学生姓名进行查询。所有计算结果不在屏幕上显示,而是将 100 名学生的情况存入文件 STUDENT.dat 中,并将分数段统计情况存入文件 GRADE.dat 中。

程序代码如下：

```
//* 程序主要功能：计算学生成绩并统计等级 */
#include <stdio.h>
#include <string.h>
#include <process.h>
#define  SIZE  300
typedef struct student
{
   char name[20];
   int  score[4];
} STUDENT;
```

```
typedef  enum section
{
   failure = 2,pass,satisfactory,excellent
} SECTION;

typedef  enum  boolen
{
   False ,True
} FLAG;

int accept_data(STUDENT stu[ ],int grade[ ]);
int subsecet(int score ,int grade[ ]);
void write_data(STUDENT stu[ ],int sum);
void write_grade(int grade[ ]);

void main()
{
   int  sum;
   int grade[6] = {0};
   STUDENT  stu[SIZE];
   sum = accept_data(stu,grade);             /* 输入数据,其中 sum 为总人数 */
   write_data(stu,sum);
   write_grade(grade);
}
int accept_data(STUDENT stu[ ],int grade[ ])
{
 int i = 0,sum = 0,temp;
 FLAG flag ;
while (i < SIZE)
 {
  printf("请输入学生的姓名: ");
  scanf(" %s",stu[i].name );                 /* 输入学生的姓名 */
  if( strcmp(stu[i].name," *** ") == 0 )     /* 若是" *** "跳出循环 */
     {
        sum = i;                             /* sum 记录的是输入的人数 */
        break;
     }
  printf("请输入学生的期中、期末两项成绩: ");
  flag = True;
  while(flag == True)                        /* 重复读入两项成绩,读到正确的为止 */
     {
      scanf("d%d%",&stu[i].score[0],&stu[i].score[1]);
      if((stu[i].score[0])<= 100&&stu[i].score[0]>= 0&&\
              stu[i].score[1]<= 100&&stu[i].score[1]>= 0)
                flag = False;
       else
                printf("\007 错误数据!请再次输入学生的两项成绩: ");
      }
      temp = (int)(.3 * stu[i].score[0] + .7 *  stu[i].score[1]);      /* 计算总评成绩 */
```

```
        stu[i].score[2] = temp;
        stu[i].score[3] = subsect(stu[i].score[2],grade);      /* 赋值给评语对应的枚举值 */
        i++;
      }
    return sum;
}

int subsect(int score, int grade[])
{
  int  s;
  SECTION  se;
  s = score/10;
  switch(s)
  { case 0:
    case 1:
    case 2:
    case 3:
    case 4:
    case 5:
          se = failure;grade[2] = grade[2] + 1;break;
    case 6:
          se = pass;grade[3] = grade[3] + 1;break;
    case 7:
    case 8:
          se = satisfactory; grade[4] = grade[4] + 1;break;
    case 9:
    case 10:
          se = excellent; grade[5] = grade[5] + 1;break;
  }
   return se;
}

void write_data (STUDENT stu[],int sum )
{
   FILE *f;
   int  temp;
   if( (f = fopen("c:\\STUDENT.dat", "wb")) == NULL )          /* 打开文件 STUDENT.dat */
    {
       printf("文件 STUDENT.dat 打开错误\n");
       exit(1);
    }
  temp = fwrite(stu,sizeof(STUDENT),sum,f);         /* 将数组 stu 的 sum 数据一次写入文件 */
  if(temp!= sum)
  {
       printf("文件 STUDENT.dat 写错误\n");
       exit(1);
   }
  fclose(f);
 }
```

```
void write_grade(int grade[])
{
  FILE *f;
  if((f = fopen("c:\\GRADE.dat","wb")) == NULL) /* 打开文件 GRADE.dat */
  {
   printf("文件 GRADE.dat 打开错误\n");
   exit(1);
  }
if((fwrite(grade,sizeof(int),6,f)!= 6))         /* 将数组 grade 的 6 个整数一次写入文件 */
  {
  printf("文件 GRADE.dat 打开错误\n");
  exit(1);
  }
  fclose(f);
}
```

根据上述程序产生的文件，输出分数段情况并能根据给定的学生姓名进行查询。

```
//*          程序主要功能：统计分数段情况并能按姓名查询          *
//***************************************************************
#include <stdio.h>
#include <string.h>
#include <process.h>
#define SIZE 300
typedef struct student
{
   char name[20];
   int score [4];
} STUDENT;
typedef   enum section
{
   failure = 2,pass,satisfactory,excellent
} SECTION;
typedef   enum   boolen
{
   False ,True
} FLAG;

void show_data (STUDENT stu[], int grade[] , int sum);
void query(STUDENT stu[], int sum);
void read_data (STUDENT stu[], int sum);
int read_grade ( int grade[]);

void main()
{
   int sum;
   int grade[6] = {0};
```

```
    STUDENT  stu [SIZE];
    sum = read_grade(grade);            /* 从文件中读 grade 数组,sum 为总人数 */
    printf("总人数为 %d",sum);
    read_data(stu,sum);
    show_data(stu,grade,sum);           /* 输出所有学生的姓名、期中、期末和总评成绩 */
    query (stu,sum);                    /* 查询某个学生的总评成绩 */
}
void show_data (STUDENT stu[],int grade[],int sum)
{
   int i,j ;
   char *sub_string[] = {"不及格" ,"合格","良" ,"优"};
   for (i = 0;i < sum;i++)             /* 输出所有学生的姓名、期中、期末和总评成绩 */
   {
     printf(" %20s", stu[i].name );
     for (j = 0;j < 3;j++)
        printf(" %4d", stu[i].score[j] );
     printf(" %s ", sub_string [stu[i].score[3]]);
     printf("\n ");
   }
   printf("本班学生人数为 %d. ", sum);  /* 显示全部学生数 */
   for(i = 2; i <= 6; i++)             /* 显示分数段人数 */
      printf("分数为是 %  s 的人数有" , sub_string[i],grade[i]);
}
void query (STUDENT stu[],int sum)
{ char  temp_name [80];
   int  i ;
   printf("请输入需要查询的学生姓名: "); /* 显示全部学生数 */
   scanf(" %s",temp_name );
   for(i = 0; i < sum; i++)
   { if ( strcmp (stu[i].name, temp_name) == 0 )
     {
        printf(" %s   %d\n", stu[i].name,stu[i].score[2] );  /* 显示成功输出总评成绩 */
        break;                          /* 跳出总循环 */
     }
   }
   if(i == sum)
     printf("抱歉,未找到!\n");
}

void read_data(STUDENT stu[],int sum)
{
     int  i;
     FILE *f;
     if ((f = fopen("c:\\STUDENT.dat", "rb")) == NULL)
     {
        printf("文件 STUDENT.dat 打开失败!\n");
        exit(1);
      }
     for(i = 0;i < sum;i++)
```

```
        if(fread(&stu[i],sizeof(STUDENT),1,f)!= 1)        /* 一次读入一个结构体 */
        {
            printf("文件 STUDENT.dat 读错误\n");
            exit(1);
        }
        fclose(f);
    }
    int read_grade(int grade[])
    {
        int   i ,sum = 0;
        FILE  * f;
        if((f = fopen("c:\\ GRADE.dat","rb")) == NULL )   /* 打开文件 GRADE.dat */
         {
            printf("文件 GRADE.dat 打开失败!\n");
            exit(1);
         }
        if((fread(grade, sizeof(int),6,f))!= 6 )          /* 读入数据到 grade 数组 */
         {
            printf("文件 GRADE.dat 读错误!\n");
            exit(1);
         }
        for(i = 2;i < 6;i++)
            sum = sum + grade[i];                         /* 计算总人数 */
        fclose(f);
        return sum;
    }
```

读者运行程序,分析输出结果。

9.7 答疑解惑

C语言在处理每个文件之前应该先声明文件指针变量(FILE * 类型);库函数 fscan()、fprintf()、fputc()和 fgetc()只用于文本 I/O,而 fread()和 fwrite()函数只用于二进制文件。

9.7.1 ASCII 文件与二进制文件的区别

疑问 1:数据在文件中是如何存储的?

解惑 1:按照文件存储方式的不同,C 语言中的文件分为两种:文本文件和二进制文件。

文本文件又称 ASCII 文件,数据以字符的形式存储在文本文件中,一个字符占据 1B。例如,short int 型整数 100 在内存中占据 2B(short int 型数据为 16 位),在文件中以 1、2、3、4 四个字符的 ASCII 码形式存储,占据 4B。文本文件便于对字符进行逐个处理,也便于字符输出,但一般占用存储空间较多,而且 ASCII 码与二进制形式之间的转换需要时间。

二进制文件是把内存中的数据按其在内存中的存储形式照原样输出到磁盘上存放。

注意,操作文本文件时,回车符被转换为一个换行符,输入输出时转换成回车和换行两个字符。操作二进制文件时,不进行这种转换。

疑问2：什么是文件指针？什么是位置指针？

解惑2：在C语言中,可使用一个指针变量指向某个文件,通过该指针可以对它所指的文件进行各种操作,这个指针称为文件指针。定义文件指针的格式为：

```
FILE *指针变量名;
```

其中,FILE是系统在stdio.h文件中定义的一个结构体,结构体中含有文件名、文件状态和文件当前位置等信息。但用户在编写程序时,并不需要关心FILE结构体中的具体定义。

文件位置指针只是一个形象化的概念,由系统自动设置,它指向当前文件读写的位置。在文件打开时,该指针总是指向文件的第一个字节。读写文件时,总是从文件指针所指位置开始读写,每次读写一个字符后,位置指针自动移向下一个字符。

由此可见,文件指针和文件位置指针有以下两点不同：

(1) 文件指针需要在程序中进行定义说明；而文件位置指针不需要。

(2) 文件指针用于指向整个文件,只要不重新赋值,文件指针始终指向固定的文件；文件位置指针在文件访问的过程中可以改变指向。

9.7.2 如何访问文件

疑问1：stdin、stout、stderr是指什么？

解惑1：stdin、stout、stderr是在stdio.h头文件中定义的三个文件指针,在C程序开始运行时,系统将它们指向三个自动打开的标准文件,stdin指向标准输入文件,通常是指键盘；stout指向标准输出文件,通常是指显示器；stderr指向标准错误文件。

因此,从终端输入或输出都不需要打开终端文件,这是由系统自动完成的。注意,这三个文件指针是常量指针,不能被重新赋值。

疑问2：如何访问文件？

解惑2：C语言中,对输入输出的数据都按照“数据流”的方式进行处理。无论是文本文件还是二进制文件,都可以看作一个字节序列,即一个字节流或二进制流。写文件时,系统不添加任何信息；读文件时,逐一读出,直至文件结束。

在C语言中,对流式文件可以进行顺序读写,也可以进行随机读写。主要取决于文件位置指针：如果位置指针是按字节位置顺序移动的,就是顺序读写；如果将位置指针按需要移动到任意位置,就可以实现随机读写。

疑问3：使用文件的一般操作步骤是怎样的？

解惑3：使用文件的操作步骤如下。

(1) 在程序中包含头文件stdio.h。这是因为结构体FILE是在stdio.h文件中被定义的。

(2) 定义文件指针。例如：

```
FILE *fp;
```

(3) 打开文件,使文件指针与磁盘中的实际存储的数据文件建立关联。例如:

```
fp = fopen("test.txt","r");
```

(4) 对文件进行读写操作。例如:

```
fread(f,4,2,fp);
```

(5) 文件使用完毕后,关闭文件。例如:

```
fclose(fp);
```

9.7.3 打开的文件为什么必须及时关闭

疑问1:为什么下列操作无法打开文件?

```
#include<stdio.h>
void main()
{   FILE *fp=fopen("c:\test.txt","w"); }
```

解惑1:程序的原意是打开c盘根目录下的文件test.txt。但在C语言中"\"是转义字符,因此文件路径中的"\"应该换作"\\",否则将会出现运行错误。按照程序原意,应修改为:

```
#include<stdio.h>
void main()
{   FILE *fp=fopen("c:\\test.txt","w");
}
```

疑问2:文件使用完毕后为什么必须关闭?

解惑2:关闭文件实质是使文件指针不再指向磁盘文件,即断开文件指针与磁盘中的数据文件之间的联系,以保护文件中的数据。C提供了库函数fclose()函数来关闭文件。

```
int  fclose(FILE *fp)
```

若文件关闭成功,则函数返回0;否则返回EOF(−1)。

另外,fclose()还会把缓冲区的数据写到文件中,避免数据丢失。

9.7.4 如何将单个字符存入文件

疑问:如何将单个字符存入文件中?

解惑:使用函数fputc()将单个字符写入文件,函数形式如下。

```
int fputc(int c,FILE *fp);
```

将字符c写入fp所指向的文件中。如果调用成功,fputc()返回字符c;否则返回EOF。

同样,可以通过函数fgetc()从文件中读出单个字符,函数形式如下:

```
int fgetc(FILE * fp);
```

如果调用成功，则返回文件位置指针当前所指向的字符；遇到文件结束或出错时，返回 EOF。

阅读下面的程序：

```
#include < stdio.h >
void main()
{   char ch;
    printf("Enter a character followed by < Enter >: ");
    ch = fgetc(stdin);
    printf("The character read is '%c'\n",ch);
}
```

分析程序的运行结果：

```
Enter a character followed by < Enter >:a ↙
The character read is 'a'
```

程序的功能用 fgetc()从键盘读取一个字符并原样输出。

9.7.5 如何将字符串存入文件

疑问 1：如何将字符串存入文件中？

解惑 1：使用 fputs()函数将字符串写入文件，函数形式如下。

```
int fputs(const char * s,FILE * fp);
```

fputs()将字符串 s 写入 fp 所指向的文件中，空字符不写入。如果函数调用成功，则 fputs 返回 0；否则返回 EOF。

同样，可以通过 fgets()函数从文件中读出字符串，函数形式如下：

```
char * fgets(char * s,int n,FILE * stream);
```

从 fp 所指的文件中读出 n−1 个字符，放入 str 所指的数组中。如果遇到换行符，把换行符读到文件中结束读操作，并自动以'\0'结尾。因此，字符串 s 的前 n−1 个字符是从文件中读取的字符，第 n 个字符是'\0'结束符。

请看下面的程序：

```
# include < stdio.h >
void main()
{   FILE * fp;
    char st[20];
    if((fp = fopen("d:\\test.txt","w")) == NULL)
    {   printf("Cannot open file strike any key exit!");
        exit(1);
    }
    printf("input a string: \n");
    scanf("%s",st);
    fputs(st,fp);
```

```
    fclose(fp);
    exit(0);
  }
```

该程序创建“d:\test.txt”文件，把键盘输入的字符串写入该文件。

疑问2：如何将结构体存入文件中？

解惑2：使用fwrite()函数将结构体写入文件。fwrite()和fread()函数又被称作直接I/O，也称二进制I/O，用于整块数据的读写，可用来读写一组数据，如一个数组元素、一个结构体变量的值等。函数形式如下：

```
int fwrite(const void * ptr, int size, int n, FILE * fp);
```

fwrite()将n项长度为size字节的数据写入文件，终止空字符不写入。如果函数调用成功，则fwrite()返回0；否则返回EOF。例如：

```
int fread(void * ptr, int size, int n, FILE * fp);
```

fread从文件中读取n项数据，每一项数据长度为size字节，放入ptr所指的块中。如果调用成功，则返回实际读取的数据项数(不是字节数)；在遇到文件结束或出错时，返回0。

阅读下面的程序：

```
# include < stdio.h >
# define SIZE 2
typedef struct
{
  char  name[10];
  int    no;
  int    age;
 char  addr[15];
}  Student;
Student student_list1[SIZE], student_list2[SIZE];
void main()
{  FILE * fp;
   int i;
   if((fp = fopen("d: \\student_list.date", "wb + ")) ==  NULL)
   {  printf ("cannot open file! ");
      exit(1);
   }
   printf("\ninput data(name,no,age,address)\n");
   for(i = 0; i < SIZE; i++)                                  /* 输入数据到 student_list */
  { scanf(" %s%d%d%s", student_list1[i].name, student_list1[i].no, student_list1[i].age,
student_list1[i].addr);
  }
  If(SIZE!= fwrite(student_list1, sizeof(Student), SIZE, fp))   /* 将数据写入文件 */
     {  printf("write error!");
     exit(1);
  }
  rewind(fp);
  If(SIZE!= fread(student_list2, sizeof(Student), SIZE, fp))    /* 读数据 student_list2 */
     {  printf("write error!");
```

```
        exit(1);
      }
    printf("\noutputdata(name,no,age,address)\n");
    for(i = 0;i < SIZE; i++)
     {   printf(" % - 30s % - 6d % - 3d % - 30s\n",student_list2[i].name, student_list2[i].no,
student_list2[i].age, student_list2[i].addr);
     }
     fclose(fp);
     exit(0);
}
```

程序运行结果为：

```
input data(name,no,age,address)              output data(name,no,age,address)
wang 1001 10 addr1 ↙                         wang 1001 10 addr1
zhang 1002 11 add2 ↙                         zhang 1002 11 add2
```

程序实现从键盘输入两个学生的数据，写入一个文件中，再从文件中读出这两个学生的数据并显示在屏幕上。

9.7.6 文件格式化读写函数

疑问：scanf()和 fscanf()、printf()和 fprintf()有何区别？

解惑：fscanf()、fprintf()与 scanf()、printf()函数的功能相似，都是格式化读写函数。两者区别在于 fscanf()和 fprintf()函数的读写对象不是键盘和显示器，而是磁盘文件。

printf("%d%d",a,b)等价于“fprintf(stdout,"%d%d",a,b);”。

scanf("%d%d",&a,&b)等价于“fscanf(stdin,"%d%d",&a,&b);”。

9.7.7 如何进行文件定位

疑问 1：为什么要进行文件定位？如何进行文件定位？

解惑 1：为了实现对文件的随机访问，需要移动文件位置指针，这就是文件定位。移动文件位置指针的函数主要有两个：rewind()和 fseek()函数。另外，ftell()函数用来得到文件位置指针的当前位置，这一位置用相对于文件头的字节偏移量表示。

在 stdio.h 文件中，定义三个符号常量：SEEK_SET、SEEK_CUR、SEEK_END，用来标记文件位置指针，分别代表文件开始位置、当前指针位置和末尾位置。

(1) rewind()函数。

rewind()函数的功能是将文件位置指针指向文件头。如果清除文件结束标志和出错标志，则没有返回值。函数形式如下：

```
void rewind(FILE * fp)
```

(2) fseek()函数。

fseek()函数用于移动文件位置指针到特定的位置上，函数形式如下：

```
int fseek(FILE * fp, long offset, int origin)
```

表示从 origin 开始，移动 offset 个字节。移动方向取决于 offset 的符号，如果符号为正，则向文件尾移动；否则，向文件头移动。如果文件位置指针移动成功，函数返回值0，否则返回非0值。

另外，origin的取值也不是随意的，它只取SEEK_SET、SEEK_CUR、SEEK_END中的一个，即移动只能从文件头、文件当前位置或文件尾开始。因此，语句"fseek(fp,0L,SEEK_SET);"等价于语句"rewind(FILE * fp);"。

fseek()函数一般只用于二进制文件，因为在文本文件中要进行转换，计算的位置往往会出现错误。

(3) ftell()函数。

ftell()函数用于获得文件位置指针的当前位置。函数形式如下：

```
long ftell(FILE * fp)
```

函数返回文件位置指针相对于文件开头的字节数，出错时返回－1L。因此，可以通过下面的函数调用，求出文件的字节数：

```
ftell(fp,0L,SEEK_END);                    //将位置指针移至文件尾部
long filelongth = ftell(fp);              //filelongth为文件中字节数
```

疑问2：标识符EOF能否作为二进制文件的结束标志？

解惑2：不能。标识符EOF所代表的值是－1。在文本文件中，数据以字符的ASCII码值形式存储，取值范围是0～255，因此，可以使用EOF(－1)作为文件结束标志。但二进制文件中会存在－1的情况，因而不能再使用EOF作为文件结束标志。为此，C语言提供库函数feof()以判断文件是否结束，函数形式如下：

```
int feof(FILE * fp)
```

当遇到文件结束时，函数返回1，否则返回0。当然，feof()函数也可用于文本文件的结束判断。

9.8 典型题解

1. 以下叙述错误的是(　　)。

   A. 二进制文件打开后可以先读文件的末尾，而文本文件不可以

   B. 在程序结束时，应当用fclose()函数关闭已打开的文件

   C. 在利用函数fread()从二进制文件中读取数据时，可以用数组名给数组中所有元素读入数据

   D. 不可以用FILE定义指向二进制文件的文件指针

知识链接：用FILE定义的文件指针既可以指向二进制文件又可以指向文本文件。

答案：D。

2. 下列关于数据文件的叙述，正确的是(　　)。

   A. 文件由ASCII码字符序列组成，C语言只能读写文本文件

   B. 文件由二进制数据序列组成，C语言只能读写二进制文件

   C. 文件由记录序列组成，可按数据的存放形式分为二进制文件和文本文件

D. 文件由数据流形式组成,可按数据的存放形式分为二进制文件和文本文件

知识链接:C 语言的文件是由字符序列组成的,通常称为“流式文件”,文件的存放形式分为二进制文件和文本文件。

答案:D。

3. 有下列程序,其功能是:以二进制写方式打开文件 d1.dat,写入 1~100 这 100 个整数后关闭文件。再以二进制读方式打开文件 d1.dat,将这 100 个整数读入到另一个数组 b 中,并打印输出。在画线处填空。

```
#include <stdio.h>
void main( )
{ FILE * fp;
    int i,a[100],b[100];
    fp = fopen("d1.dat", "wb");
    for(i = 0;i < 100;i++), a[i] = i + 1;
    fwrite(a,sizeof(int),100,fp);
    fclose(fp);
    fp = fopen("d1.dat",________);
    fread(b,sizeof(int),100,fp);
    fclose(fp);
    for(i = 0;i < 100;i++)  printf (" %d\n",b[i]);
}
```

知识链接:以读的方式打开二进制文件,文件操作方式为 rb。

答案:rb。

4. C 语言中标准库函数 fgets(string,m,fp)的作用是(　　)。

A. 从 fp 指向的文件中读取长度不超过 m 的字符串存入由指针 string 所指向的内存

B. 从 fp 指向的文件中读取长度为 m 的字符串存入由指针 string 所指向的内存

C. 从 fp 指向的文件中读取 m 个字符串存入由指针 string 所指向的内存

D. 从 fp 指向的文件中读取长度不超过 m−1 的字符串存入由指针 string 所指向的内存

知识链接:fgets()函数从文件中读取至多 n−1 个字符,并把它们放入 string 所指向的字符串中。在读入后系统自动向字符串末尾加一个空字符,若读成功则返回 string 指针,若读取失败则返回一个空指针。

答案:D。

5. 读取二进制文件的函数调用形式为“fread(buffer,size,count,fp);”,其中 buffer 代表的是(　　)。

A. 一个文件指针,指向待读取的文件

B. 一个整型变量,代表待读取数据的字节数

C. 一个内存块的首地址,代表读入数据存放的地址

D. 一个内存块的字节数

知识链接："fread(buffer,size,count,fp);"中,buffer 代表的是一个指针,表示存放输入数据的首地址。

答案：C。

6. 下列与函数 fseek(fp,0L,SEEK_SET)有相同作用的是(　　)。

A. rewind(fp)　　B. ftell(fp)　　C. fgetc(fp)　　D. feof(fp)

知识链接：fseek(fp,0L,SEEK_SET)函数的功能是将文件指针移动到文件开头。

答案：A。

7. 有以下程序：

```
#include<stdio.h>
void  main()
{  FILE  *fp; int  a[10] = {1,2,3,0,0}, i;
   fp = fopen("d2.dat", "wb");
   fwrite(a, sizeof(int), 5, fp);
   fwrite(a, sizeof(int), 5, fp);
   fclose(fp);
   fp = fopen("d2.dat", "rb");
   fread(a, sizeof(int), 10, fp);
   fclose(fp);
   for (i=0; i<10; i++)  printf("%d,", a[i]);
}
```

程序的运行结果是(　　)。

A. 1,2,3,0,0,0,0,0,0,0,　　B. 1,2,3,1,2,3,0,0,0,0,

C. 123,0,0,0,0,123,0,0,0,0,　　D. 1,2,3,0,0,1,2,3,0,0,

知识链接：程序的主要功能是打开二进制文件 d2.dat 用于写,连续两次将数组 a 中的前 5 个整数写入文件。将文件关闭,再以读的方式打开,从文件中读取 10 个长度为 2 的数据写入数组 a。文件写入时,系统不会在每次操作时加入任何分隔符。

答案：D。

8. 已知 D 盘根目录下的一个文本数据文件 data.dat 中存储了 100 个 int 型数据,若需要修改该文件中已经存在的若干个数据的值,只能调用一次 fopen()函数,已有声明语句"FILE *fp;",则 fopen()函数的正确调用形式是(　　)。

A. fp=fopen("d:\\data.dat","r+");　　B. fp=fopen("d:\\data.dat","w+");

C. fp=fopen("d:\\data.dat","a+");　　D. fp=fopen("d:\\data.dat","w");

知识链接：w 方式打开的文件只能用于向该文件写数据(即输出文件),而不能用于向计算机输入。如果原来不存在此文件,则在打开时新建立一个以指定的名字命名的文件。如果原来已经存在一个以该名字命名的文件,则在打开时将该文件删除,重新建立文件。r+,w+,a+方式打开的文件既可以用于输入数据,也可以用于输出数据。w+是新建立一个文件,先向此文件写数据,再读数据。a+方式打开的文件,原来的文件不被删除,位置指针移至文件末尾,可以添加,也可以读。r+方式表示该文件已经存在,以便能向计算机输入数据。

答案：A。

知识点小结

本章介绍了文件的概念、文件指针、文件的打开与关闭、文件的读写与定位,文件的结束检测与出错检测函数;给出一个计算学生成绩并统计等级情况的案例,说明C语言对文件的操作是通过调用库函数实现的,对普通数据文件的所有操作都必须依靠文件指针完成。

操作文件按此顺序:打开、读或写、定位和关闭文件。文件的打开方式可以是只读、只写、读写和追加四种方式,同时必须指定打开文件的类型是文本文件还是二进制文件。C语言允许文件读写以字节、数据块或字符串为单位,还可以按指定的格式进行读写。

使用文件系统的原因是为了提高效率和延长外部设备的寿命。ANSI标准只支持缓冲文件系统,非缓冲文件系统不属于ANSI标准规定的范围。常用的缓冲文件系统函数,如表9-3所示。

表9-3　常用的缓冲文件系统函数

函数类别	函数名称	函数功能
打开文件	fopen()	创建一个文件或打开一个已有的文件
关闭文件	fclose()	关闭一个已打开的文件
文件定位	fseek()	把位置设置在文件中的期望点
	rewind()	把位置设置在文件开头
	ftell()	给出在文件中的当前位置(从文件头算起的字节数)
文件读写	fgetc()、getc()	从文件中读取一个字符
	fputc()、putc()	往文件中写入一个字符
	fgets()	从文件中读取字符串
	fputs()	往文件中写入字符串
	fread()	从指定文件中读取数据项
	fwrite()	把数据项写到指定的文件中
	fscanf()	从文件中读取一个数据值集
	fprintf()	往文件中写入一个数据值集
文件检测状态	feof()	若到文件末尾,函数值为非0(真)
	ferror()	若对文件操作出错,函数值为非0(真)
	clearerr()	使ferror()和feof()函数值置零

习题9

9.1　单选题

1. 以下叙述中错误的是(　　)。

   A. fgets()函数用于从终端读入字符串

   B. getchar()函数用于从磁盘文件读入字符

   C. fputs()函数用于把字符串输出到文件

   D. fwrite()函数用于以二进制形式输出数据到文件

2. 读取二进制文件的函数调用形式为“fread(buffer,size,count,fp);”,其中 buffer 代表的是(　　)。

A. 一个内存块的首地址,代表读入数据存放的地址

B. 一个整型变量,代表待读取数据的字节数

C. 一个文件指针,指向待读取的文件

D. 一个内存块的字节数

3. 设 fp 为指向某二进制文件的指针,且已读到此文件末尾,则函数 feof(fp)的返回值为(　　)。

A. EOF　　B. 非0值　　C. 0　　D. NULL

4. 下列叙述中错误的是(　　)。

A. 在C语言中,对二进制文件的访问速度比文本文件快

B. 在C语言中,随机文件以二进制代码形式存储数据

C. 语句“FILE * fp;”定义了一个名为 fp 的文件指针

D. C语言中的文本文件以 ASCII 码形式存储数据

5. 下列叙述中正确的是(　　)。

A. C语言中的文件是流式文件,因此只能顺序存取数据

B. 打开一个已存在的文件并进行写操作后,原有文件中的全部数据必定被覆盖

C. 在一个程序中对文件进行写操作后,必须先关闭该文件然后再打开,才能读到第一个数据

D. 当对文件的读(写)操作完成之后,必须将它关闭,否则可能导致数据丢失

6. 程序运行后的输出结果是(　　)。

```
#include <stdio.h>
void main()
{  FILE *fp;char str[10];
   fp=fopen("myfile.dat","w");
   fputs("abc",fp);fclose(fp);
   fp=fopen("myfile.dat","a++");
   fprintf(fp,"%d",28);
   rewind(fp);
   fscanf(fp,"%s",str); puts(str);
   fclose(fp);
}
```

A. abc　　B. 28c

C. abc28　　D. 因类型不一致而出错

7. 以下程序执行后 abc.txt 文件的内容是(　　)。

```
#include <stdio.h>
void main()
{ FILE *pf;
  char *s1="China", *s2="Beijing";
  pf=fopen("d:\\abc.txt","wb+");
  fwrite(s2,7,1,pf);
  rewind(pf);                /*文件位置指针回到文件开头*/
```

```
    fwrite(s1,5,1,pf);
    fclose(pf);
}
```

A. China　　B. Chinang　　C. ChinaBeijing　　D. BeijingChina

9.2 填空题

1. 以下程序打开新文件 f.txt,并调用字符输出函数将 a 数组中的字符写入其中,在画线处填空。

```
#include < stdio.h >
void main()
 {________ * fp;
  char a[5] = {'1','2','3','4','5'},i;
  fp = fopen("f.txt","w");
  for(i = 0; i < 5; i++)fputc(a[i],fp);
  fclose(fp);
 }
```

2. 以下程序用来判断指定文件是否能正常打开,请在画线处填空。

```
#include < stdio.h >
void  main()
   {    FILE * fp;
        if(((fp = fopen("test.txt","r")) == ________))
            printf("未能打开文件!\n");
        else
            printf("文件打开成功!\n");
   }
```

3. 有下列程序,程序运行后的输出结果是________。

```
#include < stdio.h >
void  main( )
{    FILE   * fp;int k,n,a[6] = {1,2,3,4,5,6};
      fp = fopen("d2.dat","w");
      fprintf(fp,"%d%d%d\n",a[0],a[1],a[2]);
      fprintf(fp,"%d%d%d\n",a[3],a[4],a[5]);
      fclose(fp);
      fp = fopen("d2.dat","r");
      fscanf(fp,"%d%d",&k,&n);printf("%d%d\n",k,n);
      fclose(fp);
}
```

4. 有下列程序,程序运行后的输出结果是________。

```
#include < stdio.h >
void main()
{    FILE * fp;
     int i,a[6] = {1,2,3,4,5,6};
     fp = fopen("d3.dat","w + b");
     fwrite(a,sizeof(int),6,fp);
      /* 该语句使读文件的位置指针从文件头向后移动 3 个 int 型数据 */
```

```
    fseek(fp,sizeof(int) * 3,SEEK_SET);
    fread(a,sizeof(int),3,fp);
    fclose(fp);
    for(i = 0;i < 6;i++) printf(" %d,",a[i]);
}
```

5. 有下列程序，程序运行后的输出结果是________。

```
#include < stdio.h >
void  main()
{  FILE * fp; int  a[10] = {1,2,3,0,0}, i;
   fp = fopen("d2.dat", "wb");
   fwrite(a, sizeof(int), 5, fp);
   fwrite(a, sizeof(int), 5, fp);
   fclose(fp);
   fp = fopen("d2.dat", "rb");
   fread(a, sizeof(int), 10, fp);
   fclose(fp);
   for (i = 0; i < 10; i++)  printf(" %d,", a[i]);
}
```

9.3 简答题

1. 简述数据在计算机中保存的方式。
2. 简述文件处理技术。
3. 简述文件与文件指针的特点，操作文件的顺序。
4. 常用的文件读写函数、定位函数、检测函数有哪些？
5. 举例说明用文件处理技术解决数据保存的问题。

9.4 编程实战题

1. 编写一个程序，可以打印任意年份的月历。
2. 编写一个程序，将 1000 以内的素数存入文件 prime.dat 中。
3. 利用文件实现学生成绩信息的录入、查询、删除过程。

实验9 文件程序设计

本次实验涉及文件指针，文件的打开和关闭，文件的顺序读写等操作。

【实验目的】

(1) 理解文件类型指针的概念和定义方法；
(2) 熟悉文件操作的顺序，即先打开，再读写，最后关闭文件；
(3) 熟悉文件的打开和关闭函数的使用方法；
(4) 掌握文件的字符读写函数 fgetc()和 fputc()的使用方法；
(5) 掌握文件的字符串读写函数 fgets()和 fputs()的使用方法；
(6) 掌握文件的数据块读写函数 fread()和 fwrite()的使用方法；
(7) 掌握文件的格式化读写函数 fscanf()和 fprintf()的使用方法；

(8) 了解文件的定位函数 rewind()、fseek()的使用方法。

【实验内容】

一、基础题

1. 编程,完成文件复制功能。源文件和目标文件名从键盘输入,进行文件复制,即将一个磁盘文件中的信息复制到另一个磁盘文件中,产生一个新的目标文件。

程序代码如下:

```
#include <stdio.h>
void  main( )
{
  FILE * fp1, * fp2;
  char  ch,fname1[20],fname2[20] ;
  printf("源文件名");
  scanf(" %s",fname1 );
  if((fp1 = fopen(fname1,"r")) == NULL)
   {
    printf("cannot open source file .\n");
    return;
   }
  printf("目标文件名");
  scanf(" %s",fname2 );
  if((fp2 = fopen(fname2,"w")) == NULL)
   {
     printf("cannot open object  file .\n");
    fclose(fp1);
    return;
    }
  while(fscanf(fp1," %c",&ch) == 1)
  fprintf(fp2," %c",ch);
  fclose(fp1);
  fclose(fp2);
}
```

运行情况如下:

```
Enter the infile name:
file1.c↙  (输入原有磁盘文件名)
Enter the outfile name:
file2.c↙  (输入新复制的磁盘文件名)
```

程序运行结果是将 file1.c 文件中的内容复制到 file2.c 中去。可以用下面命令验证:

```
c:\> type file1.c
computer and c  (file1.c 中的信息)
c:\> type file2.c
computer and c  (file2.c 中的信息)
```

该程序是按文本文件方式处理的,也可以用此程序复制一个二进制文件,只需要将

fopen()函数中的"r"和"w"分别改为"rb"和"wb"即可。

【试一试】

(1) 用 fgetc()和 fputc()函数改写程序。重新运行程序,分析程序运行结果。

(2) 用 feof()函数进一步改写程序。重新运行程序,分析程序运行结果。

2. 有 5 名学生,每名学生有 3 门课的成绩(假设为百分制),从键盘输入以上数据(包括学号、姓名、3 门课成绩),计算出平均成绩,将原有数据和计算出的平均分数存放在磁盘文件 stud 中。

在向文件 stud 写入数据后,应检查验证 stud 文件中的内容是否正确。设 5 名学生的学号、姓名和 3 门课成绩如表 9-4 所示。

表 9-4　学生成绩表

学号	姓名	分数
09101	Wang	239.5
09103	Li	300
09106	Fun	281.5
09110	Ling	0
09113	Yuan	266

3. 将第 2 题 stud 文件中的学生数据,按平均分进行排序处理,将已排序的学生数据存入一个新文件 stu_sort 中。在向文件 stu_sort 写入数据后,应检查验证 stu_sort 文件中的内容是否正确。

二、提高题

1. 编写一个程序,其命令行要求有三个参数。该程序把这些参数看成文件名,完成的功能是将前两个文件的内容连接在一起,存放在第三个文件中。

2. 从键盘输入一个已经存在的源程序文件名(设为 myfile.c)。编程分别统计 myfile.c 中的字节数和行数。

3. 编写函数 char * insert(char * p),其功能是在 p 指向的字符串中所有数字字符子串前插入一个符号'—'。函数返回 p 字符串的首地址。

4. 编写 main()函数,用给定的测试字符串初始化数组,调用第 2 题的 insert()函数对字符串做处理,将结果字符串写入文件 data.out 中。

假设测试数据为：AB1CD12EF123GH

则运行结果为：AB-1CD-12EF-123GH

附录A 常用函数表

1. 数学函数

使用表 A-1 所示的数学函数时，应在程序中使用数学头文件，其命令为：# include < math. h >。

表 A-1 数学函数

函数名	函数类型和形参类型	功能	返回值	说明
acos	double acos(double x)	计算 arccos(x)的值	计算结果	x 为−1～1
asin	double asin(double x)	计算 arcsin(x)的值	计算结果	x 为−1～1
atan	double atan(double x)	计算 arctan(x)的值	计算结果	
atan2	double atan2 (double x, double y)	计算 arctan(x/y)的值	计算结果	
ceil	double ceil(double x)	计算不小于 x 的最小整数	整数的双精度浮点数	
cos	double cos(double x)	计算 cos(x)的值	计算结果	x 的单位为弧度
cosh	double cosh(double x)	计算 x 的双曲余弦 cosh(x)的值	计算结果	
exp	double exp (double x)	求 e^x 的值	计算结果	
fabs	double fabs(double x)	求 x 的绝对值	计算结果	
floor	double floor (double x)	求不大于 x 的最大整数	该整数的双精度实数	
fmod	double fmod (double x, double y)	求整除 x/y 的余数	余数的双精度数	
frexp	double frexp (double val, int * eptr)	把双精度数 val 分解为数字部分(尾数)x 和以 2 为底的指数 n，即 val = x * 2^n，n 存放在指针 eptr 指向的变量中	数字部分 x，0.5≤x<1	
ldexp	double ldexp (double num, int exp)	计算 2 的乘方积	双精度数，num * 2^{exp}	
log	double log(double x)	求 $\log_e x$，即 ln x	计算结果	
log10	double log10 (double x)	求 lg x	计算结果	
modf	double modf (double val, double * iptr)	双精度 val 分解为整数部分和小数部分，整数部分存到指针 iptr 指向的单元	val 的小数部分	

续表

函数名	函数类型和形参类型	功 能	返回值	说 明
pow	double pow (double x, double y)	计算 x^y 的值	计算结果	
sin	double sin (double x)	计算 sin(x)的值	计算结果	x 的单位为弧度
sinh	double sinh (double x)	计算 x 的双曲余弦函数 sinh(x)的值	计算结果	
sqrt	double sqrt (double x)	计算$\sqrt{x}$的值	计算结果	$x \geqslant 0$
tan	double tan (double x)	计算 tan(x)的值	计算结果	x 的单位为弧度
tanh	double tanh (double x)	计算 x 的双曲正切函数 tanh(x)的值	计算结果	

2. 字符函数和字符串函数

ANSI C 标准规定使用字符函数时要包含头文件,其命令为:#include <ctype.h>,使用字符串函数时要包含文件,其命令为:#include <string.h>。字符函数和字符串函数如表 A-2 所示。有些 C 编译不遵循 ANSI C 标准的规定,而用其他名称的头文件,要求读者在使用时查有关手册规定。

表 A-2 字符函数和字符串函数

函数名	函数类型和形参类型	功 能	返 回 值	说明
isalnum	int isalnum (int ch)	检查 ch 是否是字母(alpha)或数字(mumeric)	是字母或数字返回 1;否则返回 0	ctype. h
isalpha	int isalpha (int ch)	检查 ch 是否是字母	是,返回 1;不是,返回 0	ctype. h
iscntrl	int iscntrl (int ch)	检查 ch 是否是控制字符(其 ASCII 码值在 0 和 0x1F 之间)	是,返回 1;不是,返回 0	ctype. h
isdigit	int isdigit (int ch)	检查 ch 是否是数字(0~9)	是,返回 1;不是,返回 0	ctype. h
isgraph	int isgraph (int ch)	检查 ch 是否可打印字符(其 ASCII 码在 ox21 到 ox7E 之间),不包括空格	是,返回 1;不是,返回 0	ctype. h
islower	int islower (int ch)	检查 ch 是否是小写字母(a~z)	是,返回 1;不是,返回 0。	ctype. h
isprint	int isprint (int ch)	检查 ch 是否是可打印字符(包括空格),其 ASCII 码在 ox20 到 ox7E 之间	是,返回 1;不是,返回 0	ctype. h
ispunct	int ispunct (int ch)	检查 ch 是否是标点字符(不包括空格),即除字母、数字和空格以外的所有可打印字符	是,返回 1;不是,返回 0	ctype. h
isspace	int isspace (int ch)	检查 ch 是否是空格、跳格符(制表符)或换行符	是,返回 1;不是,返回 0	ctype. h

续表

函数名	函数类型和形参类型	功 能	返 回 值	说明
isupper	int isupper (int ch)	检查 ch 是否是大写字母(A～Z)	是,返回 1; 不是,返回 0	ctype. h
isxdigit	int isxdigit (int ch)	检查 ch 是否是十六进制数字字符(0～9, A 到 F,或 a～f)	是,返回 1; 不是,返回 0	ctype. h
strcat	char * strcat (char * str1,char * str2)	字符串 str2 接到 str1 后面, str1 最后面的'\0'被取消	str1	string. h
strchr	char * strcat (char * str,int ch)	找出 str 指向的字符串中第一次出现字符 ch 的位置	指向该位置的指针,未找到,则返回空指针	string. h
strcmp	int strcmp (char * str1, char * str2)	比较两个字符串 str1,str2	str1<str2,返回负数; str1 = str2, 返回 0; str1>str2,回正数	string. h
strcpy	char * strcat (char * str1,char * str2)	str2 指向的字符串复制到 str1 中	返回 str1	string. h
strlen	unsignedint strlen(char * str)	统计字符串 str 中字符的个数(不包括终止符'\0')	字符个数	string. h
strstr	char * strstr (char * str1, char * str2)	找出 str2 字符串在 str1 字符串中第一次出现的位置(不含 str2 的串结束符)	该位置的指针。若找不到,则返回空指针	string. h
tolower	int tolower (int ch)	将 ch 字符转换为小写字母	返回 ch 所代表字符的小写字母	ctype. h
toupper	int toupper (int ch)	将 ch 字符转换为大写字母	与 ch 相应的大写字母	ctype. h

3. 输入输出函数

使用表 A-3 所示的输入输出函数,应使用头文件,其命令为: #include < stdio. h >。

表 A-3 输入输出函数

函数名	函数类型和形参类型	功 能	返 回 值	说明
fopen	FILE * fopen (char * filename, char * mode)	以 mode 指定的方式打开名为 filename 的文件	若成功,则返回一个文件指针(文件信息区的起始地址); 否则返回 0	
fprintf	int fprintf (FILE * fp, char * format,args,…)	以 format 指定的格式输出 args 的值到指针 fp 所指向的文件中	实际输出的字符数	
fputc	int fputc (char ch, FILE * fp)	将字符 ch 输出到 fp 指向的文件中	若成功,则返回该字符; 否则返回 EOF	
fputs	int fputs (char * str, FILE * fp)	将 str 指向的字符串输出到 fp 所指定的文件	返回 0; 若出错则返回非 0	

续表

函数名	函数类型和形参类型	功 能	返 回 值	说明
fread	int fread (char * pt, unsigned size, unsigned n, FILE * fp)	从fp指定的文件中读取长度为size的n个数据项,存到pt所指向的内存区	所读的数据项个数,如遇文件结束或出错则返回0	
fscanf	int fscanf (FILE * fp, char format ,args,…)	从fp指向的文件中按format给定的格式将输入数据送到args所指向的内存单元(args是指针)	已输入的数据个数	
fseek	int fseek (FILE * fp, long offset, int base)	将fp指向文件的位置指针移到以base所指出的位置为基准、以offset为位移量的位置	当前位置,否则,返回−1	
ftell	longftell (FILE * fp)	返回fp指向文件中的读写位置	fp所指向的文件中的读写位置	
fwrite	int fwrite (char * ptr, unsigned size, unsigned n, FILE * fp)	把ptr指向的n * size个字节输出到fp指向的文件中	写到fp文件中的数据项的个数	
getc	int getc (FILE * fp)	从fp指向的文件中读入一个字符	所读的字符。若文件结束或出错,则返回EOF	
getchar	int getchar()	从标准输入设备读取下一个字符	所读的字符。若文件结束或出错,则返回−1	
getw	int getw (FILE * fp)	从fp所指向的文件中读取下一个字(整数)	输入的整数。若文件结束或出错,则返回−1	非ANSI标准函数
open	int open (char * filename, int mode)	以mode指出的方式打开已存在的名为filename的文件	文件号(正数)。若打开失败,则返回−1	非ANSI标准函数
printf	int printf(char * format ,args,…)	将输出表列args的值输出到标准输入设备	输出字符的个数。若出错,则返回负数	fomat是一个字符串,或字符数组的起始地址
putc	int putc (int ch, FILE * fp)	把一个字符ch输出到fp所指的文件中	输出的字符ch。若出错,则返回EOF	
putchar	int putchar (Char ch)	把字符ch输出到标准输出设备	输出的字符ch。若出错,则返回EOF	
pust	int pust (Char * str)	把str指向的字符串输出到标准输出设备,将'\0'转换为回车换行	换行符。若失败,则返回EOF	
putw	int putw (int w, FILE * fp)	将一个整数w(即一个字)写到fp指向的文件中	输出的整数。若出错,则返回EOF	非ANSI标准函数

续表

函数名	函数类型和形参类型	功　能	返 回 值	说明
read	int read (int fd, char * buf, unsigned count)	从文件号 fd 所指示的文件中读 count 个字节到由 buf 指示的缓冲区中	真正读入的字节个数。若遇文件结束则返回 0;若出错则返回-1	非 ANSI 标准函数
rename	int rename(char * oldname, char * newname)	把由 oldname 所指的文件名,改为由 newname 所指的文件名	若成功,则返回 0;若出错,则返回-1	
rewind	void rewind (FILE * fp)	将 fp 所指示的文件中的位置指针置于文件开头位置,并清除文件结束标志和错误标志	无	
scanf	int scanf(char * format, args, …)	从标准输入设备按 format 指向的格式字符串规定的格式,输入给 args 所指向的单元	读入并赋给 args 的数据个数。若遇文件结束则返回 EOF;若出错则返回 0	args 为指针
write	int write (int fd, char * buf, unsigned count)	从 buf 指示的缓冲区输出 count 个字符到 fd 所标志的文件中	实际输出的字节数。若出错则返回-1	非 ANSI 标准函数

4. 动态存储分配函数

ANSI 标准中规定动态存储分配系统所需的头文件是 stdlib. h。不过目前很多 C 编译器都把这些信息放在 malloc. h 头文件中。

使用表 A-4 所示的函数时,应在程序中使用数学头文件,其命令为:#include < stdlib. h >。

表 A-4　动态存储分配函数

函数名	函数类型和形参类型	功　能	返 回 值	说明
calloc	viod * calloc (unsigned n, unsigned size)	分配 n 个数据项的内存连续空间、每个数据项的大小为 size	分配的内存单元的起始地址。若不成功,则返回 0	
free	viod free(viod * p)	释放 p 所指的内存区	无	
malloc	viod * malloc(unsigned size)	分配 size 字节的存储区	所分配内存区地址。若内存不够,则返回 0	
realloc	viod realloc (viod p, unsigned size)	将 f 所指出的已分配内存区的大小改为 size。size 可以比原来分配的空间大或小	返回指向该内存区的指针	

5. 时间函数

使用系统的时间和日期函数,需要用头文件 time. h,其中定义三个类型:类型 clock_t 和 time_t 用来表示系统的时间和日期;结构类型 tm 把日期和时间分解为它的成员。tm 结构的定义如下:

```
struct tm{ int tm_sec;          /* 秒,0~59 */
         int tm_min;            /* 分, 0~59 */
         int tm_hour;           /* 小时, 0~23 */
         int tm_mday;           /* 每月天数,1~31 */
         int tm_mon;            /* 从一月起的月数,0~11 */
         int tm_year;           /* 自 1900 开始的年数 */
         int tm_wday;           /* 自星期日开始的天数,0~6 */
         int tm_yday;           /* 从 1 月 1 日起的天数,0~365 */
         int tm_isdst;          /* 采用夏时制时为止,否则为 0; 若为负,则无此信息 */
}
```

使用表 A-5 所示的时间函数，应在程序中使用时间头文件，其命令为：# include <time.h>。

表 A-5 时间函数

函数名	格 式	功 能	返 回 值	说明
asctime	char * asctime(struct tm * p)	将日期和时间转换成 ASCII	一个指向字符串的指针	
clock	clock_t clock( )	确定程序运行到现在所花费的大概时间	程序开始到该函数被调用所花费的时间；若失败，则返回-1	
ctime	char * ctime(long * time)	把日期和时间转换成字符串	指向该字符串的指针	
difftime	double difftime(time t_time2, time t _time1)	计算 time1 与 time2 之间所差的秒数	两个时间的双精差值	
gmtime	struct tm * gmtime(time_t * time)	得到一个以 tm 结构表示的分解时间，该时间按格林尼治标准时间计算	指向结构体 tm 的指针	
time	time_t time(time_t time)	返回系统的当前日历时间	系统的当前日历时间。若系统无时间，则返回-1	

6. 其他函数

其他函数是不容易归到某一类中的函数。使用这些函数要包含头文件 stdlib. h，这个头文件定义了两个类型：div_t 和 ldiv_t。

使用表 A-6 所示的函数时，应在程序中使用头文件，其命令为：# include < stdlib. h >。

表 A-6 其他函数

函数名	格 式	功 能	返 回 值	说明
abort	void abort( )	立刻结束程序运行，不清理任何文件缓冲区		
abs	int abs(int num)	计算整数 num 的绝对值	num 的绝对值	
atof	double atof(char * str)	把 str 指向的字符串转换成一个 double 值	双精度结果	

续表

函数名	格　　式	功　　能	返　回　值	说明
atoi	long atoi (char * str)	将 ASCII 字符串转换为整数	转换结果	
atol	long atoll(char * str)	将 str 指向的 ASCII 字符串转换成长整型值	转换结果。若不能转换，则返回 0	
bsearch	void * bsearch(void * key, void * base, unsigned int num, unsigned int size, int (* compare)( ))	对一个 base 指向已排好序的数组进行二分查找。数组元素个数是 num，每一个元素的大小为 size 字节。compare 指向的函数用来比较数组元素与关键字	一个指向匹配 key 所指向关键字的第一个成员的指针。若未找到，则返回 NULL	
exit	void exit(int status)	使程序立刻正常终止，status 的值传给调用过程	无	
div	int div(int num, int denom)	运算 num/denom	运算的商和余数。结构 div 在 stdlib. h 中至少有如下两个字段： int quot; int rem;	
itoa	char * itoa(int num, char * str, int radix)	把整数 num 转换成与其等价的字符串，并把结果放在 str 指向的字符串中，输出串的进制数由 radix 决定	一个指向 str 的指针	
labs	long labs(long num)	返回长整数 num 的绝对值	长整数 num 的绝对值	
ldiv	int ldiv(long int num, long int denom)	计算 num/denom	商和余数。结构类型 ldiv 在 stdlib. h 中定义。至少有下面两个代表商和余数的字段： int quot; int rem;	
ltoa	char * ltoa(long num, char * str, int radix)	把长整数 num 转换成与其等价的字符串，并把结果放到 str 指向的字符串中。输出串的进制数由 radix 决定	一个指向 str 的指针	
qsort	void qsort (void * base, unsigned int num, unsigned int size, int (* comp)( ))	反复调用 comp 所指向的由用户自己编写的比较函数，对 base 指向的数组进行排序。数组元素个数是 num，每一元素的字节数由 size 描述	无	

续表

函数名	格　式	功　能	返 回 值	说明
rand	int rand( )	产生一系列伪随机函数	0 到 randmax 的整数。randmax 是返回的最大可能值,在头文件中定义	
strtod	double strtod(char * start, char ** end)	把存储在 start 指向的数字字符串转换成 double,直到出现不能转换成浮点数的字符为止,剩余的字符串赋给指针 end	转换结果。若未转换,则返回 0。若转换错误,则返回 HUGEVAL/-HUGEVAL,表示上溢出/下溢出	
strtol	long int strtol(char * start, char * * end, Int radix)	start 指向的数字字符串转换成 long int 类型,直到串中出现不能转换成长整数的字符为止,剩余的字符串赋给指针 end。数字的进制由 radix 决定	转换结果。若未进行转换,则返回 0。若发生转换错误,则返回 LONGMAX 或 LONGMIN,表示上溢出或下溢出	
strtoul	unsigned long int strtoul (char * start, char * * end, Int radix)	start 指向的数字字符串转换成 unsigned long int 类型,直到串中出现不能转换成 unsigned long int 的字符为止,剩余的字符串赋给指针 end。数字的进制由 radix 决定	转换结果。若未进行转换,则返回 0。若发生转换错误,则返回 ULONGMAX 或 ULONGMIN,表示上溢出或下溢出	
system	intsystem(char * str)	把 str 指向的字符串作为一个命令传送到操作系统的命令处理器中	依赖于不同的编译版本。通常,若命令被成功执行,则返回 0;否则返回一非零值	
clrscr	void clrscr(void);	清除当前窗口,并将光标移至左上角,即位置(1,1)	无	

附录B 常见编译错误信息

C 语言程序常见编译错误信息分三类：致命错误、一般错误、警告信息。

(1) 致命错误(Fatal Error)：很少出现，它通常是指内部编译出错。在发生致命错误时，编译立即停止，必须采取一些适当的措施并重新编译。

(2) 一般错误(Error)：指程序的语法错误以及磁盘、内存或命令行错误等。编译程序将完成现阶段的编译，然后停止。编译程序在每个阶段(预处理、语法分析、优化、代码生成)将尽可能多地找出源程序中的错误。

(3) 警告信息(Warning)：不阻止编译继续进行。它指出一些值得怀疑的情况，而这些情况本身又可以合理地作为源程序的一部分。一旦在源文件中使用了与机器有关的结构，编译程序就将产生警告信息。

编译程序首先输出这三类出错信息，然后输出源文件名和发现出错的行号，最后输出信息的内容。

注意，出错信息处有关行号的一个细节：编译程序仅产生检测到的信息。因为 C 语言不限定在正文的某行设置语句，这样，真正产生错误的行可能在指出行号的前一行或前几行。在下面的信息列表中，按字母顺序分别列出这三类出错信息。

1. 致命错误

1) bad call of in -line function

在使用一个宏定义的内部函数时，未能正确调用。一个内部函数以两个下画线(--)开始和结束。

2) irreducible expression tree

不可约表达式树文件中的表达式使得代码生成程序无法为其产生代码。这种错误是指源文件行中的表达式太复杂。编译系统中的代码生成程序不能为它产生代码，因此，这种表达式应避免使用。

3) register allocation failure

寄存器分配失败。源文件中的表达式太复杂，代码生成程序无法为它生成代码。此时应简化这种烦琐的表达式或干脆避免使用它。

2. 一般错误

1) #operator not followed by macro argument name

“#”运算符后没有跟宏变量名。在宏定义中，#用来标识一宏变量名。

2) 'xxxxxxxx'not an argument

xxxxxxxx 不是函数参数。在源程序中将该标识符定义为一个函数参数,但此标识符没有在函数的参数表中出现。

3) argument # missing name

参数#名丢失。参数名已脱离用于定义函数的函数原型。如果函数以原型定义,则该函数必须包含所有的参数名。

4) argument list syntax error

参数表出现语法错误。函数调用的一组参数中间必须以逗号隔开,并以一右括号结束。若源文件中含有一个其后不是逗号也不是右括号的参数,则出现此错误。

5) array bound missing

数组的界限符]丢失。在源文件中定义了一个数组,但此数组没有以一右方括号结束。

6) array size too large

数组长度过大。若定义的数组太大,则可用内存不够。

7) assembler statement too long

汇编语句太长。直接插入的汇编语句最长不能超过 480B。

8) bad configuration file

配置文件不正确。配置文件命令选择项必须以一短横线(-)开始。

9) bad file name format in include directive

包含命令中文件名格式不正确。包含文件名必须用引号("filename. h")或尖括号(<filename. h>)括起来,否则将产生此类错误。

10) bad file size syntax

位字段长语法错误。一个位字段长必须是 1~16 位的常量表达式。

11) call of non-function

调用未定义的函数。通常是由于不正确的函数声明或函数名拼写错误引起的。

12) can not modify a constant object

不能修改一个常量对象。对定义为常量的对象进行不合法操作(例如常量的赋值)将引起本错误。

13) case outside of switch

case 出现在 switch 外面。编译程序发现 case 语句出现在 switch 语句外面,通常是由于括号不配对引起的。

14) case statement missing :

case 语句漏掉":"。case 语句可能是丢了冒号或冒号前多了别的符号。

15) case syntax error

case 语法错误。case 中有一些不正确的符号。

16) character constant too long

字符常量太长。字符常量只能是一个或两个字符长。

17) compound statement missing }

复合语句漏掉"}"。通常是由于花括号不配对引起的。

18) conflicting type modifiers

类型修饰符冲突。对同一指针,只能指定一种变址修饰符(如 near 或 far)。

19) constant expression required

要求常量表达式数组的大小必须是常量。本错误通常由于#define 常量的拼写出错而引起。

20) could not find file'xxxxxxxx. xxx'

找不到 xxxxxxxx. xxx 文件。编译程序找不到命令行上给出的文件。

21) declaration missing ;

声明漏掉“;”。

22) declaration needs type or storage class

声明必须给出类型或存储类。

23) declaration syntax error

声明出现语法错误。在源文件中,某个声明丢失了某些符号或有多余的符号。

24) default outside of switch

default 在 switch 外出现。通常是由于括号不配对引起的。

25) define directive needs an identifier

define 命令必须有一个标识符。define 后面的第一个非空格符必须是一标识符。

26) division by zero

除数为零。源文件的常量表达式中,出现除数为零的情况。

27) do statement must have while

do 语句中必须有 while。源文件中含有一无 while 关键字的 do 语句时,出现本错误。

28) do-while statement missing(

在 do 语句中,编译程序发现 while 关键字后无左括号。

29) do-while statement missing)

do-while 语句中漏掉了“)”。

30) do-while statement missing ;

do-while 语句中漏掉了分号。

31) duplicate case

case 的情况值不唯一。switch 语句的每个 case 都必须有一个唯一的常量表达式值。

32) enum syntax error

enum 语法出现错误。enum 声明的标识符表的格式不对。

33) enumeration constant syntax error

枚举常量语法错。赋给 erum 类型变量的表达式值不为常量,产生本错误。

34) error writing output file

写输出文件错。通常是由于磁盘空间引起的,可能要删除一些不必要的文件,重新编译。

35) expression syntax

表达式语法错。通常是由于两个连续操作符、括号不配对,以及前一语句漏掉了分号等引起的。

36) extra parameter in call

调用函数时出现多余参数。调用函数时,其实际参数个数多于函数定义中的参数个数。

37) extra parameter in call to xxxxxxxx

调用 xxxxxxxx 函数时出现了多余的参数。

38) file name too long

文件名太长。#include 命令给出的文件名太长,编译程序无法处理。

39) for statement missing(

for 语句漏掉"("。

40) for statement missing)

for 语句缺少")"。

41) for statement missing ;

for 语句缺少";"。

42) function call missing)

函数调用缺少")"。函数调用的参数表有几种语法错误,如左括号漏掉或括号不配对。

43) function definition out of place

函数定义位置错。函数定义不可出现在另一函数内。

44) function doesn't take variable of argument

函数不接受可变的参数个数。

45) if statement missing(

if 语句缺少"("。

46) if statement missing)

if 语句缺少")"。

47) illegal character'c'(0xXX)

非法字符'c'(0xXX)。编译程序发现输入文件中有一些非法字符,即以十六进制形式打印的字符。

48) illegal initialization

非法初始化。初始化必须是常量表达式,或是一个全局变量 extern,或是 static 的地址加减一常量。

49) illegal octal digit

非法八进制数。编译程序发现一个八进制常数中包含了非八进制数字(例如 8 或 9)。

50) illegal pointer subtraction

非法指针相减。这是由于试图以一个非指针变量减去一个指针变量而造成的。

51) illegal structure operation

非法结构操作。结构只能使用(.)、取地址(&)和赋值(=)操作符,或作为函数的参数传递。

52) illegal use of floating point

非法浮点运算。浮点运算分量不允许出现在移位运算符、按位逻辑运算符,条件(?:)、间接(*)以及其他一些运算符中。编译程序发现上述运算符中使用了浮点运算分量时,出现本错误。

53) illegal use of point

指针使用不合法。用于指针的运算符只能是加、减、赋值、比较、间接(*)或箭头。如用其他运算符,则出现本错误。

54) improper use of a typedef symbol

typedef 符号使用不当。源文件中使用了一个 typedef 符号,符号变量应出现在一个表达式中。

55) in-line assembly not allowed

不允许直接插入的汇编语句。源文件中含有直接插入的汇编语句,若在集成环境下进行编译,则出现本错误。

56) incompatible storage class

不相容的存储类。

57) incompatible type conversion

不相容的类型转换。源文件中试图把一种类型转换成另一种类型,但这两种类型是不相容的。例如,函数与非函数间转换,一种结构体或数组与一种标准类型的转换,浮点数和指针间转换等。

58) incorrect command line argument: xxxxxxxx

不正确的命令行参数: xxxxxxxx。编译程序视此命令行参数是非法的。

59) incorrect configuration file argument: xxxxxxxx

不正确的配置文件参数: xxxxxxxx。编译程序视此配置文件是非法的。检查一下前面的短横线(-)。

60) incorrect number format

不正确的数据格式。编译程序发现在十六进制数中出现十进制小数点。

61) incorrect use of default

default 使用错误。编译程序发现 default 关键字后缺少分号。

62) initialize syntax error

初始化语法错误。初始化过程缺少或多出了运算符,或出现括号不匹配及其他不正常情况。

63) invalid indirection

间接运算符错。间接运算符(*)要求非空指针作为运算分量。

64) invalid macro argument separator

无效的宏参数分隔符。在宏定义中,参数必须用逗号分隔。

65) invalid pointer addition

无效的指针相加。源程序中试图把两个指针相加。

66) invalid use of arrow

箭头使用错误。在箭头运算符后必须跟一标识符。

67) invalid use of dot

点使用错误。在点(.)运算符后必须跟一标识符。

68) lvalue required

请求赋值。赋值运算符的左边必须是一个地址表达式,包括数值变量、指针变量、结构引用域、间接指针和数组分量。

69) macro argument syntax error

宏参数语法错误。宏定义中的参数必须是一个标识符。

70) macro expansion too long

宏扩展太长。一个宏扩展不能多于 4096 个字符。当宏递归扩展自身时,常出现本错误。

71) may complied only one file when an output file name is given

给出一个输出文件名时,可能只编译一个文件。在命令行编译中使用-o 选择,只允许一个输出文件名。此时,只编译第一个文件,其他文件被忽略。

72) mismatch number of parameters in definition

函数定义中参数个数不匹配。函数定义中的参数和函数原型中提供的信息不匹配。

73) misplaced break

break 位置错误。编译程序发现 break 语句在 switch 语句或循环结构之外。

74) misplaced continue

continue 位置错误。编译程序发现 continue 语句在循环结构之外。

75) misplaced decimal point

十进制小数点位置错误。编译程序发现浮点常数的指数部分有一个十进制小数点。

76) misplaced else

else 位置错误。编译程序发现 else 语句缺少与之相匹配的 if 语句。本错误的产生,除了由于 else 多余外,还有可能由于多余的分号或漏写了大括号及前面的 if 语句出现语法错误而引起。

77) misplace elif directive

elif 命令位置错。编译程序找不到与 #elif 命令相匹配的 #if、#ifdef 或 #ifndef 命令。

78) misplace else directive

else 命令位置错。编译程序找不到与 else 命令相匹配的 #if、#ifdef 或 #ifndef 命令。

79) misplaced endif directive

endif 命令位置错。编译程序找不到与 # endif 命令相匹配的 # if、# ifdef 或 # ifndef 命令。

80) must be addressable

必须是可编址的。取址操作(&)作用于一个不可编址的对象,如寄存器变量。

81) must take address of memory location

地址运算符 & 作用于不可编址的表达式。源文件中对不可编址的表达式使用了地址操作符(&),如对寄存器变量。

82) no file name ending

无文件名终止符。在 #include 语句中,文件名缺少正确的右引号(")或右尖括号(>)。

83) no file name giver

未给出文件名。

84) non-portable pointer assignment

不可移植指针赋值。源程序中将一个指针赋给一个非指针或相反。但作为特例,允许把常量零值赋给一个指针。如果合适,应该强行抑制本错误信息。

85) non-portable pointer comparison

不可移植指针比较。源程序中将一个指针和一个非指针(常量零除外)进行比较。如果合适,应该强行抑制本错误信息。

86) non-portable pointer conversion

不可移植返回类型转换。在返回语句中的表达式类型与函数说明中的类型不同。

87) not an allowed type

不允许的类型。在源文件中声明了几种禁止的类型,如声明函数返回一个函数或数组。

88) out of memory

内存不够。所有工作内存耗尽,应把文件放到一台有较大内存的机器去执行或简化源程序。

89) pointer required on left side of->

->操作符左边须是一个指针。在->的左边未出现指针。

90) redeclaration of 'xxxxxxxx'

"xxxxxxxx"重定义。此标识已经定义过。

91) size of structure or array not known

结构体或数组大小不确定。有些表达式(如 sizeof 或存储说明)中出现一个未定义的结构体或一个空长度数组。如果结构长度不需要,则在定义之前就可引用,如果数组不申请存储空间或者初始化时给定了长度,那么就可以定义为空长。

92) statement missing ;

语句缺少“;”编译程序发现一表达式语句后面没有分号。

93) structure of union syntax error

结构体或共用(联合)语法错误。编译程序发现在 struct 或 union 关键字后面没有标识符或左花括号({)。

94) structure size too large

结构体太大。源文件中说明了一个结构体,它所需的内存区域太大以致内存不够。

95) subscripting missing]

下标缺少“]”。可能是由于漏掉、多写操作符或括号不匹配引起的。

96) switch statement missing(

switch 语句缺少“(”。

97) switch statement missing)

switch 语句缺少“)”。

98) too few parameters in call

函数调用参数太少。对带有原型的函数调用要求给出所有参数。

99) too few parameter in call to 'xxxxxxxx'

调用"xxxxxxxx"时参数太少。调用指定的函数(该函数用一原型声明)时,给出的参数太少。

100) too many cases

case 太多。switch 语句最多只能有 257 个 case。

101) too many decimal points

十进制小数点太多。编译程序发现一个浮点常量中带有不止一个十进制小数点。

102) too many default cases

default 情况太多。编译程序发现一个 switch 语句中有不止一个 default 语句。

103) too many exponents

阶码太多。编译程序发现一个浮点常量中有不止一个阶码。

104) too many initializeres

初始化太多。编译程序发现初始化比声明所允许的要多。

105) too many storage classes in declaration

声明中存储类太多。一个声明只允许有一种存储类。

106) too many types in declaration

声明中类型太多。一个声明只允许有一种基本类型：char、int、float、double、struct、union、enum 或 typedef。

107) too much auto memory in function

函数中自动存储太多。当前函数声明的自动存储超过了可用的内存空间。

108) too much code define in file

文件定义的代码太多。当前文件中函数的总长度超过 64KB。可以移去不必要的代码或把源文件分开来写。

109) too much global data define in file

文件中定义的全局数据太多。全局数据声明的总数超过 64KB。检查一些数组的定义是否太长。如果所有的声明都是必要的,则考虑重新组织程序。

110) two consecutive dots

两个连续点。因为省略号包含三个点(…),而十进制小数点和选择运算符使用一个点(.),所以在 C 程序中出现两个连续点是不允许的。

111) type mismatch in parameter ＃

参数"＃"类型不匹配。通过一个指针访问已由原型说明的参数时,给定参数＃N(从左到右 N 逐个加 1)不能转换为已声明的参数类型。

112) type mismatch in parameter ＃ in call to 'xxxxxxxx'

调用"xxxxxxxx"时参数类型不匹配。

113) type mismatch in parameter 'xxxxxxxx'

参数"xxxxxxxx"类型不匹配。

114) type mismatch in parameter 'xxxxxxxx' in call to 'yyyyyyyy'

调用"yyyyyyyy"时,参数"xxxxxxxx"类型不匹配。

115) type mismatch in redeclaration of 'xxx'

重定义类型不匹配。源文件中把一个已经声明的变量重新声明为另一种类型。如果一个函数被调用,而后又被声明成非整型也会产生本错误。发生这种情况时,必须在第一次调用函数前给函数加上 extern 声明。

116) unable to create output file 'xxxxxxxx. xxx'

不能创建输出文件"xxxxxxxx. xkx"。当工作盘已满或有写保护时产生本错误。

117) unable to create turbo c. lnk

不能创建 turbo c. lnk。编译程序不能创建临时文件 turbo c. lin,因为它不能存取磁盘或者磁盘已满。

118) unable to execute command 'xxxxxxxx'

不能执行"xxxxxxxx"命令。找不到 TLINK 或 MASM,或者磁盘出错。

119) unable to open include file 'xxxxxxxx. xxx'

不能打开包含文件"xxxxxxxx. xxx"。编译程序找不到该包含文件。

120) unable to open input file: "xxxxxxxx. xxx"

不能打开输入文件"xxxxxxxx. xxx"。检查文件名是否拼错或检查对应的盘符或目录中是否有此文件。

121) undefined label 'xxxxxxxx'

标号"xxxxxxxx"未定义。函数中 goto 语句后的标号没有定义。

122) undefined structure 'xxxxxxxx'

结构体"xxxxxxxx"未定义。可能是由于结构体名拼写错或缺少结构体说明而引起。

123) undefined symbol 'xxxxxxxx'

符号"xxxxxxxx"未定义。标识符无定义,可能是由于说明或引用处有拼写错误,也可能是由于标识符说明错误引起。

124) unexpected end of file in comment started on line

源文件在某个注释中意外结束。通常是由于注释结束标志(*/)漏掉引起的。

125) unexpected end of file in conditional stated on line #

源文件在#行开始的条件语句中意外结束。在编译程序遇到#endif 前源程序结束,通常是由于#endif 漏掉或拼写错误引起的。

126) unknown preprocessor directive 'xxx'

不认识的预处理命令。"xxx"编译程序在某行的开始遇到"#"字符,但其后的命令名不是下列之一:define、undef、line、if、ifdef、ifndef、include、else 或 endif。

127) unterminated character constant

未终结的字符常量。编译程序发现一个不匹配的省略符。

128) unterminated string

未终结的串。编译程序发现一个不匹配的引号。

129) unterminated string or character constant

未终结的串或字符常量。编译程序发现串或字符常量开始后没有终结。

130) user break

用户中断。在集成环境里进行编译或连接时用户按了 Ctrl+Break 键。

131) while statement missing(

while 的表达式语句漏掉"("。

132) while statement missing)

while 语句漏掉")"。

133) wrong number of arguments in of 'xxxxxxxx'

调用"xxxxxxxx"时参数个数错误。源文件中调用某个宏时,参数个数不对。

3. 警告信息

1) 'xxxxxxxx' declared but never used

声明了"xxxxxxxx"但未使用。在源文件中说明了此变量,但没有使用。当编译程序遇到复合语句或函数的结束处括号时,发出本警告。

2) 'xxxxxxxx' is assigned a value which is never used

"xxxxxxxx"被赋以一个不使用的值。此变量出现在一个赋值语句里,但直到函数结束都未使用过。

3) 'xxxxxxxx' not part of structure

"xxxxxxxx"不是结构体的一部分。

4) ambiguous operators need parentheses

歧义运算符,需要括号。当两个位移、关系或按位操作符在一起使用而不加括号时,发出本警告;当一个加法或减法操作符不加括号与一个移位操作符出现在一起时,也发出本警告。程序员常常会混淆这些操作符的优先级,因为它们的优先级不太直观。

5) Both return and return of a value used

既使用返回又使用返回值。编译程序发现一个与前面定义的 return 语句不一致的 return 语句,发出本警告。当某函数只在一些 return 语句中返回值时一般会产生错误。

6) call to function with prototype

调用无原型函数。如果"原型请求"警告可用,且又调用了一个原型的函数,就发出本警告。

7) call to function 'xxxx' with prototype

调用无原型的函数"xxxx"。如果"原型请求"警告可用,且又调用了一个原先没有原型的函数"xxxx",就发出本警告。

8) code has no effect

代码无效。当编译程序遇到一个含有无效操作符的语句时,发出本警告。例如语句 a+b,对每一个变量都不起作用,无须操作,且可能引起一个错误。

9) constant is long

常量是 long 类型。若编译程序遇到一个十进制常量大于 32 767,或一个八进制常量大于 65 538,而其后没有字母 l 或 L,把此常量当作 long 类型处理。

10) constant out of range in comparison

比较时常量超出了范围。如一个无符号量与-1 比较就没有意义。为得到一个大于 32 767(十进制)的无符号常量,可以在常量前加上 unsigned(如(unsigned)65 535)或在常量后加上字母 u 或 U(如 65 535u)。

11) conversion may loss significant digits

转换可能丢失高位数字。在赋值操作或其他情况下,源程序要求把 long 或 unsigned long 类型转换成 int 或 unsigned int 类型。在有些机器上,因为 int 型和 long 型变量具有相同长度,这种转换可能改变程序的输出特性。无论本警告何时发生,编译程序仍将产生代码来做比较。

12) function should return a value

函数应该返回一个值。源文件中声明的当前函数的返回类型既非 int 型也非 void 型,但编译程序未发现返回值。返回 int 型的函数可以不说明,因为在老版本的 C 语言中,没有 void 类型来指出函数不返回值。

13) mixing pointers to signed and unsigned char

混淆 signed 和 unsigned 字符指针。没有通过显式的强制类型转换,就把一个字符指针转换为无符号指针,或把一个无符号指针转换为字符指针。

14) no decaration for function 'xxxxxxxx'

函数"xxxxxxxx"没有声明。当"声明请求"警告可用,而又调用了一个没有预先声明的函数时,发出本警告。函数声明可以是传统的,也可以是现代(原型)的风格。

15) non-portable pointer assignment

不可移植指针赋值。源文件中把一个指针赋给另一个非指针或相反。作为特例,可以把常量零赋给一指针。如果合适,则可以强行抑制本警告。

16) non-portable pointer comparison

不可移植指针比较。源文件中把一个指针和另一非指针(非常量零)进行比较。

17) non-portable return type conversion

不可移植返回类型转换。return 语句中的表达式类型和函数声明的类型不一致。作为特例,如果函数或返回表达式是一个指针,这是可以的。在此情况下返回指针的函数可能返回一个常量零,而零被转换成一个适当的指针值。

18) parameter 'XXXXXXXX' is never used

参数"xxxxxxxx"从未使用。函数说明中的某参数在函数体里从未使用,这不一定是一个错误,通常是由于参数名拼写错误而引起的。如果在函数体内,该标识符被重新定义为一个自动(局部)变量,也将产生本警告。此参数被标识为一个自动变量但未使用。

19) possible use of 'xxxxxxxx' before definition

在定义"xxxxxxxx"之前可能已使用它了。源文件的某表达式中使用了未经赋值的变量,编译程序对源文件进行简单扫描以确定此条件。如果该变量出现的物理位置在对它赋值之前,就会产生本警告。

20) possible incorrect assignment

可能的不正确赋值。当编译程序遇到赋值操作符作为条件表达式(如 if、while 或 do-while 语句的一部分)的主操作符时,发生本警告。通常是由于把赋值号当作等号使用。如果希望禁止此警告,则可把赋值语句用括号括起来,并且把它与零做显式比较。如 if(a==b)应写成 if((a==b)!=0)。

21) redefinition of 'xxxxxxxx' is not identical

"xxxxxxxx"的重定义不相同。源文件中对命名宏重定义时,使用的正文内容与第一次定义时不同,新内容将代替旧内容。

22) restarting compiler using assembly

用汇编重新启动编译。

23) structure passed by value

结构体按值传送。如果"结构体按值传送"警告可用,则在结构体作为参数按值传送时产生本警告。通常是在编制程序时,把结构体作为参数传递,而又漏掉了地址操作符(&)。因为结构体可以按值传送,所以这种遗漏是可接受的。本警告只起一个提示作用。

24) superfluous & with function or array

在函数或数组中有多余的 & 号。取址操作符(&)对一个数组或函数名是不必要的,应该去掉。

25) suspicious pointer conversion

可疑的指针转换。编译程序遇到一些指针转换,这些转换引起指针指向不同的类型。如果合适,则应强行抑制本警告。

26) undefined structure 'xxxxxxxx'

结构体 xxxxxxxx 未定义。在源文件中使用了该结构体,但未定义,可能是由于结构体名拼写错误或忘记定义而引起的。

27) unknown assembler instruction

不认识的汇编命令。编译程序发现在插入的汇编语句中有一个不允许的操作码。检查此操作的拼写,并查看一下操作码表,看该命令能否被接受。

28) unreachable code

不可达代码。break、continue、goto 或 return 语句后没有跟标号或循环函数的结束符。编译程序使用一个常量测试条件来检查 while、do 和 for 循环,并试图知道循环没有失败。

29) void function may not return a value

void 函数不可以返回值。源文件中的当前函数说明是 void,但编译程序发现一个带值的返回语句,该返回语句的值将被忽略。

30) zero length structure

结构体长度为零。在源文件中定义了一个总长度为零的结构体,对此结构体的任何使用都是错误的。

图书资源支持

感谢您一直以来对清华版图书的支持和爱护。为了配合本书的使用，本书提供配套的资源，有需求的读者请扫描下方的“书圈”微信公众号二维码，在图书专区下载，也可以拨打电话或发送电子邮件咨询。

如果您在使用本书的过程中遇到了什么问题，或者有相关图书出版计划，也请您发邮件告诉我们，以便我们更好地为您服务。

我们的联系方式：

地　　址：北京市海淀区双清路学研大厦 A 座 701

邮　　编：100084

电　　话：010－62770175－4608

资源下载：http://www.tup.com.cn

客服邮箱：tupjsj@vip.163.com

QQ：2301891038（请写明您的单位和姓名）

资源下载、样书申请

书圈

扫一扫，获取最新目录

用微信扫一扫右边的二维码，即可关注清华大学出版社公众号“书圈”。